高等学校测绘工程系列教材

移动测量技术与应用

谢宏全　韩友美　刘如飞　张立岑　蔡来良 等 编著

WUHAN UNIVERSITY PRESS
武汉大学出版社

图书在版编目（CIP）数据

移动测量技术与应用/谢宏全等编著.—武汉：武汉大学出版社,2023.12
高等学校测绘工程系列教材
ISBN 978-7-307-24061-2

Ⅰ.移…　Ⅱ.谢…　Ⅲ.测量技术—高等学校—教材　Ⅳ.P2

中国国家版本馆 CIP 数据核字（2023）第 194077 号

责任编辑:鲍　玲　　　责任校对:李孟潇　　　版式设计:马　佳

出版发行:**武汉大学出版社**　（430072　武昌　珞珈山）
（电子邮箱:cbs22@whu.edu.cn 网址:www.wdp.com.cn）
印刷:武汉市金港彩印有限公司
开本:787×1092　1/16　印张:15　字数:366 千字　插页:7
版次:2023 年 12 月第 1 版　　　2023 年 12 月第 1 次印刷
ISBN 978-7-307-24061-2　　　定价:55.00 元

前　言

　　20世纪90年代初移动测量技术面世，2013年全球多个移动测量系统生产商推出了差异化移动测量产品，移动测量技术开始真正进入工程化应用阶段。随着地理空间信息服务产业的快速发展，地理空间数据的需求也越来越旺盛。近年来移动测量技术的发展大大促进了地理空间信息获取技术的进步，目前已经成为测绘领域研究与应用的热点。移动测量相关硬件与数据后处理软件都取得长足的进步，获得政府、市场和业界的认可。

　　移动测量技术具有非接触测量、独立性、完整性、数据采集方式具有多样性、效率和精度高、全数字特征等特点。目前应用领域主要有地籍测量、实景三维测图、城市部件普查、电力巡线、岛礁与航道地形测量、地下空间测量、道路测量与调查、大比例尺地形图测绘、高精地图制作等。

　　为推动移动测量技术的广泛应用，相关技术人才的培养非常重要，但是目前已出版的中文技术参考书非常短缺。本教材是作者自2012年以来从事相关教学与研究成果的主要体现，特别是在已出版的《地面三维激光扫描技术与工程应用》(2013年)、《基于激光点云数据的三维建模应用实践》(2014年)、《地面三维激光扫描技术与应用》(2016年)、《车载激光雷达技术与应用实践》(2016年)、《激光雷达测绘技术与应用》(2018年)等基础上，历经3年多的时间编写而成。

　　本书由5所学校的教师与3家公司的技术人员参与编写：其中第1章由谢宏全(江苏海洋大学)与王晖(江苏省交通技师学院)编写，第2与第3章由韩友美(江苏海洋大学)编写，第4章由韩友美、张立岑(上海华测导航技术股份有限公司)与张甫(江苏连云港地质工程勘察院)编写，第5章由刘如飞(山东科技大学)与张立岑编写，第6章由刘如飞、王旻烨(山东科技大学)与周茂伦(青岛秀山移动测量有限公司)编写，第7章由刘如飞、李国玉与王一帆(青岛秀山移动测量有限公司)编写，第8章由蔡来良(河南理工大学)与谢宏全编写，第9章由谢宏全与陶叶青(淮阴师范学院)编写，第10章由谢宏全与张立岑编写。全书由谢宏全统稿。

　　本书的编写得到了江苏海洋大学海洋技术与测绘学院焦明连(名誉院长、教授)的大力支持。感谢国内外相关设备销售公司提供相关产品与应用资料，特别感谢上海华测导航技术股份有限公司(南京测华导航技术有限公司)、青岛秀山移动测量有限公司、上海赛华信息技术有限公司等提供相关技术资料帮助。此外，还要感谢江苏连云港地质工程勘察院相关领导提供相关帮助，特别感谢张甫(高级工程师)对部分书稿提出详细的修改意见，特别感谢张立岑(高级工程师)协助完成书稿的校对工作。

　　另外，感谢研究生参与本书编写的相关工作，主要有：江苏海洋大学 2019 级研究生吕海扬、钱鑫、王杨、毛斌、张会、李琼、高泽远、王懂懂、刘东明、王浩维，2020 级研究生冯敏、高威，2022 级研究生王小赛。山东科技大学 2017 级研究生丁少鹏，2020 级研究生李明。河南理工大学 2018 级研究生花生攀、杜庄。

　　感谢教材审定专家：江苏海洋大学的周立（教授）、中国石油大学（华东）的樊彦国（教授）、西安科技大学的陈秋计（教授）、华北理工大学的刘亚静（教授）、江苏海洋大学马克思主义学院的王永强（教授）。

　　感谢武汉大学出版社对本书出版工作的支持，对所有引用文献的作者表示感谢。

　　由于移动测量技术发展较快，加之编者知识水平和实践经验有限，错误与不当之处在所难免，恳请读者批评指正。

编　者

2023 年 12 月

目 录

第1章 绪论 ··· 1

1.1 移动测量技术概述 ·· 1

1.2 系统组成与分类 ··· 4

1.3 移动测量技术应用 ·· 7

1.4 移动测量技术发展与展望 ··· 20

思考题 ··· 25

第2章 车载移动测量系统构成与工作原理 ······································· 26

2.1 车载移动测量系统构成 ·· 26

2.2 车载移动测量系统工作原理 ·· 28

2.3 国外车载移动测量系统简介 ·· 33

2.4 国内车载移动测量系统简介 ·· 39

思考题 ··· 44

第3章 车载移动测量系统检校 ·· 45

3.1 检校目的与意义 ··· 45

3.2 车载移动测量系统误差分析 ·· 47

3.3 数码相机检校原理与方法 ··· 48

3.4 激光扫描仪检校原理与方法 ·· 52

3.5 系统集成检校原理与方法 ··· 57

思考题 ··· 60

第4章 车载移动测量数据采集 ·· 61

4.1 采集流程 ·· 61

4.2 前期准备 ·· 61

4.3 野外数据采集 ·· 70

4.4 注意事项 ·· 76

思考题 ··· 80

第 5 章　车载移动测量数据预处理 ·· 81

5.1　数据处理软件概述 ·· 81

5.2　数据预处理流程 ·· 84

5.3　车载移动测量系统轨迹解算 ··· 86

5.4　车载点云与图像数据解算 ·· 91

5.5　车载激光点云处理 ··· 95

5.6　车载数据质量控制 ·· 106

思考题 ·· 107

第 6 章　车载移动测量技术应用 ··· 108

6.1　地形图测绘 ··· 108

6.2　城市部件普查 ·· 114

6.3　高速公路改扩建 ··· 119

6.4　道路资产设施数字化 ·· 123

6.5　城市园林普查 ·· 127

思考题 ·· 131

第 7 章　船载移动测量技术与应用 ··· 132

7.1　船载移动测量技术概述 ··· 132

7.2　船载移动测量系统构成与工作原理 ··· 135

7.3　数据采集与处理流程 ·· 139

7.4　典型应用案例 ·· 142

7.5　无人船测量技术与应用 ··· 145

7.6　存在问题与展望 ··· 152

思考题 ·· 154

第 8 章　激光 SLAM 测量技术与应用 ·· 155

8.1　激光 SLAM 技术概述 ··· 155

8.2　激光 SLAM 系统构成与工作原理 ··· 158

8.3　激光 SLAM 移动测量系统 ·· 160

8.4　激光 SLAM 技术流程与应用 ··· 167

8.5　典型应用案例 ·· 171

思考题 ·· 179

第 9 章　无人机 LiDAR 测量技术与应用 ······································ 180

9.1　无人机 LiDAR 技术概述 ·· 180

9.2　无人机 LiDAR 系统构成与工作原理 ·· 182

9.3　无人机 LiDAR 系统简介 ·· 185

9.4　无人机 LiDAR 数据采集与处理 ……………………………………… 188

9.5　无人机 LiDAR 技术应用 ………………………………………………… 192

思考题 ……………………………………………………………………………… 200

第 10 章　实景地图制作技术与应用 …………………………………………… 201

10.1　实景地图概述 ……………………………………………………………… 201

10.2　街景地图制作与应用 ……………………………………………………… 203

10.3　河景地图制作与应用 ……………………………………………………… 214

10.4　实景三维中国建设 ………………………………………………………… 219

思考题 ……………………………………………………………………………… 226

参考文献 …………………………………………………………………………… 227

附录 ………………………………………………………………………………… 231

第1章 绪 论

20世纪90年代初移动测量技术诞生，2013年全球多个移动测量系统生产商推出了差异化移动测量产品，移动测量系统开始真正进入工程化应用阶段，目前已经成为测绘地理信息行业应用研究热点。近年来，我国在移动测量系统的研发制造、处理软件、技术规范、生产应用等方面发展迅速。本章简要介绍移动测量技术出现的背景、概念与特点，系统组成与分类，重点介绍主要应用领域、国内外技术发展与存在的问题。

1.1 移动测量技术概述

移动测量技术起源于加拿大和美国，近年来移动测量技术研究在我国已经成为热点。本节简要介绍移动测量技术的出现背景、基本概念与技术特点。

1.1.1 出现背景

空间信息获取的传统技术手段主要是实地测量、数字化纸质地图和摄影测量。近20年来，微电子、光电、自动控制、导航定位、遥感和计算机技术等迅速发展，大大促进了空间信息获取技术的发展，并且学科之间相互交叉融合，形成许多全新的三维空间数据获取技术。

地球信息科学领域、工业领域、交通领域、通信领域和文物保护等方面对三维空间信息的需求越来越多，对更新速度要求也越来越高，三维空间信息的快速获取与自动处理成为亟待解决的关键问题。随着现代城市数字化、信息化进程的加快及地理空间信息服务产业的快速发展，生产和生活对地理空间数据提出的要求越来越高。地理空间数据必须快速更新，才能使其具备实时性、准确性、完整性等实用特征。而采用传统的测绘方法更新地图需要较长的时间，根本无法适应现实需要，传统落后的测绘方式已成为制约中国地理信息产业发展的因素。地理空间数据需求正朝着大信息量、高精度、可视化和可挖掘方向发展。为了满足日益增长的空间信息需求，必须寻求新的高效价廉和更新速度快的空间数据获取技术和方式。

在这种背景下，各种采集目标地物三维信息的系统相继问世，移动测量系统就是其中重要的一种三维数据采集和处理系统。移动测量系统（Mobile Mapping System，MMS）是指在移动载体平台上集成多种传感器，通过多种传感器自动采集各种三维连续地理空间数据，并对采集数据进行处理与加工，以满足各种应用的需要。

最早关于移动测量技术的研究可以追溯到20世纪初，是一种以飞机为运载平台搭载相机获取地物影像数据的航空摄影测量技术。随着全球定位系统（GPS）的出现，到20世纪 80 年代中期，加拿大和美国一些政府部门提出移动式公路设施维护系统，加拿大卡尔加里大学研发了 Alberta MHIS 系统。1990 年，美国俄亥俄州立大学 OSU 制图中心成功设计了 GPSVan 移动测量系统，在随后的 2~3 年间，将双频差分 DGPS 应用到车载系统中，系统实现了商业化，GPSVan 系统被称为第一套移动车载测图系统。从 1994 年开始，加拿大卡尔加里大学成功地将 GPS/INS 组合系统装载到 Alberta MHIS 系统中，研发出第一代移动测量 VISAT 系统。在美国俄亥俄州立大学和加拿大卡尔加里大学的技术指导下，国外各大研究机构、院校、商业公司也纷纷对移动测量系统的技术进行了广泛而深入的研究。

随着地理空间信息服务产业的快速发展，地理空间数据的需求也越来越旺盛。地理空间数据的生产成为世界经济增长的热点。作为一种全新的地理空间数据采集方式，世界上最大的两家导航数据生产商 NavTech 和 Tele Atlas 均将移动测量系统作为其数据采集与更新的主要手段，并将 MMS 视为公司的核心技术。移动测量技术已经成为采集地理空间数据最好的解决方案，将在地理空间数据采集与更新中发挥越来越大的作用。

经过多年的市场应用与反馈，移动测量技术以其全天候数据采集、主动测量、获取信息全面、快捷、准确、自动数据处理以及多种信息表现形式等优势异军突起，获得了政府、市场和业界的认可，并取得了长足的发展。移动测量是当今测绘领域一个重要的发展方向，近年来移动测量技术的发展大大推动了地理空间信息获取技术的进步，形成诸多全新的三维空间数据获取技术，空间三维信息的快速获取成为当今测绘研究领域一大热点。

1.1.2　基本概念

中国移动测量技术研究的先驱者是李德仁教授(原武汉大学测绘遥感信息工程国家重点实验室主任，原武汉测绘科技大学校长，著名测绘遥感学家、中国科学院院士、中国工程院院士)，曾任立得空间信息技术股份有限公司(简称：立得空间)董事长。立得空间推出了中国移动测量系统，致力于运用"天-空-地"移动测量技术推动测绘产业变革，促进地理空间大数据的快速获取与利用。

针对移动测量技术的定义，李德仁教授在《地理空间信息》(2006 年)公开发表的论文中解释道：移动测量系统是当今测绘界最为前沿的科技之一，代表着未来道路电子地图测制领域的发展主流。它是在机动车上装配 GPS、视频系统、惯性导航系统或航位推算系统等先进的传感器和设备，在车辆的高速行进之中，快速采集道路及道路两旁地物的空间位置数据和属性数据，如：道路中心线或边线位置坐标、目标地物的位置坐标、路(车道)宽、桥(隧道)高、交通标志、道路设施等。数据同步存储在车载计算机系统中，经事后编辑处理，形成各种有用的专题数据成果，如导航电子地图等。另外，MMS 本身所具备的汽车导航等功能还可以用于道路状况、道路设施、电力设施等的实时监控，以迅速发现变化，实现对原图的及时修改。MMS 既是汽车导航、调度监控以及各种基于道路的 GIS 应用的基本数据支撑平台，又是高精度的车载监控工具。它在军事、勘测、电信、交通管理、道路管理、城市规划、堤坝监测、电力设施管理、海事等各个方面都有着广泛的应用。

近年来，在公开发表的相关各类文献中对于移动测量用到的词语不太一致，主要有车载三维激光移动测量与建模系统、车载三维激光扫描系统、车载激光扫描三维数字城市建模系统、车载激光扫描与全景成像城市测量系统、车载激光建模测量系统、车载激光雷达扫描系统、车载 LiDAR 系统、三维激光测量车、GPS/北斗双星制导高维实景采集系统、车载移动激光扫描测绘系统等，不同学者对于移动测量概念的解释也不尽相同。但是总体表达的思想是大致相同的，可以从两个方面做进一步理解：一是多设备的系统集成，不同品牌和不同的时间段，在具体的设备上有个别差异，总体上大概相同。其中也包括与设备配套的数据处理软件的集成；二是车载的含义比较广泛，主要包括汽车、轮船、火车、小型电动车、三轮车等。

为了推进移动测量技术的广泛应用，由原国家测绘地理信息局提出并归口，立得空间等 13 家单位为起草单位，于 2016 年 12 月 29 日发布《车载移动测量技术规程》(CH/T 6004—2016)，并于 2017 年 3 月 1 日实施。同时还发布了《车载移动测量数据规范》(CH/T 6003—2016)。

《车载移动测量技术规程》对术语与定义做了相关解释：车载移动测量系统(Vehicle-borne Mobile Mapping System)是在车载平台上，集成控制系统、定位测姿系统及一种或多种其他测量传感器(激光扫描仪、数字相机、视频摄像机等)的综合测量系统。定位测姿系统是用于确定传感器空间位置参数和姿态参数的系统，一般由全球导航卫星系统(GNSS)接收机和惯性测量装置集成。惯性测量装置是根据惯性原理，测量物体姿态角或者角速度、加速度或者速度增量的装置。测量传感器是用于采集和探测光、声、电磁波等信息的传感器。利用这些信息，在传感器位置、姿态的支持下能计算出目标坐标、几何尺寸等要素。

移动测量系统是数字图像传感技术、惯性组合定位定姿技术、激光扫描技术和全景成像技术等发展与结合的产物，它所涉及的理论与技术都是当前信息技术发展的前沿，它不仅需要已有的理论和技术的支持，同时需从更高层次和一体化系统集成的角度来组合、应用全新的理论和技术，从而更好地、更广泛地推进测绘科技进步。

1.1.3 技术特点

2008 年 7 月在北京召开的"第 21 届国际摄影测量与遥感大会"上，出现了奥地利 Riegl、加拿大 Optech 等公司的成熟车载激光测量产品。国内研制的产品也逐渐面世，并投入市场。移动测量技术作为测绘科学的前沿技术之一，已经成为当前研究热点之一。广大的科研工作者逐渐将此技术应用于工程实践，并做了相关的试验研究，取得了一定的研究成果。在设备可到达的区域内，精度上可以满足工程需要的领域，都有一定的应用潜力，在多领域有着广泛的应用。

从目前应用研究成果情况来看，已经体现出自身的特点(或者优势)，总结前人的研究成果，车载移动测量技术与传统测量方法进行对比，主要特点归纳如下：

(1)同时可获取多种数据。数据采集的多样性表现在运用移动测量技术的传感系统(激光扫描、相机等)，多种渠道对数据进行采集，并利用传感器进行数据集成，形成了一个立体的空间数据系统和地理信息系统。由于传感器数量众多，因此系统采用集成的传感器数据处理，而集成的传感器比单一的传感器更加先进。

（2）具有完整性。通过电荷耦合元件（CCD 图像传感器），能够将收集到的各种有关道路测量工作的数据（路面情况、道路两侧地形等）记录并反映在存储设备上。数据的各项记录和检验置于闭环当中，提高了记录内容的完整性和质量。操作人员还可以对保存的信息进行补充修改，最大限度地保证电子绘图及成像的完整性。

（3）非接触测量。移动测量技术采用非接触扫描目标的方式进行测量，无需反射棱镜，所采集的数据完全真实可靠。移动测量技术采用主动发射扫描光源（激光），通过探测自身发射出的激光回波信号来获取目标物体的数据信息。因此在扫描过程中，可以实现不受扫描环境的时间和空间约束的目的，能够全天候作业并且不受光线的影响。

（4）效率和精度高。移动测量技术可以保证采集道路两旁的数据，而且采集数据时不影响道路正常使用，无需封锁交通，数据采集非常方便。只要是移动载体通过的地方，数据采集工作就可以完成。系统基本实现数据采集自动化，大大减少了测量人员的工作量，提高了工作效率。采集的数据精度可以控制在厘米级，相对精度和绝对精度都比较高，适合高精度模型的构建。

（5）全数字特征。移动测量技术所采集的数据是直接获取的数字信号，具有全数字特征，由于各种原始数据以及处理得到的结果数据都是采用数字表示的，易于后期处理及输出。在配套软件的支持下，从采集完成至输出点云格式数据时间较短。

1.2　系统组成与分类

移动测量技术应用的前提是硬件与软件的组合。由于不同时期和设备品牌的差异，不同学者的描述不太一致，但是总体上是相似的。本节简要介绍移动测量系统组成，依据移动平台的不同进行分类。

1.2.1　系统组成

移动测量系统主要由两部分组成：定位定姿系统与数据采集系统。数据采集的基本原理是：基于时间与空间同步的条件下，定位定姿系统将连续的位姿信息同步提供给数据采集系统，数据采集系统在此基础上获取带有三维地理空间参考坐标、连续的地理数据。

1. 定位定姿系统

定位定姿系统（Position and Orientation System，POS）是移动测量系统关键核心部分，POS 提供的时间、位置、姿态信息为移动测量系统的测量数据提供了时空基准，POS 的精度直接决定了移动测量系统的最终精度。POS 的核心为全球导航卫星系统（Global Navigation Satellite System，GNSS）和惯性导航系统（Inertial Navigation System，INS），GNSS 与 INS 组合定位导航克服了各自的缺点并结合了两者的优点。利用 GNSS 稳定的导航精度为惯性导航系统提供连续不断的位置修正，减小其误差随时间的累积，利用 INS 导航动态性能好，数据更新速度快、短时精度高的优点增强 GNSS 的抗干扰和高动态环境中的定位能力。目前经常用到的组合方法有非组合、松组合、紧组合、超紧组合、紧密组合、级联及深组合等。POS 安装在移动载体等刚体上，GNSS/INS 定位定姿系统需要基准站的GNSS 数据、移动站（移动测量系统）的双频 GNSS 数据、与移动站的 GNSS 数据做时间同步的高频数据。GNSS 数据进行差分解算后再与惯性测量单元(Inertial Measurement Unit, IMU)数据进行耦合输出,得到载体高频率的绝对位置信息和姿态信息。

2. 数据采集系统

移动测量系统的数据采集系统主要有激光雷达系统和图像成像测量系统。

激光扫描雷达通过发射激光来获取目标物表面返回的高精度和高密度的空间点云数据,每一个点云都赋予空间坐标,该测量方式在保证测量精度的前提下极大的丰富了测量数据,测量的自动化程度和测量效率也得到相应提高,激光扫描以仪器中心原点对目标进行自动化相对测量,利用 POS 提供的高频率位姿信息、激光扫描仪的标定参数和相应的转换模型,将测量数据转换成具有统一的绝对坐标的数据。激光雷达具有精度高、响应速度和测量速度快、探测距离远、能快速准确地确定周围物体的位置和物理特征等优点,是移动测量系统的主要测量设备。

图像成像测量系统一般由多对高像素的彩色电荷耦合器件(Charge Coupled Device, CCD)工业数字相机组成,有的移动测量系统还配备其他纹理/属性相机。每对 CCD 相机组成立体摄影测量单元,CCD 相机一般布设在测量系统的上、左、右、前等几个方向,最大限度地对地物进行成像。测量系统在移动过程中,CCD 相机系统以同步的方式连续采集轨迹周围的地物图像,利用立体摄影测量的原理可以对传感器得到的图像中的目标物进行测量,POS 提供的位置和姿态信息赋予测量物体绝对坐标和其他几何信息。

1.2.2 系统分类

目前对激光扫描系统有多种分类,主要按照工作原理、承载平台、扫描距离、扫描仪成像方式、扫描维数等进行分类。针对移动测量系统的分类目前还没有明确的定义,结合已有研究成果与移动测量技术应用实际情况,按照所搭载的移动平台的不同可以划分为星载、机载、车载、船载和激光 SLAM(Simultaneous Localization and Mapping,同时定位与地图创建)移动测量系统,下面做简要说明:

1. 星载移动测量系统

星载移动测量系统包括侦察卫星、资源卫星、测绘卫星(天绘系列、高分系列)等。星载激光扫描仪也称星载激光雷达,是安装在卫星等航天飞行器上的激光雷达系统。星载激光雷达是 20 世纪 60 年代发展起来的一种高精度地球探测技术,实验始于 20 世纪 90 年代初,美国的星载激光雷达技术、应用、规模处于绝对领先位置。美国公开报道的典型激光雷达系统有 MOLA、MLA、LOLA、GLAS、ATLAS、LIST 等。

星载激光雷达运行轨道高并且观测视野广,可以触及世界的每一个角落,能够提供高精度的全球探测数据,在地球探测活动中起到越来越重要的作用,对于国防和科学研究具有十分重大的意义。星载激光扫描仪在植被垂直分布测量、海面高度测量、云层和气溶胶垂直分布测量,以及特殊气候现象监测等方面可以发挥重要作用。主要应用于全球测绘,地球科学,大气探测,月球、火星和小行星探测,在轨服务,空间站等。

我国多家高校与科研机构开展了激光雷达技术研究。2007 年我国发射的第一颗月球探测卫星"嫦娥一号"上搭载了 1 台激光高度计,实现了卫星星下点月表地形高度数据的获取,为月球表面三维影像的获取提供服务,是我国发射的首例实用型星载激光雷达。近年来，国内多家单位也开始进行星载激光雷达的研究。

星载高分辨率对地观测激光雷达在国际上仍属于非常前沿的工程研究方向。星载 LiDAR 在地形测绘、环境监测等方面具有独特的优势，未来在典型的对地观测应用体现主要有：构建全球高程控制网、获取高精度 DSM/DEM、特殊区域精确测绘、极地地形测绘与冰川监测。

2. 机载移动测量系统

机载移动测量系统包括航空摄影测量系统、航空重(磁)力测量系统、机载激光测深系统、机载合成孔径雷达系统以及无人机测量系统等。机载激光扫描系统(Airborne Laser Scanning System，ALSS；Laser Range Finder，LRF；Airbome Laser Terrain Mapper，ALTM)也可称为机载 LiDAR 系统。系统由激光扫描仪、惯性导航系统、差分全球定位系统(Differential Global Positioning System，DGPS)、成像装置、计算机以及数据采集器、记录器、处理软件和电源构成。DGPS 给出成像系统和扫描仪的精确空间三维坐标，惯性导航系统给出其空中的姿态参数，由激光扫描仪进行空对地式的扫描，以此来测定成像中心到地面采样点的精确距离，再根据几何原理计算出采样点的三维坐标。

传统的机载 LiDAR 系统测量是通过安置在固定翼的载人飞行器上进行的，作业成本高，数据处理流程较为复杂。随着近年来民用无人机的技术升级和广泛应用，将小型化的 LiDAR 设备集成在无人机上进行快速高效的数据采集技术已经得到广泛应用。LiDAR 系统能全天候、高精度、高密集度、快速和低成本地获取地面三维数字数据，具有广泛的应用前景。机载三维扫描系统的飞行高度最大可以达到 1km，这使得机载激光扫描不仅能用在地形图绘制和更新方面，在大型工程的进展监测、现代城市规划和资源环境调查等诸多领域有更广泛的应用。

3. 车载移动测量系统

车载的含义比较广泛，主要有汽车、火车、小型电动车、三轮车等载体。车载移动测量系统是一种兼具定位、测距、测角和摄影功能的自动化、数字化的系统，由最初以 CCD 相机与组合导航技术结合的第一代移动测量系统，逐步发展为同时集成全景相机、激光扫描系统、惯性导航系统和全球导航卫星系统等新一代移动测量系统，以实现对目标区域的空间数据、属性数据以及实景影像等多种信息的快速采集。

车载移动测量与传统的测绘地理信息获取方式相比，具有成本低、速度快、精度高、实时性强等显著特点。车载移动测量技术是当今测绘界最前沿的科学技术之一，代表着未来道路电子地图测绘领域的发展主流。近年来，车载移动测量技术已经成为道路测量、街景地图数据获取、城市三维建模等领域的主要技术手段之一，是对大比例尺测图、航空摄影测量和卫星摄影测量的有力补充。

4. 船载移动测量系统

船载移动测量系统包括单(多)波束测深系统、侧扫声呐系统、海洋重(磁)力测量系统、船载水上水下一体化三维移动测量系统。

船载移动激光三维测量系统是集激光扫描仪、全球定位系统和惯性导航测量单元等于一体的多传感器集成系统，具有效率高、精度高、三维测量等特点，可解决近岸、码头、河道、海岛礁测绘中传统方法难以测量的难题。

基于车载移动测量发展起来的船载移动测量，结合了激光扫描技术和多波束测深技术，可在时空统一的基础上快速高效地获取水上水下精细化地形地貌数据，可为水库精细化管理和运营提供解决方案。英国 MDL 公司研发的 DynaScan 在泰晤士河实现了水上、水下数据同步采集。青岛秀山移动测量有限公司研发的船载多传感器水上水下、一体化测量系统 VSurs-w，系统采用精密的时空配准技术，并针对水岸交接处坡度小，多波束以最大覆盖宽度也难以覆盖水岸交接处的水下地形的情况，设计了多波束换能器安装角度可调的一套方案，实现了水上水下点云数据无缝拼接。

5. 激光 SLAM 移动测量系统

随着 SLAM 技术、GNSS 及惯性导航技术、机器人技术等与测绘地理信息技术的不断深度融合，面对传统测量手段在建筑密集、GNSS 信号差以及环境恶劣等因素容易造成的数据盲区与遗漏，无法满足快速、准确、全面的数据采集等问题时，利用基于 SLAM 移动测量系统能够很好地解决。基于 SLAM 移动测量系统分为视觉 SLAM 与激光 SLAM(3D SLAM)两大类。激光 SLAM 移动测量系统可以同时采集室内外三维点云数据，对点云数据进行解算和处理，实现大场景建模、量测、成图、空间分析等功能，激光 SLAM 移动测量系统主要包括激光扫描仪、高清全景相机、惯性测量单元和同步控制单元等核心模块，是一种高精度、高效率、低成本的室内外一体化三维扫描与测量手段。以利用 SLAM 技术为主的移动测量系统，依据目前设备的使用方式，主要有推车式、背包式、手持式、机器狗等。

本书将重点介绍车载移动 LiDAR 技术与应用，简要介绍船载 LiDAR、无人机 LiDAR、激光 SLAM 测量技术与应用。

1.3 移动测量技术应用

近年来，移动测量技术作为一种高效快捷、海量实景三维地理信息采集与建库的手段，国内学者与企业技术人员做了广泛的应用研究，目前移动测量技术已经应用于多个领域。本节选择 9 个主要应用领域做简要介绍。

1.3.1 地籍测量

地籍测量是服务于土地管理工作的专业性测量，是支撑土地管理的关键技术之一。地籍测量工作具有非常强的现势性，因此必须对地籍测量成果进行适时更新。自 20 世纪 80 年代我国土地管理部门开始地籍测量的工作，随着测绘技术手段的发展进步，不同时期新技术(全站仪、GPS、RTK、CORS 系统、摄影测量系统等)得到了应用。全野外地籍测图是目前主流的方式，存在外业劳动强度大、作业周期长、局部范围无法测量等问题。

自 2013 年开始高校学者进行试验研究，取得了一定的研究成果，主要有：吉林大学(2013 年)以河北省武安市冶陶建制镇城区作为研究区(面积 $1.2km^2$)，利用 SSW 车载移动测量系统和 3D 激光扫描仪两种载体做了试验研究，总结出一套技术工作流程。辽宁工程技术大学(2015 年)与新疆大学(2016 年)也进行了相关应用技术研究。企业技术人员对车载激光扫描系统进行了试验研究，主要单位有大庆油田有限责任公司(2014 年)、福州市勘测院(2017 年)、河南省测绘工程院(2019 年)等。另外,江西核工业测绘院(2018 年)以背包与无人机激光扫描系统混合方式进行了试验研究。自然资源部第七地形测量队(2019 年)以有人直升机作为载体,搭载 AS-900 多平台移动激光雷达系统进行了 1∶500 地籍测绘研究。近些年,研究人员重点研究内容包括检核车载移动测量获取的地籍界址点精度、车载移动测量数据中界址点自动提取方法以及针对地籍测量环境的多平台设备研制。这些研究验证了车载移动测量技术能很好地满足地籍测量项目的需求。

近年来无人机倾斜摄影技术逐渐得到广泛的应用,国内学者进行了此技术在地籍测量中的相关应用研究,主要单位有福建信息职业技术学院(2016 年)、中煤航测遥感集团有限公司(2020 年)、安徽省地质矿产勘查局三一二地质队(2021 年)等。另外,广州建通测绘地理信息技术股份有限公司(2020 年)开展了无人机倾斜航测技术和 SLAM 移动测量技术融合在测制 1∶500 地籍图(房地一体)中的应用研究。

综合研究成果,移动测量技术在地籍测量领域中应用优势主要有:测图精度高,能够满足规范要求;工作效率高,劳动强度小;采集数据自动化程度高。

1.3.2 实景三维模型

近年来随着智慧城市概念的提出,构建智慧城市已逐渐成为城市信息化建设的目标。三维场景模型能够真实、生动地表达三维空间信息,因此成为构建智慧城市的研究重点。根据制作的精细程度,三维场景可分为标准、精细和超精细三类。三维全景技术以其交互性强、真实呈现、渐变快速、深沉全景等特点,受到日益广泛的关注。全景也可与百度、Google、天地图等各类地图服务平台无缝对接,用于街景与河景地图的制作,达到构建整体城市三维实景地图的目的。

传统的三维场景模型一般是通过地形图或者竣工资料获得建筑、道路的平面、高程信息,然后用全站仪结合钢卷尺获得细部结构的位置数据。此类工作模式虽然能得到最终的模型成果,但存在劳动强度大、作业效率低、建模精度差、表达效果不佳等问题。近年来,多种新兴移动测量技术发展迅速,移动扫描测量设备作为目前测绘地理信息行业顶尖的数据采集设备,可为三维场景构建提供准确丰富的点云数据和全景影像数据。

2007 年 5 月,Google 公司在其地图服务(Google Maps/Google Earth)上加入了街头实景(Google Maps Street View,街景)的功能。基于全景、三维激光点云的三维实景服务是目前互联网上的热点和在线地图服务的发展方向。原国家测绘地理信息局于 2009 年发布行业标准《可量测实景影像(CH/Z 1002—2009)》,将实景三维地理信息正式纳入国家基础地理信息数字产品范畴,成为国家空间数据基础设施的重要组成部分。目前主要有腾讯、百度、天地图等街景地图在线运行。另外,在河景方面的应用也逐渐有所体现,如 Google 公司就对亚马孙河流域、英国运河等进行了河景采集。2013 年 5 月 30 日由立得空间信息技术有限公司研发的"我秀中国"实景地图平台正式上线,这是采用当今最先进移动测量及实景地图技术打造的实景地图服务网站。

随着测绘卫星、倾斜摄影、激光雷达测量和移动测量等"空天地"立体数据采集技术以及 5G 网络、云计算、大数据和人工智能等新技术的迅速发展,通过三维手段对现实世界进行描述和管理已具备充分条件。2018 年 4 月原自然资源部部长陆昊明确指出自然资源登记等系统要由二维系统变成三维系统，解决自然资源调查、确权和国土空间用途管控等问题。2019 年 2 月自然资源部提出实景三维构想，2020 年 10 月全国国土测绘工作会议上再次强调：大力推动新型基础测绘体系建设，加快构建实景三维中国。2021 年 2 月自然资源部正式公布了《自然资源三维立体时空数据库建设总体方案》，开始全面推动实景三维中国建设。实景三维建设是新型基础测绘建设的主攻方向，也是测绘业界转型创新的一个共识。

近年来，一些城市开展了实景三维技术的应用研究工作，取得了一定的成果，主要有武汉市自 2000 年前后开始生产和应用三维模型，2019 年 1 月 21 日自然资源部批复武汉市为全国首个新型基础测绘建设试点城市。2017 年以来，广西自然资源厅率先启动开发实景三维技术的研究与应用工作，2019 年建设完成广西实景三维平台，成为了全国最早建成实景三维平台的省区之一。青岛市勘察测绘研究院于 2021 年 3 月 31 日顺利中标"实景三维青岛建设项目"，通过该项目构建自然资源三维立体"一张图"，为城市云脑建设提供必不可少的基础支撑数字底座。另外，还有宁波市鄞州区测绘院(2021 年)、安徽省第一测绘院(2021 年)、济南市勘察测绘研究院(2021 年)等单位利用无人机倾斜摄影测量技术进行实景三维建模方面的应用研究。

低空无人机倾斜摄影测量技术推动了测绘技术的革新。与传统的航空测量技术相比，无人机技术具有操作简便、成本低、测量效率高的优势，可以实现正射影像制作、三维实景模型制作。使用无人机倾斜摄影测量技术构建的三维实景模型具有制作效率高、人为干预因素少和模型场景逼真的优点。无人机倾斜摄影测量技术在三维实景建模中具有广阔的应用前景，尤其是在"数字城市"与"智慧城市"建设中具有举足轻重的地位。

1.3.3　城市部件普查

城市部件采集和管理方面的研究已成为"智慧城市""智慧中国"等建设的重要一环。城市部件是城市最微小的细胞单元，是城市建设、经济发展的基本载体，是真正属于城市不可移动的要素。部件采集是为了掌握城市部件的内容、数量、状态、位置、属性，为城市管理提供基础，同时也能提高城市管理效率，避免工作重复、资源浪费。城市部件数据是数字化城管系统运行的基础。为数字化城管提供高质量的数据支撑以及更加智能科学的管理应用。

城市部件普查的对象为与城市管理相关的公共设施，按照住建部《城市市政综合监管信息系统管理部件和事件分类与编码》标准(CJ/T 214—2013)，分为公用设施、道路交通、市容环境、园林绿化、房屋土地、其他设施和扩展部件 7 大类。当前城市基础部件普查主要依靠大量的人力来进行，通常基于已有的大比例尺地形图进行，采用全数字化测量、航空摄影测量、大面积修测补测等作业方式进行采集。存在的主要问题：采集工作量大、效率低、投入成本较高、生产周期长；精度受限于已有地形图精度、仪器精度、作业人员技能水平，而且在部件质量控制上存在一定难点；数据不全面、不够系统化、更新周期慢、现势性较差，城市基础部件普查数据的更新也无法及时保障；劳动强度大、安全性低、质量难以保证，致使无法快速及时地解决用户的问题。车载移动测量技术能够快速、高效、精确地应用于城市部件测量，快速、准确、全面地掌握一个城市的部件资源分布及运行状态，是城市部件管理数字化、信息化、智慧化的强力保障。

近年来，一些高校学者与企业技术人员进行了试验研究，并取得了一定的研究成果，主要有：乌鲁木齐市国土资源勘测规划院(2008年)采用武汉立得空间技术有限公司的移动道路测量系统MMS进行了部件数据采集，实现了数字化城市管理部件的一种全新的数据采集方法。宁波市智慧城管中心(2019年)将车载激光雷达采集法应用于宁波智慧城管城市部件采集更新工作。苏州工业园区测绘地理信息有限公司(2020年)以苏州某区城市部件普查为例，将青岛秀山移动测量有限公司的Vsurs-E车载与Vsurs-Q轻便型移动测量系统应用于城市部件普查中。河南理工大学等单位(2022年)提出一套基于北京四维远见信息技术有限公司的SSW车载LiDAR移动测量系统采集城市部件的技术方案。杭州方圆测绘技术服务有限公司(2023年)针对杭州市城管局启动的新一轮城市部件普查工作，构建了基于天地一体化移动测量系统的城市部件更新方案。

综合研究成果，移动测量技术在城市部件普查领域中应用优势主要有：外业采集便捷与安全高效，可实现激光点云、全景照片等多种数据的同步采集，降低时间、人力与物力成本，提高生产效率，更新周期缩短。整体精度高，点云与可量测实景影像的数据可回放性强，清晰直观，城市部件自动提取与采集效率高，极大地减少了外业工作量。但是在数据获取与部件提取方面还存在一定问题，有待于进一步解决。

1.3.4 电力巡线

随着国民经济的高速发展，对高电压、大功率、长距离输电需求不断提高，线路走廊穿越的地理环境越来越复杂，对其运行维护日趋困难。电力巡线是电网运营维护、确保电力安全可靠运行的一项重要内容。目前我国电网的高压电力线通道巡检以人工巡检(望远镜)方式为主，这种巡检方式劳动强度大、工作条件艰苦、巡检效率低，并且难以管理，已不能满足现代化电网的发展和安全运行的需求。虽然激光雷达搭载在有人飞机上的技术已经很成熟，但是由于成本较高、应用范围有限等原因，普及应用难度大。无人机巡视方法是以自动导航和拍照的方式获取电力线路图像信息，技术人员只能通过图像或视频监测电力线路外观运行实际情况，获取的信息量较少。目前无人机的飞行性能和安全性都取得了较大进步，重量轻、体积小的小型激光扫描仪也已面世，两者结合为电力巡检提供了一种新方法，即无人机LiDAR巡检。随着影像稠密匹配技术的发展，倾斜摄影技术也开始进入电力巡检领域。

机载三维激光雷达系统是目前唯一可以同时准确恢复线路三维走廊地形、地貌、地物、线路杆塔位置形状、线路弧垂的快速测绘手段。基于轻型激光雷达系统的无人机输电线路运行环境监测系统是利用当今世界上最先进的激光扫描技术、航空高精度测绘技术和先进无人机控制技术进行输电线路环境定量化测量和定性化分析预警的全新巡线系统，通过集成高精度、轻量化的激光雷达系统并利用大载荷、长航时、垂直起降无人机系统，可实现长输线路的高精度通道测量，线路杆塔的塔倾和沉降检测，线路垂弧预警及线路周围树木、山体、地质灾害对线路的威胁预警。可有效做到定量检测、提前预防，避免输电线路故障的发生，为线路的安全运行保驾护航。

近年来，电力相关企业技术人员进行了专门研究，取得了一定的研究成果，主要有：

宁波市测绘设计研究院(2011年)利用直升机作为空中搭载平台,设计了适应于500kV超高压送电线路安全巡线的合理方案,快速搭建三维电力巡线与资产管理平台。贵州电网有限责任公司输电运行检修分公司等单位(2017年)以某500kV输电线路激光LiDAR三维测量巡检项目为背景,给出了激光扫描数据获取、处理流程以及线路危险点诊断分析方法。中国南方电网有限责任公司超高压输电公司昆明局等单位(2019年)采用Visual Studio 2010 C++集成开发了基于激光点云实现电力线三维重建及缺陷检测软件。云南电网有限责任公司昆明供电局(2021年)提出了"5G+无人机"输电线路泛在巡检技术思路,并通过在输电线路智能巡检体系建设中的实际研发应用,证明此方法是完全可行的。江苏方天电力技术有限公司等单位(2022年)提出了一种不依赖先验地图的无人机激光雷达巡检方法,在江苏无锡某220kV电力管廊的仿真模型中针对有效性进行了验证。

综合研究成果与企业应用情况,以无人机激光雷达为主流的移动测量技术在电力巡线应用中发挥着重要作用。相较于有人直升机搭载大型LiDAR设备,无人机LiDAR巡检为电力巡检公司提供了一种成本更低的、更普适的、周期更短的定量巡检方法。将点云导入专业电力点云分析软件中进行处理,可以实现三维立体及快速剖面查看、三维量测分析、滤波与地物分类、三维建模、电力线提取和电力安全运行分析。

1.3.5 岛礁与航道地形测量

海岛礁的地形、海岸带的侵蚀、水中构筑物的腐蚀、港口航道的建设,以及江河、湖泊、水库的状况都需要用到水上水下地形数据。海底地形测量是一项基础性海洋测绘工作,目的在于获得海底地形点的三维坐标,主要测量位置、水深、水位、声速、姿态和方位等信息,其核心是水深测量。水深测量经历了从人工到自动、单波束到多波束、单一船基测量到立体测量的三次大变革。了解海岛礁、岸线及近海岸的水上、水下地形情况,对于沿海地区经济发展、航运安全保障、自然灾害防范、海洋生态建设等具有非常重要的意义。

海岸带测绘技术主要包括人工实地测量、船载测量和航测遥感等方式。海岸带测量主要分为水上和水下地形测量两个方面。传统的测绘手段一般是使用RTK、全站仪完成水上地形测绘,使用单波束、多波束测深仪完成水下地形测量。这种水上、水下分开的测量方式存在的主要问题有:耗时长且劳动强度大、基准不统一、工作效率低、仪器操作比较复杂等。同时,在测绘对象比较复杂的情况下无法做到全覆盖,水上水下统一起来也会比较困难。在岸边获取连续、无缝且坐标统一的水上水下点云和地形数据尤为困难,成果精度低,不能满足实际生产需求。航测遥感技术手段由于受到卫星重复周期、海岸带云雨天气、分辨率低等影响,高质量的卫星遥感影像获取困难,难以满足动态监测和水下地形的高精度测量需求。因此,迫切需要研究多传感器集成的船载水上水下一体化移动测量系统为海岛礁测量、港口码头建设等领域提供精准的技术支撑。

船载水上水下一体化测量技术是近年来的一项新技术,这项技术是通过对多波束水深测量系统、激光扫描系统、定位定姿系统进行集成,根据GNSS提供的位置信息和INS提供的姿态信息,解算出水下多波束点云、水上激光扫描点云在指定坐标系系统下的坐标,可应用于岛礁、海岸工程、水中构筑物等测绘领域。船载水陆一体化综合测量系统是水陆地形无缝测量中一种新兴的海洋测绘设备，具有快速获取高分辨率、高精度的三维空间信息的能力，而船载水陆一体测量技术应用领域相对较为广泛，适用性较高。目前，我国对该系统的研究尚处在起步阶段，随着硬件性能的提高及关键技术的改进，船载水陆一体测量技术必将在我国海洋及内陆水域基础地理信息的动态监测、经济开发、国防保障中发挥重要作用。

针对船载水上水下一体化测量平台的研制与应用，相关学者取得了一定的研究成果，主要有：广州中海达卫星导航技术股份有限公司（2017 年）采用自主研制的船载水上水下一体化三维移动测量系统 iScan 对三峡宜昌葛洲坝至重庆奉节段水域进行数据采集，利用点云处理软件 HD_3LS_SCENE 和 HD PtVector，在激光点云和全景影像的基础上进行数字化测图。山东科技大学（2018 年）利用 VSurs-w 船载移动测量系统针对山东某一大型水库进行了分析和实践验证，测量精度可达到 1∶2000 地形图要求。2019 年以舟山册子岛区域为例，成功实现了水上水下一体化无缝测量，并完成了水深及地形成果整合。自然资源部第二航测遥感院等单位（2021 年）利用 applanix 船载 LiDAR 系统对环渤海海域中的一个海岛进行了扫描作业，并进行了精度检测。广州市城市规划勘测设计研究院等单位（2023 年）结合实际工程应用对水岸一体测量技术在航道地形测量工作中的应用进行探索。四川省交通勘察设计研究院有限公司（2023 年）结合岷江航道整治一期工程施工图设计项目，探讨了"水陆空"一体化测量在航道测量中的应用。

综合学者研究成果，船载水上水下一体化移动测量系统的主要优势有：效率高、精度高、采集信息全面全覆盖、成本低、灵活性强、密度高等。为智慧航道、数字水利、码头、岸线及远海岛礁和众多工程建设所需的高精度三维测量问题提供了全新的测量技术手段。在海岛、海岸带监测中具有较为广泛的应用价值，发挥着重要作用。

水下地形测量工作中无人船起到重要的作用，无人船在水下环境中的测量系统是由无人船平台、岸基操控终端、GNSS、自动导航、声呐探测、传感器、无人船软件构成的。无人船水下地形测量中各模块之间相互配合，测量出水下地形的高程和平面坐标数据。无人船船体的前端位置安装了摄像头、距离传感器。摄像头收集前方画面，方便基站工作人员监控，距离传感器可以使无人船避开水下障碍物，提高无人船水下测量的安全性。

无人测量船技术的研发与应用，取得了一定的成果，主要有：辽宁省基础测绘院（2017 年）利用中海达的 IBoat BM1 智能无人测量船对辽宁某河 27km² 的水域实现了高精度的无验潮水下地形测量，完成了 400 多幅 1∶2000 水下地形图的绘制。中水珠江规划勘测设计有限公司（2018 年）研发了集成多种设备为一体的无人船测量系统，成功应用于广州地铁跨江水下地形测量项目中的东山湖水下地形测量、大金钟水库水下地形测量。中交第二航务工程勘察设计院有限公司（2022 年）采用智能无人测量船系统对部分河段进行水下地形测量和水文测验实践应用。

无人测量船具有船体小巧、携带方便、灵活性强、隐蔽性高、耐波性好、阻力小、速度快、航行稳等优点。可搭载深测仪、ADCP、侧扫声呐等多种传感器，广泛应用于内河航道、水库、湖泊等区域的水下地形地貌以及水文测量。该技术具有安全、快速、便捷、成本低、高精度、自动化、快速测图等优势。随着无人机、无人船等海洋新型测量平台技术和机载蓝绿激光水深测量系统的不断成熟，水岸一体综合测量系统必将朝着高度集成化、无人轻便化、海陆空一体化方向发展，实现从陆地内河航道、水库到浅水和深水海岸带区域的全覆盖监测。

1.3.6 地下空间测量

近年来，城市建设向地下延伸拓展明显加速，地下空间的开发建设已迈入大规模发展的新阶段。地下空间是指为了满足人类社会生产、生活、交通、环保、能源、安全、防灾减灾等需求，而在城市规划区内地表以下进行开发、建设与利用的空间及与之相连的下沉式空间。随着地下空间信息化工作的开展，切实提高地下空间信息化水平，住建部正式发布了《城市地下空间开发利用"十三五"规划》，作为指导各地开展地下空间开发利用规划、建设和管理的重要依据。结合城市地下空间测量与普查，制订了专门的地下空间测量规范和技术规程，使得地下空间测量有了科学的技术依据。城市地下空间的开发利用越来越充分，而采用科学有效的测量手段，获取城市地下空间的二维、三维数据，将显得尤为重要。

地下空间测量将为地下空间工程及其开发利用提供最为关键的基础数据支撑，促使地下空间测量成为测量领域的一个研究热点。传统方法是先通过 GNSS 接收机在地下空间附近的地面布设控制点，然后采用全站仪将地面控制点通过导线测量的方式传递到地下，利用地下控制点作为起算点实测地下空间的几何要素信息。传统的数据采集方式的缺点主要有：工作量大、工作效率低、劳动强度大、现场测量成果不直观、自动化程度较低。另外，地下空间相对狭窄，地下空间建筑物结构组织复杂、形状各异、种类繁多，造成设站、采光及通视困难，这就需要寻找一种新的技术方法来对地下空间建筑物的位置、形状和大小等要素进行测定。

为了更好地开发利用城市地下空间，多个城市开展地下空间普查项目，其中一个主要内容是采用测绘手段实测地下空间的现状空间信息，如地下商场、停车场等地下空间内部结构的平面位置、高程等信息。移动测量技术的出现为地下空间测量提供了便利，特别是即时定位与地图构建（SLAM）技术成为近几年的研究热点，基于 SLAM 的城市地下空间三维数据采集技术将激光扫描技术与移动测量技术的优势相结合，形成一项全新的三维移动测量技术。

利用激光 SLAM 移动测量设备，针对城市地下空间测量的应用研究已经取得了一些成果，主要有：河南理工大学（2016 年）研发了地下空间移动激光测量系统，以实例应用说明了该系统的高效性和精确性。南京市测绘勘察研究院股份有限公司等单位（2017 年）利用 iMS3D 获取了南京中央商厦地下两层停车场、淮海路地下通道等试验地点的数据，采用 PPVISION 软件平台对激光点云数据进行过滤，对建筑物、管道设施等地物数据进行分离与提取。昆明理工大学等单位（2019 年）利用安伯格 GRP 5000 移动检测系统获取昆明地铁某段隧道数据，应用 Geomagic studio15.0 和 Ambeg Tunnel Rail2.0 软件进行数据处理。北京市测绘设计研究院等单位（2020 年）提出了一种融合车载激光扫描系统和地面三维激光扫描的数据获取方案，通过地下车库数据采集试验，验证了该方案的有效性和可靠性。广东工贸职业技术学院（2021 年）利用 GeoSLAM ZEB-Horizon 手持移动式三维激光扫描仪对过街人行隧道的内部及相关地面建筑物进行扫描，基于点云数据提取特征数据进行分析。昆明市城市地下空间规划管理办公室(2022 年)利用徕卡 Pegasus：Backpack 移动背包扫描系统，分别在城市轨道交通、综合管廊等典型地下空间场景进行数据获取，得出了数据获取过程关键工作要点、影响因素及优化处理措施，形成了高效的数据获取方案及流程。

激光 SLAM 移动测量技术的优势包括设备操作简单、速度快、作业效率高、精度高、自动化程度高、作业方式灵活、不受空间环境的影响。

1.3.7　道路测量与调查

随着交通基础设施与城市建设的快速发展，对不同类型道路的勘察设计、建设、竣工、管理等提出了更高的要求。

1. 公路

随着我国公路建设快速增长，公路路网趋于成熟，公路行业从建设阶段逐渐步入养护阶段。目前，公路养护管理工作模式相对落后，以台账、图表资料、现场调查的形式为主，对于养护管理部门而言，根据报告数据或图片形式，无法全面真实地掌握公路的服务状态，破损路段比较分散，现场查勘和组织专家会审费时费工。日新月异的道路变化需要定期对整条道路状况进行调查，以便对道路进行维修或者改扩建。目前，基础道路信息主要通过传统的人工测量方法获得，由于其测量一次需耗费大量人力、物力且测量时间过长，无法实时地更新道路信息，已经不能满足道路维修对时效性的需求。

利用实景三维移动测量系统沿道路采集空间地理信息，在内业环境中对采集数据进行加工处理，通过激光点云提取道路资产矢量，形成专题成果。在此基础上，根据公路养护管理特点，结合高清全景影像，定制适用于公路行业的实景三维平台，实现公路养护可视化、信息化管理，推动公路养护管理工作从传统模式向现代模式转变。移动测量系统作为目前地理空间数据采集最好的解决方案之一，将其应用于公路路况调查具有很强的现实意义。

利用车载移动测量系统针对公路的应用研究已经取得的研究成果主要有：同济大学测量与国土信息工程系等单位(2011 年)提出了将移动测量系统应用于公路路况调查的实现方案，实现了一个 C/S 架构的移动测量公路路况调查系统。浙江省第二测绘院等单位(2017 年)利用 SSW 车载激光建模测量系统采集了德清县城郊某道路数据，在 SWDY 软件中提取完所需的要素后导出，在 CASS 软件中绘制线划图。与传统方法相比，移动测量系统能极大地节省外业作业时间，降低外业劳动强度，整体工作效率得到了提高。云南省交通规划设计研究院有限公司等单位(2020 年)针对云南省大理州云龙县 S228 线宝丰乡至大栗树段改扩建项目，采用无人机倾斜摄影与车载 LiDAR 联合测绘技术进行了全面的适用性分析，从质量、效率、成本和安全四个维度与传统的人工测绘方式进行了全面对比。

传统航空测量发展较成熟，应用范围十分广泛，但该技术对自然条件和机场条件的依赖性大，成本较高，从而限制了传统数字摄影测量技术在公路地形测量中的应用。近年来，低空无人机技术得到了飞速发展，基于无人机平台的航空摄影技术显现出很强的优势。无人机低空航测技术具有使用成本低、结构简单、操作方便和转场容易等显著优势，且适用于危险区域测绘和快速监测等应急测绘方面。无人机低空航测技术成为近年来航拍影像获取的一种重要途径。无人机倾斜摄影技术被引入测绘地理信息行业，突破了传统摄影测量对气候、空域、机场等条件的限制，并以其经济、快捷、机动灵活等特点，在应急抢险、抗震救灾、小范围快速成像成图等方面显示出了无法比拟的优势。

利用无人机航测系统进行大比例尺公路带状地形图测绘的应用研究成果主要有：广东省交通规划设计研究院股份有限公司(2017年)采用华测 P520V 测绘无人机对广东省茂名市境内某一级公路拓宽改造工程完成航拍，结合 Pix4D mapper 与 VirtuoZo 软件完成 1∶2000 带状地形图绘制。长春市测绘院(2018年)采用自主研制的海燕 HX-X2 多旋翼无人机倾斜摄影系统对长春市二道区中的村镇开展 1∶500 带状地形图测量试验进行航测，利用 Smart 3D 软件完成实景三维模型产品、真正射影像和 DSM 的制作。

2. 铁路

传统的既有线铁路复测主要依靠人工上线测量，测量方法包括钢尺丈量配合全站仪的矢距法或偏角法、导线坐标测量法及现场调查等。传统的既有线测量方法涉及线上作业、工序多、测量效率低，且存在较大的安全隐患。将基于移动平台的车载三维激光扫描测量系统安置在火车或巡道车上，实时进行激光扫描，获取轨道及周边地物的高精度点云数据，基于点云数据提取轨道线形参数，进行横断面测量、里程丈量、复测要素提取、地形测量等工作。

铁路限界(机车车辆限界和建筑限界)测量方法大体可以分为接触式和非接触式两种。横断面法、综合断面法和轨迹法都属于接触式测量，特点是需要人为操作，在对房屋、站台、雨棚等建筑物或设备进行检测时，还得靠原始手工测量，工作量大、效率低下、可靠性低、准确性也不高。非接触式方法包括断面摄像法和激光扫描法，基于断面摄像法的限界检测车虽然自动化程度较高，但也仅能对隧道施行检测，对隧道外的通信线路、回流线和电力线等无法检测，并受光线的干扰较大。激光扫描法作为铁路限界测量的新方法，具有快速、高精度、无接触的优势，近年来逐步被应用于铁路限界测量。

移动测量技术应用于铁路的相关研究成果主要有：中铁第四勘察设计院集团有限公司(2017年)获取武汉经襄阳至十堰铁路的孝感东至十堰北段线路的机载激光雷达数据，利用自主开发的激光雷达数据处理软件，生产绘制纵横断面线。激光雷达断面反映的山体形态明显比实测数据准确，且客观性、稳定性好，可以有效避免外业人员实测时的人为疏漏或误差。中国铁路武汉局集团有限公司武汉高铁工务段(2019年)提出了基于车载激光雷达成像技术的轨道设施调查方法，实践证明：该方法几何测量精度达到毫米级，大幅度提高了既有线高速铁路轨道基础数据的采集效率。中铁第一勘察设计院集团有限公司(2020年)以西北某运营铁路提速改造项目为依托，扫描平台采用电动的轨道车获取数据，利用本单位开发的车载点云复测信息提取软件完成数据处理。工程实践表明：车载三维激光扫描可满足既有铁路提速改造复测的精度要求，获取的信息更加全面，效率与安全性更高。

3. 高速公路

路面平整度是路面评价及路面施工验收中的一个重要指标，指的是路表纵断面上凹凸量的偏差值，主要反映的是路面纵断面剖面曲线的平整性。平整度直接反映了车辆行驶的舒适度及路面的安全性和使用期限。传统路面平整度的分析方法比如三米直尺法、手推四轮仪测量法等是利用道路纵断面上离散点的高程信息来分析评价路面平整度，基于行车颠簸仪的四分之一车模型法是利用传感器在行驶方向法方向上的位移量来进行路面平整度分析。车载移动测量系统能快速、准确获取高精度路面三维信息，由此可以获得道路纵断面上丰富的高程数据，完全符合路面平整度分析对于数据的要求。不仅极大地缓解了平整度评价过程中数据采集对人力、物力的消耗，同时高精度的激光点云数据可以使评价结果更具说服力。

随着高速公路建设的持续快速发展，对高速公路运营管理的要求越来越高。对于高速公路管理部门来说，对具有明显地理分布特征的多类型复杂高速公路设施建立台账并进行日常管理维护、分析查询，是一项比较复杂的工作，单纯靠人力来管理不仅费时费力，而且极易出错。高速公路设施的采集和管理存在诸多不足。三维全景技术作为一种虚拟现实技术，其成果数据非常直观，能很好地满足交通设施调查、设施状态监控等业务应用需要。该项技术既利用了三维全景的直观性，使采集工作简单、直接，又简化了采集工作流程，减少了工作量，从而降低数据采集成本。

现代化高速公路交通勘察设计是一个综合技术含量高、整体性强的系统工程。近年来，现代化空间信息技术在公路勘查领域的应用非常广泛，并且平台众多。21 世纪初期，快速发展的激光扫描系统，由于其高精度、高效率、无需人员上路测量、不中断交通，并且可快速生成满足施工图设计要求的地形图及公路横、纵断面等优势，逐渐开始规模化应用于中国的高速公路勘察设计工程中。同时也在利用机载激光扫描的离散道路带状数据点对公路进行平面线形恢复，利用激光雷达扫描获取的 DEM 数据和 DOM 数据进行项目地形分析和设计方案浏览等方面展开了大量的研究和应用。

移动测量技术应用于高速公路的相关应用研究主要成果有：国家测绘局第七地形测量队等单位(2010 年)结合 IP-S2 移动测量系统的技术特点，提出一套完整的高速公路测量应用方案，并成功应用于高速公路快速数据采集中，为高速公路管理部门关注的路面板块、道路附属物、服务区和加油站等信息提供了现势性很强的地形图和三维影像成果。重庆市勘测院等单位(2016 年)利用自主研发的数字全景地图系统 DPM2.0 获取了重庆市约 2 400 km 高速公路的全景影像数据，采集了高速公路的相关设施的空间位置信息，构建高速公路设施空间信息数据库。实践表明：三维全景采集模式相比于传统模式，实施周期更短、人力投入更少、错漏率更低，大大提高了高速公路设施采集与管理效率。山东科技大学(2019 年)利用青岛秀山移动测量有限公司车载移动测量设备采集山东省某高速公路(1000m)的激光点云数据，使用多源点云数据处理软件 MultiPointCloud 与点云测图软件 VsurMap 进行数据处理，实现对路面平整度的评价与精确分析。中铁第一勘察设计院集团有限公司(2023 年)提出了基于车载三维激光扫描技术的高速公路勘测方法，实现利用机器学习算法实现道路标线、横纵断面的自动提取。包茂高速改扩建工程应用表明：本方法的精度完全满足规范要求，获取的信息更加全面，测量效率与安全性更高。

4. 城市道路

市政建设工程竣工测量是规划部门对市政建设工程施工的符合性进行测绘复核、对市政建设工程进行行政管理的重要内容。常规的测量方法需要人员在路面进行作业，存在很大的安全隐患。车载激光扫描系统以其灵活、机动、快速等优势成为首选的新技术。

传统的停车调查多采用人工目视统计或问卷调查形式进行，该方法较为耗时，对于大范围的城市道路停车调查并不适用。车载激光扫描是一种主动式测量方式，可在夜间环境下动态获取道路沿线目标的三维信息，生成高精度密集的街景点云数据，非常适合进行夜间停车调查。

城市道路交通安全设施管理部门迫切需要了解辖区内所有道路的交通安全设施现状，建立现状交通安全设施资料库，便于对辖区内交通安全设施实施统一的查询、规划、建设、管理及维护工作。城市道路交通安全设施每年需要及时更新、维护和管理，移动测量系统具有高效率、高精度、低成本、可量测，实景影像数据处理灵活多样等特点，特别适用于城市道路交通安全设施实时的按需测量。

一些学者针对城市道路的竣工测量、道路改造、车辆目标精识别、城市道路及附属设施地理信息数据采集更新、地名普查等方面做了应用研究，主要研究成果有：武汉大学等单位（2012 年）利用 MMS 移动道路测量系统进行龙岗区城市道路交通安全设施地理信息采集，MMS 移动道路测量系统为城市道路及附属设施地理信息数据采集更新提供了一种极佳的手段。国家测绘地理信息局第二地形测量队（2017 年）利用 SSW 车载移动测量系统对某城市道路进行了试验研究，车载移动测量系统的优势主要体现在：高效与快速，人力资源投入少，数据精度高，特殊地物表达完整，数据采集直观。成都市勘察测绘研究院等单位（2021 年）基于车载移动测量技术进行城市道路竣工测绘的作业流程进行了完善设计，结果表明：线划图可满足 1∶500 地形图测绘的要求，进行城市道路竣工测绘尤其是复杂城市道路竣工测绘是可行且高效的。武汉市测绘研究院等单位（2023 年）提出了从移动测量车数据采集、数据处理到道路全息测绘产品制作的完整流程，结果表明：该成果精度不仅能满足 1∶500 地形图更新等传统城市测绘工作需求，也可为自动驾驶提供重要的道路数据基础。

1.3.8 大比例尺地形图测绘

目前大比例尺地形图的测绘主要采用全站仪极坐标法、GNSS-RTK 等测量方法，然而这些方法都有其生产的局限性，如全站仪在测绘工作中必须满足测量仪器的通视条件以及受定向、转站的影响。GNSS 则受到外界环境、卫星信号、卫星高度角等因素影响，会对精度产生较大的影响。同时，全站仪极坐标法和 GNSS 测量都存在外业工作量大、工作效率低等传统测绘的缺点。近年来，基于三维激光扫描技术整合全景影像采集、融合技术，形成新的测绘技术——移动测量技术，该技术通过向被测量物体发射激光束的同时采集全景影像的方式，直观、快速、高效地获取地物的空间三维坐标，经点云数据融合和全景影像拼接等数据处理，可以半自动生成数字地形图。移动测量技术的运用，大大缩短了外业工作时间，降低了测绘工作者的劳动强度，提高了内业数据处理的自动化和智能化程度。

移动测量在大比例尺地形图测绘方面主要利用车载 LiDAR 和机载 LiDAR 技术。与常规测图技术相比具有精度高、效率高、自动化程度高、测绘产品丰富、应用领域广泛等特点。近年来，不少测绘部门利用无人机载 LiDAR 进行了相关的测试和研究，在当前基础地形图的测绘中，LiDAR 主要应用于专题和带状地形测量方面，用于大范围的地形图测量较少。

利用车载型、轻便型移动测量系统,无人机载激光雷达技术在区域大比例尺地形图测绘、地形图修测、竣工地形图、地形图质量检验、宅基地底图测绘等方面进行了应用研究,主要单位有:北京市测绘设计研究院(2013 年)研究了提高该项技术用于大比例尺测图的外业精度质量控制方法和技术实现方法,得到了一套完善的精度控制方案和技术实现方案,研究证明:车载 LiDAR 系统完全能满足 1∶500 地形图测绘精度。福州市勘测院(2017 年)利用以摩托车为载体的轻便型移动测量系统 VSurs-Q 进行数据采集,借助VsurPointCloud 与 VsurMap 测图软件生成初步地形图,在 CASS 软件中编绘生成 1∶500 竣工地形图,结果表明:成果精度满足规划竣工测量要求,并缩短工期、减少人员投入。浙江省国土勘测规划有限公司(2021 年)利用华测导航 AS900 获得地形三维点云数据,通过对全要素地形图的采集内容、采集精度与采集手段的研究,依据采集检验点对全要素地形图精度进行验证。结果表明:数据精度满足全要素地形图精度指标。中国电建集团贵阳勘测设计研究院有限公司(2023 年)探讨将科卫泰 KWT-X6L-15 无人机搭载海达数云 ARS-1000L 机载激光测量系统应用到地形复杂的山地光伏发电项目地形测绘的可行性和精度,结果表明:该机载激光雷达扫描系统即使在植被覆盖且地形复杂区域其点云密度、高程精度等质量指标均能满足国家大比例尺地形图测绘的要求。

利用无人机拍摄的航空影像来测绘地形图,对大飞机获取影像困难的地区、要快速完成测绘成图的地区有着相当重要的意义,其航拍影像具有小面积、大比例尺、现势性强、清晰度高的优势。近年来无人机低空遥感平台在测绘领域更是得到了空前发展,逐步成为提升测绘应急服务保障能力的重要手段。2005 年,由我国研制的高端多用途无人机遥感系统首飞实验成功,达到了实用化水平。2009 年,国家重点项目"高精度轻小型航空遥感系统核心技术及产品"启动会在北京举行。2010 年,原国家测绘局开始实施已发布的有关无人机航摄要求的测绘行业标准。生产大比例地形图将极大地缩短生产时间,提高工作效率,同时成图精度高于传统测量精度,在大比例尺地形图测绘生产中得到了越来越多的应用。应用研究的主要单位有:四川省遥感信息测绘院(2012 年)采用无人飞机平台(佳能5D mark II 相机)获取四川绵阳某地的数据,利用 VirtuoZoAAT 3.5 软件完成绘图。利用固定翼轻型低空无人机航摄测绘 1∶1000 地形图在丘陵或者山地完全能够满足规范的精度要求。西安煤航信息产业有限公司(2016 年)采用大重叠度影像无人机(固定翼 Trimble ux 5+sony-α5100 微单相机)航测的技术方法,完成了陕西省 A 测区约 50 km²,1∶1000 地形图航测项目,制作的 DEM、DOM、DLG 成果符合 1∶1000 航空摄影测量规范的要求。陕西地建土地勘测规划设计院有限责任公司(2020 年)采用无人机(航摄仪:Cannon 5D3)对榆林市岔河则毛乌素沙漠地区进行拍摄,探讨了绘制 1∶2000 地形图的技术方案,结果表明:精度上满足要求,极大地降低外业劳动强度和经费,具有实际应用价值。

传统航空摄影测量能减少外业工作量,但存在近地地物易被遮挡、纹理映射不足、周期长和成本高等问题。无人机倾斜摄影测量作为近年来测绘领域的热点新技术,具有成本低、成图快、精度高和清晰度高等特点,很大程度上丰富了航测区域的地理信息,为地形图测绘提供了更多侧面纹理信息和地物细节。目前利用三维模型采集地形常用的平台软件有清华三维 EPS、迪奥普 SV360、武汉天际航 DP-Modeler 等。随着无人机倾斜摄影及实景三维建模软件的发展，三维模型的获取更加快速便捷，具有高精度地理坐标的实景三维模型为大比例尺地形图制作奠定了基础。应用研究的主要单位有：青岛市勘察测绘研究院等单位(2019 年)采用四旋翼无人机(搭载 3 个 SONY 7R 微单相机)获取青岛市高新区沟角村影像，实景三维建模采用 Smart3D 软件进行制作，基于 EPS 软件绘制地形图，精度上满足 1∶500 地形图精度要求，为大比例地形图测绘提供了一个新的解决方案。辽宁省阜新市生态空间勘测设计院有限公司(2022 年)利用无人机倾斜摄影测量技术和基于 Smart3D 的三维实景建模技术，对露天矿地形做了精细数据采集和三维模型的建立工作，实验表明：三维实景建模技术在地形测量方面具有实践意义，结合 EPS 软件对三维模型进行管理，对露天矿地形数据的采集具有借鉴意义。中国电力工程顾问集团东北电力设计院有限公司(2023 年)从测量准备工作、处理摄影影像、实施加密处理、建立摄影三维模型、测绘大比例尺地形图等方面详细分析无人机倾斜摄影测量的实现过程，此技术方法测量精度高、应用范围广、适用性强，具有良好的应用优势。

1.3.9　高精度地图制作

随着自动驾驶汽车行业的迅速发展，各大汽车厂商纷纷开展 L3、L4 级别自动驾驶的技术研究，而传统用于辅助导航应用的电子地图只能满足目标路径规划、目的地检索、米级定位功能，显然不能满足自动驾驶的要求，要想实现自动驾驶，需要掌握周围环境更精确(厘米级定位)、更丰富内容、更强时效性的车道级信息，即所谓的高精度地图。高精度(电子)地图能够提供更准确的车道级分割线位置、道路形状、坡度、曲率、通行条件等一系列自动驾驶信息。传统测绘方式因其制作成本高、效率低、更新周期长等特点不能满足高精度地图数据大范围制作的要求，而基于车载移动测量系统搭载的高精度精耦合 GNSS/INS 定位定姿系统、CCD、全景相机、激光雷达等传感器设备，可快速采集道路及道路两旁的空间位置数据和属性数据，为高精度地图生产提供快速有效的数据支撑。

高精度地图和普通导航电子地图的主要区别在于：普通的导航电子地图是面向驾驶员，供驾驶员使用的地图数据，而高精度地图是面向机器供自动驾驶汽车使用的地图数据，需要具备辅助完成高精度定位、道路级和车道级的规划能力及引导能力，其地图数据内容要求将更为丰富、精度更高，因此分析高精度地图数据内容组成及定义显得尤为重要。根据自动驾驶地图功能要求其基本数据内容包括：车道分隔线、车道信息、车道限制信息、路面设施、道路信息、路口交叉点、其他定位参考图层。

应用研究案例有：江苏省测绘工程院(2016 年)研究了车道级道路电子地图的制作，实现了路径为通过高精度、高分辨率道路得到的航空影像，结合具有三维激光扫描和全景数据采集功能的移动测量车采集相关道路数据，提取了满足亚米级的导航与监控要求的道路路网数据，包括车道数、车道宽等属性数据等，按照导航电子地图的要求制作了高精度的道路电子地图。立得空间信息技术股份有限公司(2018 年)提出将移动测量技术应用于高精度地图制作方面，为无人驾驶提供了技术研究方法。

1.4 移动测量技术发展与展望

20 世纪 80 年代在加拿大和美国出现移动测量系统，20 世纪 90 年代中后期我国开始研究车载 LiDAR 系统，近年来移动测量系统的研究已经进入快速发展期。本节简要介绍移动测量系统的国内外技术发展现状、存在的主要问题与展望。

1.4.1 国外技术发展概述

最早关于移动测量系统的研究可以追溯到 20 世纪初，人们以飞机为运载平台搭载相机获取地物影像数据的航空摄影测量技术。20 世纪 80 年代，机载空间信息采集系统正逐步走向成熟，现已有商业化的机载激光雷达扫描系统。国外一些大学和研究机构也开展了车载激光雷达扫描系统的研制，也有相应的车载系统推向市场。

随着全球定位系统的出现，到 20 世纪 80 年代中期，加拿大和美国一些政府部门提出移动式公路设施维护系统(Mobile Highway Inventory System，MHIS)，加拿大卡尔加里大学研发了 Alberta MHIS 系统，该系统采用航位推算传感器(陀螺仪、加速度计和里程计等)实现定位定姿，在车辆上安装模拟相机，拍摄公路设施现状，及时为公路维护单位提供信息。尽管当时 MHIS 系统定位精度较差，但其应用前景吸引了大量科研和工程技术人员。随着 GNSS 技术的发展，GNSS 能为移动平台提供绝对的定位精度，1988 年 Alberta MHIS 系统首次采用 DGPS 技术，用于解算移动测量系统中相机投影中心的位置参数，并引入 INS 用于确定相机的姿态参数。起步阶段的移动测量系统的研究集中在理论研究和原型设计方面，未能形成有效的商业产品。1989 年，美国俄亥俄州立大学 OSU 制图中心 CFM 提出了将 GNSS 应用于智能交通计划的建议，并于 1990 年成功设计了 GPSVan 移动测量系统，系统使用 GNSS、里程计和直接地理定位来提高导航参数，装配两台能连续拍摄的模拟相机，自动获取影像数据，并以立体相对方式求取地面点的三维空间坐标。在随后的 2~3 年间，俄亥俄州立大学进行了第二代、第三代 GPSVan 原型系统的设计，并将双频差分 DGPS 应用到车载系统中，系统实现了商业化，GPSVan 系统被称为第一台移动车载测图系统。

从 1994 年开始，加拿大卡尔加里大学成功地将 GPS/INS 组合系统装载到 Alberta MHIS 系统中，使得移动测量系统取得里程碑式的进步，研发出第一代移动测量 VISAT 系统。随后将 GPS/INS、里程计、彩色数码 CCD 相机、摄像机等传感器进行组合，发展为第二代 VISAT 系统，定位精度可达 0.1~1.0m；在第二代 VISAT 系统的基础上，对软件和硬件进行升级改造，发展为第三代 VISAT 系统。1996 年，美国 JECA 公司研制出 TruckMap 车载系统，该系统将激光扫描仪作为车载摄影相机的辅助传感器，作用是获得传感器到目标的距离，TruckMap 系统是车载激光扫描技术发展的开端。此外，还有西班牙凯特罗那制图协会(ICC)开发的 GEOMOBIL 系统。

在美国俄亥俄州立大学和加拿大卡尔加里大学的技术创导下，国外各大研究机构、院校、商业公司也纷纷对移动测量系统进行了广泛和深入的研究。德国慕尼黑国防大学研制了基于车辆的动态测量系统 KISS，它主要应用于交通道路及其相关设施的测量。1999 年，日本东京大学空间信息科学中心 Zhao 和 Shibasaki 等开发的车载激光扫描测量系统，能够快速有效地获取街区、城市等大面积的点云信息，主要应用于城市场景模型的快速重建。还有美国田纳西州立大学、加利福尼亚大学与卡内基梅隆大学，日本早稻田大学与先端科技学院，法国巴黎矿业大学等。研究成果主要集中在车载激光扫描系统原型系统的研发和数据处理方法的研究，也引起了更多的学者和研究机构关注这项前沿技术。同时，一些科研机构也将激光扫描系统集成安装在机器人平台上，如南加州大学计算机科学系机器人研究实验室、纽约城市大学计算机科学与技术学院与研究生中心、牛津大学机器人研究组等，基于机器人平台的激光扫描与车载激光扫描相比，虽然承载平台有差异但数据获取和研究内容存在共性，这也进一步促进了车载激光扫描技术的发展。

随着车载激光扫描技术在软、硬件研究的逐步开展，以及一些有实力公司的资助，车载激光扫描技术开始走向商业化，步入批量生产阶段。商业化车载激光扫描系统有加拿大Optech 公司的 LYNX 系统、英国 3D Laser Mapping 公司的 StreetMapper 系统、日本TOPCON 公司的 IP-S2 系统。车载激光扫描技术在谷歌地球、谷歌街景中的成功应用，给人们对现实世界的认识带来很大的冲击，一些研究工作者开始将兴趣投入到街景研究上，从事高科技的公司也从中看到了巨大的商机，商业化驱动推进车载激光扫描技术进入一个新的发展阶段。

很多基于相似概念的商业系统也在开发之中。2008 年 7 月在北京召开的"第 21 届国际摄影测量与遥感大会"上，出现了 Optech、Riegl 等公司的成熟车载激光测量产品。之后国外公司的产品逐渐进入中国市场，有代表性的公司有加拿大 Optech 与 2G Robotics 公司、奥地利 Riegl 公司、瑞士徕卡公司、美国天宝公司、日本拓普康公司、澳大利亚Maptek 与 Emesent 公司、英国 MDL 公司、德国 NavVis 公司、法国 Viametris 公司等，各具特色的移动测量系统在国内销售。

其他类似的商业系统还包括 Lambda 公司的 GPSVision、NAVSYS 公司的 GI-Eye、Transmap 公司的 ON-SIGHT、Applanix 公司的 LANDMark、3D Laser Mapping 和 IGI 公司合资开发的 StreetMapper 360、诺基亚所属公司 NAVTEQ 的激光采集车、德国 SITECO 公司所生产的 Road Scanner 以及 Google 使用的街景采集车等，基本上这些系统的硬件集成方式比较类似。

由于车载激光扫描系统尚处于初期发展阶段，国外商业系统和数据处理软件一般是捆绑销售。车载系统的数据格式都是自定义未公开的，这导致相应的数据处理软件不具有通用性。而国外商用数据处理软件价格昂贵，技术环节保密，公开的参考文献也相对较少，严重制约了车载 LiDAR 系统的应用和发展。

1.4.2　国内技术发展概述

我国紧密跟踪国际移动测量技术的发展，并结合国内不断增长的应用需求，于 20 世纪 90 年代中后期着手发展自己的车载 LiDAR 系统。一些高校、研究机构、企业启动研究计划，经过 20 多年的努力，已经取得了一定的研究成果，一些商业系统已经投入市场销售使用。

1995 年在李德仁院士的推动下，我国开始移动测量技术的研究，由武汉大学完成一系列重要关键技术攻关研究后，于1999年研制完成移动测量系统的样机。2005年11月8日在中国测绘学会第八次全国会员代表大会暨2005年综合性学术年会上，武汉大学、武汉立得空间信息技术股份有限公司李德仁、郭晟、胡庆武等"基于3S集成技术的LD2000系列移动道路测量系统"荣获2005年国家测绘科技进步奖一等奖。该项目属于信息技术领域内地理信息数据采集与处理技术主题下的移动道路测量技术。在武汉大学承担的国家自然科学基金重点项目"3S集成的理论与关键技术"研究成果的基础上，由武汉立得空间信息技术发展有限公司独家开发、具有完全自主知识产权的高新科技产品，曾获科技部、武汉市中小企业创新基金和国家电子产业基金支持，并被列入国家"火炬"计划。2017年5月6日，第十届国际移动测量技术(Mobile Measurement Technology，MMT)大会在埃及举行，鉴于我国李德仁院士与美国俄亥俄州立大学教授查尔斯·托特二人多年来为移动测量技术的发展与推动所做出的开拓性贡献，大会同时授予二人"杰出成就奖"。

原武汉大学李清泉教授研制开发了主要用于堆积测量地面激光扫描测量系统(2005年)。山东科技大学基于国家信息领域863项目"近景目标三维测量技术"(2003AAA133040)，与武汉大学、同济大学、中国测绘科学研究院联合研制了车载式近景目标三维数据采集系统(Vehicle borne 3D surveying system，3Dsurs系统)。我国起步比较早的车载激光LiDAR是由首都师范大学三维信息获取与应用重点实验室、中国测绘科学研究院(刘先林院士)、青岛市光电工程技术研究院等依托863课题"车载多传感器集成关键技术研究"，联合研制的SSW车载激光建模测量系统。该系统关键传感器实现了国产化，打破了国外对高精度移动测量系统的垄断，且完全拥有自主知识产权，是我国自主研发的第一套基于LiDAR技术的移动测量系统，2011年通过原国家测绘局技术鉴定，2012年获得国家测绘科技进步奖一等奖，由北京四维远见信息技术有限公司负责销售。2012年9月，由武汉大学和宁波市测绘设计研究院联合研发定制的车载三维激光采集系统(地理信息采集车)正式投入使用。"车载激光扫描与全景成像城市测量系统"获2013年中国测绘学会测绘科技进步奖一等奖。

由华东师范大学地理信息科学教育部重点实验室牵头，2008年完成了"双星制导车载高维实景数据移动采集平台"(RSDAS)的建设。南京师范大学虚拟地理环境教育部重点实验室与武汉恒利科技有限公司合作研制开发了车载三维数据采集系统3DRMS。广州中海达卫星导航技术股份有限公司研制了iScan一体化移动三维测量系统。北京数字政通科技股份有限公司自主研发了激光全景移动测量系统(数字政通-III型)。北京北科天绘科技有限公司研制了R-Angle系列车载激光雷达。北京农业智能装备工程技术研究中心(2009年)构建了一种面向土地精细平整的全地形车(All Terrain Vehicle，ATV)车辆农田三维地形快速采集系统。

另外，相关研究还有：中国科学院深圳先进研究院在国家"863"计划的支持下也做了一系列相关的研究，研制生产了车载三维激光扫描系统。天津大学叶声华教授所在的精密测试技术及仪器国家重点实验室也对激光雷达做了深入研究并取得了显著成果。西北工业大学设计完成了一套用于城市三维空间信息采集建模的车载移动激光扫描测绘系统原理样机。南京大学、北京建筑大学测绘与城市空间信息学院、吉林省公路勘测设计院等科研单位也相继研发了车载激光三维数据或全景影像采集系统等。

此外，还有一些商业公司加入了移动测量系统软件、硬件研发的队伍中，主要有北京数字绿土科技有限公司、重庆数字城市科技有限公司、北京金景科技有限公司、青岛秀山移动测量有限公司、广州南方测绘仪器有限公司、上海华测导航技术股份有限公司等，各测量系统都有自己的技术优势。

2009 年以来，我国移动测量技术开始迈入了快速发展阶段，其中以硬件系统的发展最为突出，呈现出以下主要特征：

（1）在市场的驱动下，更多的机构投入车载激光扫描系统的研发和销售中，客户也有了更大的选择空间。目前，国际上主流车载激光扫描系统在国内开始销售，国内多家公司产品逐渐提高市场占有率。

（2）车载激光扫描系统综合性能进步提高，大多数厂家都在原有系统的基础上进行了升级换代，每个型号的车载激光扫描系统都具有自身的特色。如北京四维远见的 SSW 系统，安装了可升降 3~10 m 的升降杆，能在升起一定高度后实现转扫，并且为了适应复杂的作业环境，SSW 系统还采用了"子母车"的模式，能实现大车和小车的同时联合数据采集。

（3）生产工艺也相对稳定，大多数厂家都能实现量产或订单化量产，如 iScan 系统、SSW 系统等。

（4）车载激光扫描技术的应用也更加广泛，在很多领城都取得了成功的应用，如道路测量、部件测量、地籍测量、三维城市建模、水上测量、高清街景、地下车库测量、地理国情监测等。

（5）基础研究的支持得到进一步重视。国家与企业都非常重视对基础理论方法的研究，从 2000 年开始，通过"973"项目、"863"项目、国家科技支撑项目、测绘地理信息公益专项以及国家自然科学基金项目等形式资助的科研项目超过数十项，累计金额超亿元，对硬件系统和软件系统研发、基础理论研究以及国产装备的推广起到了极大的促进作用。

（6）专业人才培养呈现快速增长趋势。国内已有数十家高校或科研院所培养出了车载激光扫描方面的硕士生或博士生。综合数量和质量，目前最主要的单位有武汉大学、山东科技大学、首都师范大学、厦门大学、河南理工大学、解放军信息工程大学等。不仅数量在增加，而且质量也在逐年提高。近年来，从国外留学归来一定数量的高层次人才，保证了我国与国外基本处于相近的研究层次。

（7）街景成为当前车载激光扫描技术应用的最大领域。随着谷歌街景在全球范围内的快速扩展，以及其带来的巨大商机，我国街景也紧随其后，成为地理信息行业一个快速崛起的领域。当前能提供街景服务的代表商家有城市吧、腾讯地图、我秀中国、百度地图、高德地图等，而车载激光扫描系统无疑成为最主要的数据获取手段，每天都有车载系统奔跑在城市街道上。

1.4.3 存在的问题

以车载（多平台）移动测量系统为例，目前存在的主要问题如下：

（1）仪器价格比较昂贵，企业普及度较低。目前，国外品牌的车载移动测量系统在中国的销售价格在几百万元左右，国内品牌的销售价格在 100 万元左右，相对于常规测绘仪器，设备价格非常昂贵。目前多数企业购买意愿较低，设备的普及程度较低。

(2)仪器的精度检校研究滞后。目前在数据质量方面主要依靠仪器制造商提供的技术参数，没有可靠的理论依据和规范。在仪器的检测方面研究较少，仪器的检测方法尚处于起步阶段。仪器自身和精度的检校存在困难，目前检校方法单一，基准值求取复杂，并且缺乏设备精度评定的基本方法，国内也没有有效的检定手段和公认的检定机构。

(3)点云数据处理效率低。点云数据处理软件没有统一化，各个厂家都有自带软件，互不兼容，对数据标准统一等造成一定的困难。目前已有的后处理软件功能偏少(特别是专业应用功能)，智能化程度较低，数据处理量有限，后期数据处理时间长，工作效率较低。

(4)多源数据融合、多平台激光点云数据的集成应用研究较少。由于仪器与现场条件限制，单一数据源会产生点云数据缺失现象，在工程应用中需要多源数据融合、多平台的激光点云数据集成，从而提高数据质量，满足生产的精度要求。目前总体上处于研究试验阶段，还存在一定的技术问题，普及程度不高。

1.4.4　展望

目前国内多平台移动测量技术与应用快速发展，代表着未来的发展方向，并且会逐步走向相对成熟，未来的发展趋势主要体现如下：

(1)设备价格会逐步下降，企业普及程度不断提高。随着设备关键技术的突破，国产化率不断提高，生产成本会有所降低，设备的市场价格也逐步下降，产品的升级换代周期缩短。国内研制的仪器(上海华测、中海达、北科天绘等公司)已经投入市场，与国外品牌相比价格上有较大的优势，相信随着性能、用户认知度、生产需要(实景三维中国的建设)的提高，国产设备的市场占有率也会逐步提高，迫使国外品牌的仪器价格下降。

(2)健全技术规范，加强仪器检校研究。国家相关技术规范已经出台，但是随着设备技术的不断进步与企业项目新的技术要求，需要国家相关部门制定新的技术规范，以指导技术的广泛应用。仪器的精度决定数据的质量，加强仪器检校研究，建立仪器检校场，出台仪器检校相关管理制度。

(3)数据处理软件更加智能化。目前数据处理软件的处理能力是严重制约内业工作效率的主要原因，企业对高效智能化数据处理软件的要求越来越迫切。国内数据处理软件的研发以仪器制造商的配套软件为主，软件升级周期缩短，功能上不断改进。相信未来国产化的软件操作简便、数据处理的速度更快、处理的数据量更大、功能上更强大、行业应用模块更多、智能化程度更高，逐步提高国产软件的市场占用率，处理效率也将明显提升。

(4)硬件集成化程度越来越高，多源数据融合技术逐步成熟。随着相关技术的快速发展，激光雷达、相机、多光谱等传感器的集成化程度越来越高，将呈现出体积小、重量轻、多平台、安装与操作简单等特点。随着多源数据获取技术的快速发展，单一数据源获取的数据质量不能满足项目精度要求，相信多平台、多源数据融合技术会逐步成熟，应用更广泛，以满足企业的生产质量。

相信不远的将来移动测量技术的应用领域和范围必定会不断扩大，在企业中发挥的作用不断提高。

◎ 思考题

1. 世界上第一代移动测量 VISAT 系统诞生的时间与地点分别是什么？

2. 李德仁教授对移动测量系统的解释是什么？《车载移动测量技术规程》是如何解释车载移动测量系统的定义？

3. 车载移动测量技术与传统测量方法进行对比，主要特点有哪些？

4. POS 的英文全称是什么？中文含义？它在移动测量系统中的主要作用是什么？

5. 移动测量系统按照所搭载的移动平台不同可以划分为几种类型？

6. 我国自主研发的第一套基于 LiDAR 技术的移动测量系统是由哪些单位联合研制的？名称？由哪家公司负责销售？

7. 移动测量技术目前主要应用领域有哪些？

8. 目前多平台移动测量系统在应用中存在的主要问题有哪些？

第2章　车载移动测量系统构成与工作原理

移动测量系统主要以搭载的平台进行分类，而车载移动测量系统是移动测量系统的主要类型之一。我国自 20 世纪 90 年代末开始关注车载移动测量技术的发展，车载移动测量系统的软件和硬件发展已经趋于成熟，涌现了多个我国自主知识产权的车载移动测量系统。本章主要介绍车载移动测量系统的系统构成与工作原理，简单介绍国内外车载移动测量系统。

2.1　车载移动测量系统构成

车载移动测量系统因搭载了激光雷达也称为车载激光测量系统，由于不同时期和设备品牌的差异，不同学者描述的车载激光测量系统的构成不太一致，但是总体上分为硬件与软件两个组成部分。

2.1.1　硬件构成

车载激光移动测量系统主要硬件传感器包括差分 GNSS 系统(包括基站和车辆流动站接收机)、惯性测量单元(IMU)、激光扫描仪、CCD 相机、控制装置、里程计、移动测量平台等。另外一种描述是系统主要由定位定姿模块和数据采集模块组成，其中定位定姿系统(POS)模块主要由 GNSS、惯性测量单元(IMU)及里程计(DMI)组成，主要为行驶中的车辆提供高精度的位置和姿态。数据采集模块主要由激光扫描仪和相机系统(面阵 CCD/全景相机)组成。

GNSS 天线一般安置于设备的顶部，便于信号的接收。车载移动测量系统的激光扫描仪数量一般是 1~3 个不等，通常安置在近车辆尾部，与地面成一定角度安置(常见的是45°)，以减少盲区，提高测量效率。IMU 不需要与外界进行无线通信，一般安装在设备的中间部位。里程计安置在车轮外侧，通常是一个里程计。相机设备位置一般稍高于激光扫描仪，位置相邻。控制装置和供电装置一般是放在车内。所有传感器通过笔记本电脑或者平板电脑进行控制。随着技术的进步，硬件系统的集成度越来越高，除了里程计单独安置于车轮上以外，其他传感器通过刚体结构集成为一体，便于拆卸和使用(图 2-1)。

各部分的主要功能如下：

(1)GNSS 系统：车载移动测量系统的 GNSS 系统由基站和流动站组成，基站可以是自己架设的基站也可以是虚拟的基站，流动站一般安装在车体的顶部，最终由基站和流动站差分计算高精度的行车轨迹。GNSS 的任务是确定四颗或更多卫星的位置，并计算出它与每颗卫星之间的距离，然后通过这些信息利用三维空间的三边测量法推算出自己的位置。

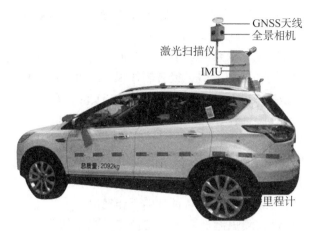

图 2-1　车载移动测量系统的硬件构成

GNSS 不仅可以提供高精度的坐标信息，还有更重要的作用是由 GNSS 接收机向车载系统中的其他传感器(如激光、IMU、DMI 及 CCD 相机)发送时间信息，以保证整个系统时间的统一性。后处理差分出每时刻动态 GNSS 接收机相位中心的坐标，为数码相机拍照提供时间信息。

(2)惯性测量单元(IMU)：惯性测量装置一般使用 6 轴运动处理组件，包含了 3 轴加速度和 3 轴陀螺仪。加速度传感器是力传感器，用来检查上、下、左、右、前、后面受了多少力(包括重力)，然后计算每个力上的加速度。从加速度推算出运动距离需要经过两次积分，所以，但凡加速度测量有任何不正确，在两次积分后，位置错误会累积然后导致位置预测错误。高精度的 IMU 对于保证最终点云的坐标精度至关重要，同时在 GNSS 短时间失锁的情况下也有较高的精度保持能力。

为了克服 GNSS 与 INS 各自的缺点，出现了 GNSS 与 INS 相结合的惯性组合导航技术，GNSS/INS 的组合方式主要有紧组合、松组合与 Applanix In-Fusion 组合，根据对导航成果数据的不同要求，选用合适的组合方式。在硬件上也逐渐实现集成化，形成组合惯性导航系统。定位定姿系统(POS)是利用全球导航卫星系统和惯性测量装置直接确定传感器空间位置和姿态的集成技术，本质上是 GNSS/INS 组合导航硬件系统加上一套精密数据处理软件(用于对原始数据进行事后处理，进一步提高定位定姿精度)。国外制造商的设备主要有加拿大 Applanix 公司的 Applanix AP60、美国 KVH 公司的 SPAN-KVH1750、美国 Honeywell(霍尼韦尔)公司的 HG4930 等。国内集成制造商主要有武汉际上导航科技有限公司、立得空间信息技术股份有限公司、武汉海达数云技术有限公司等，研发的产品逐渐得到应用。

(3)三维激光扫描仪：用于测量地面点在扫描仪内置坐标系中的坐标，为了获取更大扫描范围以及更多的扫描信息可安装多台扫描仪。激光扫描仪通过向目标物体发射一束激光，根据发射与接收的时间间隔来确定目标物体的实际距离。根据距离及激光发射的角度，通过简单的几何计算推导出物体的位置信息。车载激光测量系统可使用的激光扫描仪可以是单线测量型激光，典型厂家如 Riegl、Leica、Optech、FARO、武汉煜伟光学、广州南方测绘等，也可以是自动驾驶领域常用的多线激光，如 Velodyne、Quanergy、Ouster、Livox、镭神、速腾聚创、禾赛科技、北科天绘等。

（4）CCD 相机：车载激光测量系统除了可以获取具有空间三维坐标的点云数据以外，还能同步获取彩色影像，可以给点云着色或者制作视频，也可以根据相片的内外方位元素和相对关系来解算物点坐标。数码相机可以是面阵 CCD、线阵 CCD 和全景相机。车载激光测量系统常采用全景相机，典型的是 LadyBug 系列全景相机，以及由多台（通常 4~6 台）微单相机集成的高分辨率全景相机。

（5）控制装置：主要包括控制设备、存储设备和显示设备。控制设备主要用来对各传感器进行启动、参数设置和关闭等操作。存储设备用来记录相机、激光扫描仪、GNSS、IMU 采集到的数据。显示设备显示系统各部件的工作情况。

（6）里程计：可以通过轮测距器推算出车的位置。汽车的后轮通常安装了轮测距器，分别记录左轮或右轮的总转数。通过分析每个时间段里左右轮的转数，可以推算出车辆向前走了多远，向左向右转了多少度等。DMI 对于组合导航数据的解算具有重要的意义，尤其是在 GNSS 信号遮挡严重的地区。测量前进方向上的距离，主要用于 GNSS 信号失锁时组合导航数据的修正。

（7）移动测量平台：车载移动测量系统的移动测量平台可以是汽车、摩托车、三轮车，甚至是轨道上的火车以及水里的各类船只等，通常数据获取设备安置在移动平台的顶部，通过特有的装备支架与载体进行连接。

2.1.2　软件构成

软件是车载激光测量系统的重要组成部分，也是系统应用的基础。一般分为数据采集软件和点云数据处理软件，数据采集软件一般与硬件捆绑销售，目前国外各车载系统的数据格式都是自定义未公开的，相应的数据处理软件不具有通用性。点云数据处理软件相对比较成熟，多以国外的软件产品为主，可独立销售。

数据处理软件包括预处理和应用软件两大部分。预处理软件主要包括激光点云数据的预处理、影像文件的预处理、姿态数据的处理以及数据融合。应用软件部分包括各种工程功能的实现，如测图、建模以及其他专题应用。

2.2　车载移动测量系统工作原理

车载移动测量系统是典型的多传感器集成测绘系统之一，该系统借助空间同步和时间同步技术进行硬件系统的集成，通过严格的检校技术实现高精度的集成。

2.2.1　坐标系统与转换

1. 坐标系定义

车载移动测量系统必须拥有统一的空间基准，建立统一的坐标系统是必要的。下面对主要的坐标系做简要介绍：

1）移动测量系统平台框架坐标系

移动测量系统平台坐标系定义为一个右手空间直角坐标系，坐标系的原点选在车体的几何中心，x 轴指向车体的前进方向，y 轴指向车体的右侧，z 轴垂直指向车体的下方，各个轴严格地与车体的轴线对齐。不同设备制造商对坐标系的定义可能不同。

2）参考框架坐标系

参考框架坐标系定义为一个右手空间直角坐标系，坐标系的原点是由用户选择的参考点，x 轴指向车体的前进方向，y 轴指向车体的右侧，z 轴垂直指向车体的下方。它与平台框架坐标系的坐标轴指向是保持一致的，原点不同，不需要严格对准。选择参考框架坐标系的目的是便于量测传感器与参考框架坐标系之间的偏心分量。定位定姿系统（POS）的导航解算是以参考框架坐标系为基准计算的，是相机、激光扫描仪等辅助传感器坐标系的基准坐标系。

3）IMU 载体坐标系

IMU 载体坐标系定义为一个右手空间直角坐标系，坐标系的原点位于 IMU 传感器的中心，即 IMU 加速度计三个输入轴的交叉点。IMU 中各个传感器的轴向指的是 IMU 陀螺仪和加速度计自身的三个输入轴的方向。IMU 载体坐标系的轴向与 IMU 传感器轴的指向是一致的。IMU 传感器安装在车顶或者车厢内部，IMU 载体坐标系的 x 轴指向车体的前进方向，与移动平台的前进方向保持一致，y 轴指向 IMU 载体的右侧，z 轴垂直指向下。IMU 载体坐标系的坐标轴方向在 IMU 传感器的盒子顶端都有标注。

在理论设计方面，应该使 IMU 载体坐标系与参考框架坐标系的坐标轴系相互平行，但是由于在安装 IMU 传感器时，受安装车载平台的方向、位置及电缆连线方式等因素的影响，IMU 载体坐标系与参考框架坐标系之间存在固定的横滚、俯仰和航向的安置偏心角。IMU 载体坐标系相对于参考框架坐标系可以进行 180°或者 90°旋转。在实际工程应用中，一般将 IMU 载体坐标系的原点作为参考框架坐标系的原点。

4）DMI 载体框架坐标系

以车载移动测量系统为例，DMI 安装在后车轮上，使 DMI 的轴线与车轮的轴线保持一致，无偏心旋转。DMI 载体框架坐标系定义为一个右手空间直角坐标系，坐标系的原点位于车载平台的车轮中心线与路面相切的地面点上，x 轴指向移动平台的前进方向，y 轴指向车轮的右侧，z 轴垂直指向下，坐标轴的指向与车载平台框架坐标系保持一致。

5）GNSS 接收机坐标系

GNSS 接收机坐标系定义的是北东地（NED）的地理坐标系 g，原点位于 GNSS 天线的相位中心，近似于天线的物理中心，x 轴指向北（north，N），y 轴指向东（east，E），z 轴指向地（down，D），属于右手空间直角坐标系。GNSS 的偏心矢量是从参考框架坐标系的原点到 GNSS 天线相位中心的坐标分量。

6）激光载体坐标系

激光载体坐标系也称理想激光扫描仪载体坐标系，定义为一个右手空间直角坐标系，坐标系与激光扫描仪器相关联，坐标系的原点位于扫描棱镜的旋转轴中心，x 轴指向车体的前进方向，y 轴指向扫描仪的右侧，z 轴垂直指向下。理论上，激光载体坐标系与参考框架坐标系之间的坐标轴应该相互平行，但是存在安置偏心角和实际工程需要的偏离角，这两个角度综合作为激光载体坐标系与参考框架坐标系之间的偏心角。

　　7) 相机载体坐标系

　　相机载体坐标系定义为空间直角坐标系，满足右手准则，坐标系固定在相机上，坐标系的原点位于相机透镜的投影中心，x 轴指向车体的前进方向，y 轴指向相机的右侧，z 轴垂直指向下。从设计上讲，相机载体坐标系与参考框架坐标系之间的坐标轴系应该相互平行，但是受安置的影响，存在安置偏心角。另外，为了实际工程的需要，相机设备会偏离一定的角度，这两个角度综合作为相机载体坐标系与参考框架坐标系之间的偏心角。

　　第 1)~3) 属于载体框架坐标系，第 4)~7) 属于辅助传感器坐标系。另外，与惯性导航计算相关的坐标系有当地水平参考坐标系、导航坐标系，与基准转换相关的坐标系有地心地固坐标系、1984 世界大地坐标系 (WGS-84)、1980 西安坐标系、2000 国家大地坐标系 (CGCS2000)，摄影测量坐标系有像素坐标系、像平面坐标系、像空间坐标系、成图坐标系，激光扫描仪坐标系有瞬时激光束坐标系、激光扫描参考坐标系。

　　2. 坐标系转换

　　坐标系之间的转换是计算出两个坐标系之间的平移变量和旋转变量，车载移动测量系统为了测量得到目标地物的坐标，需要进行一系列坐标系之间的转换，无论是哪些坐标系的转换，一般都采用七参数布尔莎变换模型，表示如下：

$$\begin{bmatrix} x_l \\ y_l \\ z_l \end{bmatrix} = \begin{bmatrix} x_0 \\ y_0 \\ z_0 \end{bmatrix} + s\, \boldsymbol{R}_z(r_z)\, \boldsymbol{R}_y(r_y)\, \boldsymbol{R}_x(r_x) \begin{bmatrix} x_g \\ y_g \\ z_g \end{bmatrix} \tag{2-1}$$

式中：$(x_l,\ y_l,\ z_l)$ 为目标坐标系的东、北和高程的坐标分量；$(x_0,\ y_0,\ z_0)$ 为目标坐标系和原坐标系平移量；s 为旋转角的尺度因子；$(\boldsymbol{R}_x,\ \boldsymbol{R}_y,\ \boldsymbol{R}_z)$ 为从原坐标系到目标坐标系变换的方向余弦；$(r_x,\ r_y,\ r_z)$ 为旋转角；$(x_g,\ y_g,\ z_g)$ 为原坐标系的东、北和高程的坐标分量。

2.2.2　时间同步和空间同步

　　时间同步和空间同步是车载移动测量系统进行测绘工作的前提，下面做简要介绍。

　　1. 时间同步

　　整个系统的时间同步基准是 GNSS 时间，以时间为核心，以激光扫描仪作为各个传感器的衔接主体，将所有传感器的时间同步到 GPS 的协调世界时 (Universal Time Coordinated，UTC) 时间下 (图 2-2)。激光扫描仪在采集数据的过程中不断地接收来自 GPS 的秒脉冲，根据 GPS 的时间为每个激光点附上时间信息。激光扫描仪同时可以输出脉冲用来触发相机，相机的信息里同时记下这些触发脉冲的时间，完成了激光扫描仪和相机的时间同步，同样的原理，IMU 以及里程计也在采集数据的同时接收 GPS 秒脉冲输入的时间。以上过程将所有的传感器都统一到 GPS 的 UTC 时间下，完成时间同步。

　　2. 空间同步

　　空间同步的结果是得到所有传感器之间的相对位置和姿态关系，同时将所有传感器的位置和姿态统一到同一个坐标系下。空间同步的技术手段是通过系统集成检校来完成的 (详细内容见第 3 章)，其数学模型是坐标系转换。

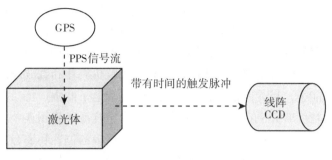

图 2-2 时间同步过程图

2.2.3 工作原理

1. 定位原理

车载移动测量系统的定位传感器包括 GNSS、IMU 和里程计。

IMU 记录测量车行驶过程中的姿态信息，包括航向角、翻滚角及俯仰角。IMU 是 INS 的主要硬件，由三轴加速度计和陀螺仪组成（图 2-3）。每个轴上都有组加速度计和陀螺仪，在 IMU 中心能感知三轴加速度和三轴旋转角速度，以速度增量和角度增量的数字形式输出。IMU 作为独立设备通过线缆与高性能工业计算机相连，高性能工业计算机对 IMU 提供的速度增量和角度增量进行积分，输出车体运动的真实位置、速度和姿态。

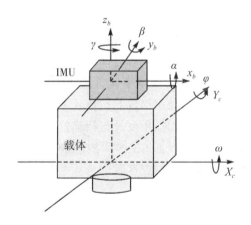

图 2-3 IMU 的硬件组成

GNSS 是差分定位，需要流动站和基站两个数据进行 GNSS 定位精度的解算。差分 GNSS 系统按照一定的采样频率接收信号，实时获取系统移动瞬间的 GNSS 天线中心的大地坐标，为激光扫描仪和相机提供定位和定向数据，主要是提供载体的高精度位置和速度。但是在高楼林立的城市环境中，GNSS 信号容易受建筑物、树木的遮挡，影响测量精度，需要辅之以导航系统，常用的是惯性导航系统（IMU）。IMU 不需要任何外来信息，也不向外辐射任何信息，可在任何介质和任何环境下实现导航，系统频带宽，可跟踪运载体任何机动运动。能输出运载体位置、速度和姿态等多种导航信息，导航输出数据平稳，短期稳定性好。但导航精度随时间发散，即长期稳定性差。而 GNSS 导航精度高不随时间发散，即长期稳定性好，但频带窄，高机动运动时，接收机码环和载波环极易失锁而丢失信号，完全丧失导航能力，且受制他人，易受人为干扰和电子欺骗。将二者相结合形成组合导航系统，利用高精度 GNSS 的定位结果来控制惯性导航系统累积误差，同时在 GNSS 信号缺失时使用惯性导航系统进行位置修正，最终得到精确的位置和姿态数据，所以组合导航系统具有性能与可靠性两方面优势，能够更好地应对复杂的外界环境，充分发挥其各自的长处。

里程计是车载移动测量系统发展至后期，为了解决 GNSS 和 IMU 组合导航结果受 GNSS 信号影响，特别是 GNSS 失锁后结果大幅度下降严重影响定位精度而引入的设备。该传感器为 GNSS 和 IMU 组合导航提供一个前进方向上的距离信息，从而提高了载体的定位精度。

2. 激光扫描仪

由于大部分的三维激光扫描仪都是固定式的定点扫描，无法装载到车载平台上在运动的过程中进行地物三维数据采集，所以车载移动测量系统应用的一般是二维扫描仪或者是激光扫描仪的二维扫描模式，激光扫描仪在垂直于行驶方向作二维扫描，以汽车行驶方向作为运动维，与汽车行驶方向构成三维扫描系统，实时动态地采集三维信息。二维激光扫描仪是车载激光三维数据采集系统中的核心模块，系统能实现的测量距离和测量的相对精度主要取决于它。

激光扫描仪工作时，首先由发射机发射一束特定功率的激光束，经过大气传输辐射到目标表面上，反射的回波由接收装置接收，再对回波信号进行处理，提取有用信息。通过测量反射、散射回波信号的时间间隔、频率变化、波束所指方向等就可以确定目标的距离、方位和速度等信息。然后根据激光扫描仪的扫描频率和扫描仪的视场角等信息，结合测量车在行进过程中获取的扫描点、扫描角度及与扫描仪中心的距离值，即可得出扫描点在扫描仪中心坐标系下的坐标。最后根据 GNSS 天线、IMU、激光扫描仪之间安装的位置关系信息，通过坐标转换就可以得到扫描点在载体坐标系下的三维坐标，实现道路及两侧建筑物的三维信息的实时获取。

3. CCD 相机

CCD 相机或全景相机则以一定的频率直接获取测量车在行进过程中的地物景观纹理信息。全景相机可以提供 360°的全景影像，近年来在生成全景景观中应用很广。全景相机主要分为两种：一种由多个框幅式相机拼接而成从而覆盖水平 360°场景；另一种为线阵扫描相机，主要由线阵 CCD、相机光学部分和旋转轴组成，随着旋转轴的旋转，线阵传感器可以捕获水平角最大为 360°的连续场景。目前在常见的车载三维数据采集系统中，都是使用面阵相机进行纹理信息采集。

2.3 国外车载移动测量系统简介

车载移动测量技术是测绘人自主研发的新一代多传感器集成的测绘技术，是测绘技术进步逐步解放测绘劳动力的标志性产物之一。该类系统及相关技术的研究国外相对较早，目前已经商业化发展，具有代表性的车载移动测量系统品牌有 Riegl、Leica、Trimble、Optech、TOPCON、MDL 等。

国外一些商业公司针对车载移动测量系统的软件和硬件进行了研发，主要包括奥地利 Riegl 公司的 VUX-1 系列、VMX 系列等，瑞士 Leica 公司的 LeicaPegasus：Two 等，美国 Trimble 公司的 MX 系列等，加拿大 Optech 公司的 Optech Lynx 系列产品等。此外，还有日本 TOPCON 公司的 IP-S2 系列以及英国 MDL 公司的 Dynascan 系列产品。

下面重点介绍三个品牌的车载移动测量系统：

1）Riegl 公司的移动扫描系统

奥地利 Riegl 公司于 1998 年向市场成功推出了首台三维激光扫描仪，目前 Riegl 公司的移动测量系统已经形成多产品系列。2010 年推出了 Riegl VMX-250，2012 年推出了 Riegl VMX-450 与 VMY-250-MARINE 船载三维激光扫描系统，2015 年 5 月推出了 VMQ-450 移动测量产品，特别适用于铁道测图，与三维铁道数据处理软件无缝对接，对铁道走廊进行监控、分析与探测等。2017 年推出了 Riegl VUX-1 系列产品：高精度的 Riegl VUX-1HA 易于安装在各种移动平台上，主要适用于室内外激光测图、隧道剖面测量以及铁路的间隙分析等；适合于各种直升机平台搭载的 Riegl VUX-1LR 主要适用于长距离工程项目扫描测量，如电力巡线、铁路轨道和管道巡查等廊道测图，城市环境测量，考古以及文化遗产存档；Riegl VUX-1UAV 产品则主要搭载在各种无人机平台上，主要适用于大范围的露天矿地形测量、农林业应用以及地形峡谷测图等。2018 年推出的 Riegl VMQ-1HA 产品具有 100 万点/秒的测量速率和 250 线/秒的扫描速度，超高速测量速率使得本产品具备用于各种移动测图的能力。2019 年初推出的 Riegl VMX-2HA 系统集成了两台高精度（VUX-1HA）激光扫描头，作业时前后方交叉扫描，可以减少遮挡。相机接口可同步 9 台设备，可以获得精确的地理参考影像，能够和 LiDAR 数据相互参考。拥有的 200 万点/秒测量速率和 500 线/秒扫描速度的能力使系统适用于各种专业的移动测图。随后又推出了减重量减尺寸的产品 Riegl VMX-2HA-BC（基础配置），可选配全景相机系统。2020 年推出了一款高精度的移动三维激光扫描系统 Riegl VMZ 系统，既能实现移动测量数据的获取又能进行三维静态数据测量。

2022 年推出极其紧凑、价格经济的小尺寸 Riegl VMY 系列车载移动测量系统，非常适合各种基本的移动测绘应用。其中 Riegl VMY-2 系统（图 2-4）的核心部分是 2 个 Riegl miniVUX 系列 LiDAR 传感器，线频为 200 线/秒，脉冲频率高达 400kHz。为了进一步提高测量效率，最多可集成 4 个摄像头（DSLR 摄像头和/或 FLIR LadyBug 全景相机），允许同时采集图像以补充 LiDAR 测量数据。该系统的创新设计可折叠，方便运输和节省存储空间。操作界面友好，可通过笔记本电脑访问，Riegl 数据采集软件通过提供采集的扫描数据和图像的实时可视化来使操作员的现场任务更为便利。设备的主要技术指标参数见表 2-1。

图 2-4　Riegl VMY-2 系统

表 2-1　Riegl VMY-2 主要技术指标参数

技术指标名称	参数值
激光等级	Class I
有效测量速率	400kHz
最大测距	280m（目标反射率 $\rho \geqslant 80\%$），250m（$\rho \geqslant 60\%$），150m（$\rho \geqslant 20\%$）
每个脉冲最大目标数	5
最小测距	3m
精度/重复精度	15mm/10mm
视场角	360°
扫描速度	200 线/秒
IUM/GNSS 定位精度	典型值 20～50mm
横滚/俯仰角精度	0.015°（A 型），0.005°（B 型）
航偏角精度	0.05°/0.025°（A 型），0.015°（B 型）
1200 万相机像素分辨率	4112×3008
FLIR LadyBug5+相机像素分辨率	6×[2048×2048]

　　Riegl 公司移动测量软件系统是由多个软件构成的系列软件，包括 RiACQUIRE（采集模块）、RiPROCESS（数据处理模块）、RiUNITE（核心软件模块）和 RiPRECISION（系统校准模块），以上系列软件为 Riegl 车载移动测量系统的推广和应用保驾护航，其中

RiPRECISION 具有全自动校准移动扫描数据、处理多条重叠扫描数据、可校准外部控制点、点云和初始轨迹精确融合以及超快速自动处理等功能，为该系统生产的数据精度提供了保障。

2）Leica 公司的移动扫描系统

Leica 是测绘仪器知名的供应商，其移动测量起步相对较晚，但是颇具特色。2015 年推出了 Leica Pegasus：Two 移动激光扫描系统（图 2-5），成为了移动测量系统——实景三维扫描系统的引领者，它将激光扫描仪和高清晰可量测相机融合在一起，并通过强大的后处理软件平台进行数据融合、数据信息提取、线化特征提取等一系列地理处理。系统可独立于运载工具，具有一套完整的硬件和软件的解决方案，同时具有各种可扩展的应用，在数字城市、铁路巡检、公路隧道以及国土巡查等方面展开了实际应用。在 Leica Pegasus：Two 相机系统全面升级的基础上，推出了具有更高拍照水准的 Leica Pegasus：Two Ultimate 激光扫描系统（图 2-6），重新定义了移动三维实景信息采集。新系统具有全新升级 360°全景相机，全新打造的 2400 万 360°全景相机系统，高清"双瞳"，带来无缝全景，可清晰分辨标志和路牌，分辨率为原有 3 倍，效果更锐丽，满足城市街景、纹理贴图、影像巡检等丰富应用。具备拓展接口，支持热成像相机、移动探地雷达，能够用于热量探测、地下管网探测等情况，全新的 Pegasus Manager 任务处理软件，实现自动处理数据与精度检核，涵盖数据处理、精度检查、快速浏览全流程，实现一站式任务管理，自动挂机数据处理，完全解放人力，实现夜间自动处理，提高产出效率。

图 2-5　Leica Pegasus：Two 移动激光扫描系统　　图 2-6　Leica Pegasus：Two Ultimate 激光扫描系统

2022 年推出的 Leica Pegasus TRK Neo 智能化多平台实景采集系统（图 2-7），是一款集成了激光雷达、全景相机、GNSS、IMU、SLAM 以及机器学习芯片的移动实景采集系统，依据激光扫描仪的不同，设备型号有 TRK500 Neo 与 TRK700 Neo。可搭载于汽车、火车或船上采集毫米级的高精度点云和全景数据，智能软件可以自主实现从路线优化、校准、数据处理到提取成果等功能。该采集系统具有自主智能、简单易用、性能卓越的特点，轻松胜任城市实景三维、城市高精度地图、高速公路、铁路复测等场景。设备主要技术指标参数见表 2-2。

图 2-7　Leica Pegasus TRK Neo 智能化多平台实景采集系统

表 2-2　Leica Pegasus TRK Neo 智能化多平台实景采集系统的主要技术指标参数

技术指标名称	参数值
扫描速率	500000 Hz(TRK500 Neo)，1000000 Hz(TRK700 Neo)
扫描频率	250Hz(TRK500 Neo)，500 Hz(TRK700 Neo)
最大扫描距离(50%反射率)	490m
最大回波次数	4 次
最小测距	1.5m
视场角	360°
激光等级	class I
相机分辨率	4800 万(侧边相机)，2400 万(全景、路面、前置相机)
定位系统-GNSS	555 通道、全星座(包含北斗)、多频率
定位系统-SLAM	集成双 SLAM 扫描仪，在具有挑战性的条件下实现精确定位
数据存储	2×2TB 或 2×3.8TB 高性能可拆卸 SSD
最大行驶速度	130km/h
尺寸(长/宽/高)	70/33/56cm(TRK500 Neo)，72/46/56cm(TRK700 Neo)
重量	18kg(TRK500 Neo)，23kg(TRK700 Neo)

设备配套有全新的徕卡 Pegasus FIELD、Cyclone Pegasus OFFICE 与 Cyclone MMS DELIVER 软件，采用引导式操作流程，覆盖从现场数据采集到成果交付的全流程，数据自动处理，提取高精度道路/铁路要素，更能与徕卡 Cyclone 系列软件互通，实现 VR 查看、企业云平台等数字化智能应用。徕卡 Pegasus FIELD 软件基于多语言浏览器网页，可通过 Wi-Fi 或有线连接设备，进行任务规划、项目管理、自主导航、数据获取、实时模

糊、数据预处理和远程支持。徕卡 Cyclone Pegasus OFFICE 支持项目管理、轨迹优化、点云分类、图像模糊、特征提取和数据导出。徕卡 Cyclone MMS DELIVER 软件在道路和铁路应用中可进行自动/半自动信息和特征提取。

3) Trimble 公司的移动扫描系统

Trimble(天宝)是测绘仪器的知名供应商，公司于 2013 年推出车载移动测量系统 MX 系列，是可以快速安装于各种不同类型交通工具上的移动空间信息测绘系统，目前已经发展到 MX9 系统。该系列系统集成了全球卫星定位系统、惯性导航系统、高精度激光扫描仪、高分辨率数码相机和航位推算系统等先进传感器，以实现全面的数据采集。系统安装在不同的交通工具上，在交通工具高速行进中，快速、高效、精准、安全地采集整个城市、公路网、铁路网和公共设施廊道的海量高清晰影像和高精度点云数据。早期应用较广的 Trimble MX2 可以快速安装于各种不同类型的交通工具上，获取精确定位的高分辨率激光点云数据，结合选配的 360°全景相机，可在降低对专业技术要求的条件下，满足不同领域的多种需要。我国采购较多是 Trimble MX8，该系统是一款为测绘、工程和其他空间地理信息专业人员设计的高端车载移动空间测绘系统，能够同步获取带有地理坐标的高质量点云数据和高分辨率影像数据，用于公路、桥梁、铁路等线状区域及其附属设施的数据采集、检查、管理和建模。

Trimble MX9(图 2-8)受益于图像性能和 LiDAR 性能的双重提升以及新版软件和工作流程的改进增强，新版的移动测量系统再次向上提升了一个层次。新版 MX9 系统的 LiDAR 性能，在保持原有 5mm 高精度和每秒达 500 线的采集速度的情况下，最大扫描速度提升到 360 万点/s，提升幅度达 80%。最大测程提升到 475m，提升幅度 13%，助力用户在更高的速度下获取更高分辨率的点云。在图像性能方面，新版 MX9 系统采用了新型图像传感器，将三个独立相机从 500 万像素都升级到 1200 万像素，还将后方路面相机的视野范围扩大到 83°。同时新增的相机独立触发功能，让用户得以灵活地控制沉浸式图像的采集作业。设备的主要技术指标参数见表 2-3。

图 2-8　Trimble MX9 移动测量系统

表 2-3　Trimble MX9 主要技术指标参数

技术指标名称	参　数　值
有效测量频率	600kHz，1MHz，1.5MHz，2MHz
扫描速度（可选）	最多 500 线/秒
激光等级	class Ⅰ
最大扫描距离，目标反射率>80%（有效测量速度）	420m（300kHz），330m（500kHz），270m（750kHz），235m（1MHz）
最大扫描距离，目标反射率>10%（有效测量速度）	150m（300kHz），120m（500kHz），100m（750kHz），85m（1MHz）
每个脉冲的最大目标数	无限
最小扫描范围	1.2m
准确度/精密度	5mm/3mm
视场	360°全景
滚转角和俯仰角（度）	0.005（AP60），0.015（AP40）
航向值（度）	0.015（AP60），0.02（AP40）
球形相机 30（6×5MP）视场角	完整球体的 90%
5MP 侧面/向后/向下相机视场角	水平：53.1°；竖直：45.3°
数据存储	1 套（2×2TB SSD，可拆卸）
数据采集的最大车速	110km/h
IP 等级	IP64（传感器单元）
传感器单元尺寸	0.62m×0.55m×0.62m
传感器单元重量	37kg

　　Trimble 移动测量软件系统为 Trimble MX Office Software（Trimble MX 软件），该软件简洁、智能、高效，包括 Content Manager、Asset modeler Publisher 以及 Publisher Plusins 等模块。Trimble MX 软件套件使移动测量数据处理、提取和项目管理变得简单而高效，软件支持各种移动测量数据包括独立影像和带有点云的影像。将原始数据进行项目化管理、去噪和控制位置精度，提取重要细节并输出优良的成果，还具有测图功能、成果网络发布功能（包括发布前的隐私处理），可以导入第三方影像信息。测绘工作流程完整，且测绘成果也非常方便与现有的 GIS 软件或者 CAD 绘图软件进行数据交换。

　　完美的软硬件组合使得 Trimble MX 移动测量系统广泛应用于资产管理、移动测量、数字城市管理、道路铁路建设、公安消防应急等多个领域，并且逐步向地下管网、通信网络等应用领域延伸扩展。

2.4 国内车载移动测量系统简介

我国的车载移动测量系统相比于国外起步稍晚,目前也已经进入商业化推广应用阶段。成熟的品牌有北京四维远见信息技术有限公司和首都师范大学联合研发的 SSW、武汉立得空间信息技术有限公司的 MyFlash"闪电侠"系列、广州中海达卫星导航技术股份有限公司(武汉海达数云技术有限公司)的 iScan、上海华测导航技术股份有限公司的 Alpha 3D 车载激光扫描测量系统与 AU20 多平台激光雷达系统、青岛秀山移动测量有限公司推出的 V-Surs-I 型车载式三维空间移动测量系统。除此之外,北京数字绿土科技有限公司的 Li-mobile 系统、重庆市勘测院与重庆数字城市科技有限公司合作产品 DCQ-MMS-X1、北京金景科技有限公司研发的 Scanlook 便携式激光雷达系统、广州南方测绘科技股份有限公司的移动测量系统(征图)、北京北科天绘科技有限公司的 RA-V 系列等,各测量系统都有自己的技术优势。

国内主流商业公司的车载移动测量系统做简要介绍如下:

1)北京四维远见公司的 SSW 系统

刘先林院士于 2003 年最早提出车载激光移动测量系统,并展开相关科学研究和产品研发。长期以来刘院士以高端测绘产品国产化为己任,在车载激光移动测量系统的研究中亦是如此,系统所用关键传感器均为国产。项目组先后攻克国产激光扫描仪标定、国产 IMU 适用、组合导航、传感器间高精度时间同步、高精度空间同步等关键技术难点,形成成熟的车载激光移动测量系统,于 2011 年通过原国家测绘局组织的鉴定,开始推广应用。经过 20 多年的研发与积淀,目前已形成 SSW 车载激光建模测量系统(见图 2-9)、SSW 车载全景测量系统、SWQS 轻型移动测量系统等产品。

图 2-9 SSW 车载激光建模测量系统

SSW 车载激光建模测量系统是新一代全要素数据快速获取和处理的高科技移动测量装备。系统以各种工具车为载体,由激光扫描仪、IMU、GNSS、相机和里程计等多种传感器集成,包括控制系统、激光扫描系统、定位定姿系统、影像获取系统和数据处理软件，是国内外水平较高的测量型面向全息三维建模的移动测量系统。系统的优势有：精度高、集成度高、硬件可定制、全要素全自动提取、自研 SWDY 点云工作站、私有云计算技术、产品多样。

系统配套软件多一键自动提取，SWDY 点云工作站完全底层自主开发，历时十余载，日臻成熟。可全自动提取全要素特征数据，综合成功率 80% 以上，提高作业效率 40%。点云工作站集数据管理、展示、矢量编辑、建模等功能为一体，可根据实际需求进行模块定制，适应各种应用的数据处理。

2）立得公司的移动测量系统

立得空间信息技术股份有限公司在研制生产第一代（2007 年）车载 CCD 实景三维采集车系统（LD2000-RM，基本型移动道路测量系统）的基础上，2010 年研发了全景激光移动测量系统（LD-2011），该系统将定位定姿系统、立体相机、全景相机、高端激光扫描仪等多种传感器集成在车载平台上，并沿道路采集实景影像、全景影像及激光点云数据，在内业环境中对采集得到的地理信息数据进行进一步加工，生成专题成果图，使其可以进行快速城市建模。

2015 年 6 月 5 日，在北京国家会议中心举办的全球地理信息开发者大会（WCGDC）上，公司展出了新一代移动测量系统——MyFlash"闪电侠"系列 MMS。"闪电侠"系统可安装在汽车、火车、飞机、轮船等任何移动载体上，能够广泛应用于海陆空三栖条件下的各类测量场景。

立得空间历经近 20 年迭代研发出的"空天地"一体化移动测量系统，在载体高速行进过程中，快速采集空间位置数据和属性数据、高密度激光点云和高清连续全景影像数据，并通过系统配备的数据加工处理、海量数据管理和应用服务软件，为用户提供快速、机动、灵活的一体化三维移动测量完整解决方案。系统可完成矢量地图数据建库、三维地理数据制作和街景数据生产等，全方位满足三维数字城市、街景地图服务、城管部件普查、公安应急、安保部署、交通基础设施测量、矿山三维测量、航道堤岸测量、海岛礁岸线三维测量、电力巡线等应用需求。

产品根据应用场景及功能的不同，可以分为 MyFlash"闪电侠"系列移动测量系统（高精度工程测量型）（图 2-10）、车载高清全景采集系统（街景型）、PMMS-单人背负式全景激光移动测量系统、MiniMMS 便携式移动测量系统、IMMS-室内推车式移动测量系统（室内型）。

"闪电侠"由高精度光纤或激光惯性导航系统（INS）、全景相机（CCD）、920m 超远距离激光扫描仪及高等级防护罩组成，在高速行进过程中，快速采集空间位置数据和属性数据，同步存储在计算机中，经专门软件编辑处理，形成街景、激光点云及各种专题数据成果的先进地理信息采集系统。系统优势有：多项原创第一，系统配置灵活；基于移动测量打造云端大数据生产平台；拥有全国唯一的移动测量国家实验室；完整的八大行业应用案例；支持北斗卫星导航系统和 GPS，符合国家战略；国家移动测量标准制定者。

3）青岛秀山公司的 VSurs 系列移动测量系统

青岛秀山移动测量有限公司由我国最早一批研究移动测量系统的知名专家卢秀山教授于 2011 年创办。2012 年 6 月"VSurs-I 城市移动测量系统"得到科技成果认定，为"数字城

图 2-10　"闪电侠"移动测量系统

市"建设提供了强有力的支撑。2014 年 5 月推出"VSurs-W 船载水上水下一体化测量系统"，并在南海西沙岛屿进行了应用示范。2015 年 9 月推出了"VSurs-Q 轻便型多平台移动测量系统"，应用领域更加广泛，作业灵活高效。主要产品包括道路三维快速巡检系统 RSIS-I、轻小型多平台移动测量系统 VSurs-L、轻便型车载移动测量系统 VSurs-Q-RI（图 2-11）。

图 2-11　VSurs-Q-RI 轻便型车载移动测量系统

　　VSurs-Q-RI 轻便型移动测量系统集成了激光扫描仪（Riegl VUX-1HA）、组合导航系统（SPAN-ISA-100C）和全景相机（LadyBug5/5+）等先进传感器，通过核心控制器有机协调各传感器的时间同步、运行响应、数据传输与存储，构成三维空间测量系统。此系统采用轻量化设计，可以实现汽车载体、摩托车载体使用。系统采集高密度点云以及高清影像（路基载体可采集全景影像），各平台间转换方便快捷，数据无缝对接，作业高效，应用范围更广泛。

　　公司研发了自主知识产权的配套软件产品，主要有数据预处理软件 VSursProcess、多源点云数据处理软件 MultiPointCloud、点云测图软件 VsurMap 等。

4）中海达公司的三维测量系统

2012 年 4 月，武汉海达数云技术有限公司正式成立，是广州中海达卫星导航技术股份有限公司(以下简称"中海达")控股子公司。移动测量系统产品涉及机载、车载、水上、便捷式等，在此简要介绍地面移动类型的产品。

2013 年，公司推出 iScan 产品，该系列产品将三维激光扫描设备（SCANNER）、GNSS、IMU、里程计（DMI）、360°全景相机、总成控制模块和高性能板卡计算机高度集成封装在刚性平台之中，便于系统安装于汽车、船舶或其他移动载体上。在载体移动过程中，系统可快速获取高精度定位定姿数据、高密度三维点云和高清连续全景影像数据。系统性能优势主要体现在一体化、免标定、高精度、高可靠、高智能、易运输、易安装。主要技术参数包括测程为 500m、扫描仪频率为 36kHz~108kHz、扫描角分辨率为 0.019、全景分辨率大于 5000 万像素、测量精度为+10cm，还可以根据客户的具体需求选用其他合适的传感器。iScan 系统有自主研发的配套软件，包括一体化三维移动测量系统操控软件、点云融合处理软件、三维点云建模软件、全景激光 GIS 建库软件、全景激光街景处理软件、街景应用服务平台。为用户提供集快速数据采集、高效数据处理、高效海量点云管理、三维全景影像应用于一体的完整解决方案。iScan 系统可轻松完成矢量地图数据建库、三维地理数据制作和街景数据生产，广泛应用于三维数字城市、街景地图服务、城管部件普查、交通基础设施测量、矿山三维测量、航道堤岸测量、海岛礁岸线三维测量等领域。

2015 年，公司推出 iScanSTM 升级型一体化移动三维测量系统，它是在地面激光扫描仪（Riegl VZ1000 等）的基础上，增加 iScan 集成模块升级改造而成，该系统以汽车、船舶等移动载体为平台，快速获取高密度三维点云。

中海达公司不仅自主研发，而且支持定制，针对不同的需求研发了多种类型的车载移动测量系统，主要有 HiScan-C 轻量化三维激光移动测量系统(图 2-12)、HiScan-Z 高精度三维激光移动测量系统、ILSP 激光线扫描仪、HiScan-R 轻量化三维激光移动测量系统等。HiScan 系列三维激光移动测量系统采用海达数云自主研发的激光扫描仪，同时集成了

图 2-12 HiScan-C 轻量化三维激光移动测量系统

GNSS、IMU、里程计、360°全景相机、总成控制模块和高性能计算机等传感器，可方便安装于汽车、船舶或其他移动载体上，在移动过程中能快速获取高密度激光点云和高清全景影像，能轻松完成矢量地图数据建库、三维地理数据制作和街景数据生产，广泛应用于地形测量、城市市政部件普查、城市园林普查、交通勘测设计、交通信息化普查、街景地图服务、数字三维城市、航道海岛测量等领域。

HiScan-C 轻量化三维激光移动测量系统的主要特点有：插拔式数据存储设计；操作简单便捷；点云密度高，点位识别率高，测量精度高；产品化程度高，系统稳定可靠；点云与全景无缝融合；体积小、多载体，大幅减少作业盲区。目前型号有 HiScan-C SU1 与 HiScan-C SU2，在技术参数上有一定差别。

公司研发了自主知识产权的配套软件产品，主要有点云融合软件 HD DataCombine、三维激光点云处理软件、点云数字测图建库软件 HD PtCloud Vector、三维全景应用平台软件 HD MapCloud RealVision 等。

5）华测导航公司的移动测量产品

华测导航公司经过多年的研发应用，形成了多平台、机载、车载和室内激光扫描系统。Alpha3D 车载激光扫描测量系统（图 2-13）集成了超强性能的组件，形成轻量化、一体化的牢固设计。具有 100 万/秒扫描的高性能，可生产 DEM、高精度地图等类型产品，多平台安装以及可多源数据融合等特点。可在动态环境中连续获取海量空间数据，快速精确的完成测量工作。

图 2-13　Alpha3D 车载激光扫描测量系统

公司还致力于多平台激光雷达系统的自主研发，目前主要有 AU20 多平台激光雷达系统与 AU1300 多平台激光雷达测量系统。AU20 是新一代长距离高精度激光雷达测量系统，具有强穿透、高精度、多平台、高效率、高性价比等特点。AU20 场景适用性强、稳定性好，可广泛应用于实景三维、地形测绘、水利勘察、交通勘察、电力巡检、矿山测量、自然资源调查、应急测绘等领域。AI1300 集成高精度进口激光头，性能优越，具有植被穿透能力强，系统精度高，多平台一机多用等特点。在国土测绘、勘察测绘、矿山测量、电力巡检、应急测绘等领域得到广泛应用。多平台激光雷达系统适应多种工作场景，亦可将激光雷达系统放于车载(如有路)或背包(无路)，进行地面数据采集，采集更快更方便。

公司研发了自主知识产权的配套软件产品，主要有 CoPre、CoProcess、CoSurvey、CoManager、CoVolume 系列数据处理软件。

◎ **思考题**

1. 查阅资料，总结任一款国内或国外车载移动测量系统的进展，并列出最新款系统的主要技术指标参数。

2. 车载移动测量系统由哪两部分组成？简述两部分的主要内容。

3. 移动测量系统的定位系统包括哪些传感器？各部分的功能是什么？

4. 简述车载移动测量系统各传感器的安置位置。

5. 车载移动测量技术涉及的坐标系有哪些？

6. 什么是时间同步？什么是空间同步？如何实现空间同步？

第3章　车载移动测量系统检校

车载移动测量系统是多传感器集成的系统，各传感器的性能指标影响着系统的综合精度，为提高系统的综合精度，需要根据各传感器的工作原理确定检校方案。整套设备投入使用前必须(或者定期)进行一定的仪器检校。本章将从检校的目的和意义、车载移动测量系统误差分析的基础重点介绍数码相机、激光扫描仪、系统集成检校原理与方法。

3.1　检校目的与意义

车载移动测量系统是一种兼有定位、测距、测角和摄影功能的自动化、数字化的系统，集成了 GNSS、惯性测量单元(IMU)、激光扫描仪、数码相机、里程计以及自动控制等设备，实现对目标区域的空间数据、属性数据以及实景影像等多种信息的快速采集。多传感器之间协调作业的前提是必须得到所有传感器之间的安装位置，完成各个传感器之间的时间同步和空间同步，如何来实现这一过程就是系统检校所要解决的问题。

截至目前，我国没有对车载移动测量系统进行强制检校的要求，没有专门的检校规范。2016 年在测绘行业标准《车载移动测量技术规程》(CH/T 6004—2016)中给出了检校后的系统应符合下列规定：

(1)在车载移动测量系统出厂前，应在特定配有三轴惯导转台设备和激光点标志的控制场中进行精确检校，标定、解算出定位测姿传感器主要参数、测量传感器主要参数以及传感之间的相互配准关系。

(2)在技术准备阶段应采用室外检验场实测等方法对车载移动测量系统各参数进行验证。

(3)绝对标定距离应根据项目测距范围确定：绝对标定距离不宜小于 20m，激光扫描仪标定点密度不宜小于 50 点/m²。

(4)传感器检校数据较差的限差：平面较差不大于 0.05m，高程较差不大于 0.05 m。

(5)可量测相机内方位元素标定精度：不小于 0.5 像素。

(6)可量测相机外方位元素标定精度：线元素不小于 1cm，角元素不小于 0.01°。

(7)激光扫描仪外方位元素标定精度：线元素不小于 1cm，角元素不小于 0.01°。

车载移动测量系统检校的内容通常包括单机检校和系统检校。激光扫描仪和数码相机是车载移动测量系统的主要地物信息数据获取设备，由于激光扫描仪本身存在锥扫角、测距误差和测角误差，获取数据前需要确定这些参数。数码相机也存在确定内方位元素和畸变系数的问题。车载移动测量系统的单机检校主要是针对激光扫描仪、数码相机进行检校。集成后传感器之间位置和姿态关系不准确就会影响最终的数据质量。系统检校是指确定 GNSS、IMU、里程计、激光扫描仪和数码相机之间的偏心角和偏心距。车载移动测量系统的检校工作是必不可少的环节，也是数据处理前必须首要解决的关键点。车载移动测量系统获取高精度的点云数据关键在于系统检校，然而车载移动测量系统的误差源较多，对于系统误差源的分析目前还没有完整清晰的认识，缺乏相应的误差模型，也没有公认的检校方法标准。

车载移动测量系统在测绘地理信息行业的快速发展，也带来了一些不容忽视的检校问题。随着越来越多的测量传感器的出现，不同配置的车载移动测量系统纷纷面世。不同系统的配置各异，其标称的性能指标也不尽相同。由于缺乏统一的标准，各厂商采用不同的指标来标识其产品的性能，使得用户难以对各种产品进行比较以便做出合适的选择。国内外相继推出的多种产品，系统构成和性能指标各异，缺乏统一的质量评判标准和行之有效的技术手段实施质量检测。因此，如何对车载移动测量系统进行有效的质量检测，也是目前面临的最突出的问题。车载移动测量系统的检校理论可为车载移动测量系统的精度评定提供可靠的评价方法，为车载移动测量系统计量检测提供参考，助力我国自主知识产权车载移动测量系统的研究，也可为国内外车载移动测量系统的系统检校研究作参照。

随着国内外专家对系统的深入研究，提升系统精度已经成为研究热点，也得到了很多成果，尤其在系统中各传感器的检校，以及外方位元素的检校方面提出了各种各样的方法。车载移动测量系统的检校主要涉及数码相机检校、激光扫描仪检校和系统集成检校三个方面。

1）数码相机检校

车载移动测量系统使用的数码相机都是非量测数码相机，由于其内方位元素和畸变系数未知，不能直接进行像片的解析计算，因此使用非量测相机获取数据前，需要对其进行检校。目前对于非量测数码相机的几何检校理论基本成熟，在检校方法精度和效率方面仍有改进空间。方法方面大多是基于检校场的，通过在检校场（室内或室外）建立一定数量的已知标志点，利用空间后方交会或直接线性模型法等解算出相机的内方位元素和畸变参数，该方法算法简单，但前期需要布设大量的控制点，后处理过程需要大量的人机交互，较为繁琐复杂。

2）激光扫描仪检校

车载移动测量系统的激光扫描仪一般是二维激光扫描仪，其检校通常由厂家设置检校参数，一般是利用自检校方法完成，少数国产的激光扫描仪存在较大的测距误差和测角误差，需要建立误差检校模型进行改正。车载激光扫描仪通常还存在锥扫角问题，需要采用一定的几何关系确定锥扫角。目前，激光扫描仪检校的理论与方法还在持续的探索之中，不同的专家学者针对不同的研究对象进行了检校实践，一般借助更精密的仪器设备进行相应指标的观测，研究不同的检校模型，从而使扫描仪的测量精度满足不同的系统集成及应用需要。

3）系统集成检校

系统集成检校包括组合检校和多种传感器的集成检校。常见的组合检校主要包括激光扫描仪与 IMU 的组合检校、数码相机与 IMU 的组合检校、激光扫描仪与数码相机的组合检校。系统集成检校是多种仪器设备一起参与整体检校得到相对位置关系的过程。该方面的检校主要集中在针对不同的集成系统研究检校场的设计和检校模型的建设方面。

虽然，车载移动测量系统的单机检校和集成检校理论和方法已经有了一些研究成果，但仍然存在一定的问题，主要是目前车载移动测量系统检校的规范较少，没有相应的检校规范来引导和约束。检校方法的效率与效果在不断的探索之中，检校成本也在不断下降。

随着车载移动测量系统的不断推广和应用，系统检校的方法也会趋于成熟，同时相关的研究会推动检校规范的出台。

3.2 车载移动测量系统误差分析

车载移动测量系统主要数据成果是点云的三维坐标，因此点云的坐标精度是评价系统综合性能的重要指标。点云的坐标精度包括平面精度和高程精度，也称系统的绝对精度。系统的相对精度指目标点相对位置的精度，主要包括道路、树木、电线杆、交通标志、广告牌、建筑物等线状地物的长度或宽度的测量精度，在对绝对精度要求不高的领域具有广泛应用。从车载 LiDAR 系统的组成和数据处理过程可以看出，点云数据采集误差主要有：POS 定姿定位误差、激光扫描测角测距误差、系统集成误差。

车载移动测量系统会受到很多误差源的影响，包括系统误差和偶然误差，其中系统误差将会使最后目标点的坐标存在系统性偏差。因此分析系统误差的特点以及对目标点的影响将有助于设计系统的检校方法，并为消除这些系统误差提供可靠的理论依据。

1）POS 定姿定位误差

POS 系统是车载移动测量系统的核心部件，目前也是影响车载移动测量系统的最主要误差源之一，因此分析 POS 误差来源有利于提高系统整体精度，为下一步检校打下基础。POS 定姿定位误差主要包括三部分：GNSS 动态定位误差、INS 姿态测量误差、DMI 距离测量误差。

（1）GNSS 动态定位误差：主要包括接收机钟误差、多路径效应、卫星钟差、星历误差、整周模糊度求解误差、大气电离层误差、观测噪声。为了削弱 GNSS 对定位的影响，可以在测区建立多个基准站，保证 GNSS 动态定位差分解算结果符合要求。

（2）INS 姿态测量误差：主要包括元件误差、安装误差、初始条件误差、原理误差、外干扰误差。元件误差是指加速度计与陀螺仪的不完善所引起的误差，主要指陀螺的漂移和加速度计的零位偏差，以及元件刻度因数误差；安装误差是指加速度计和陀螺安装在惯性导航平台上时不准确造成的误差；初始条件误差指初始对准及输入计算机的初始位置，初始速度不准所形成的误差；原理误差是由于力学编排中数学模型的近似，地球形状的差别和重力异常等引起的误差；外干扰误差主要是指车辆行驶时由于振动引起的加速度干扰。

（3）DMI 距离测量误差：主要是指由于 DMI 尺度因子不准导致出现的误差。

2）激光扫描测距测角误差

激光测距测角误差主要因素分为仪器误差和环境误差两类。仪器误差主要是指电子光学电路对经过目标点反射和空间传播后的不规则激光回波信号进行处理来确定时间延迟带来的误差，还包括棱镜旋转误差、震动误差、电路响应时间延迟误差。环境误差主要是指由于反射面的地理特征不同而产生不同的反射，信号发生漫反射时，接收信号会有较大的噪声。同时信号产生过程中由于大气折射、气温变化等原因，当距离较远时，反射信号会出现折射等影响。

3）系统集成误差

系统集成误差主要包括传感器安置误差、时间同步误差与时延误差、坐标系转换误差。

（1）传感器安置误差：每个传感器都有自己的坐标系，然而由于各种原因，在安置传感器时，无法保证按照设计的姿态位置进行安置，与设计坐标比较，会出现三轴方向上的较小旋转角度和 3 个偏心分量，传感器分别在航向角、侧滚角、俯仰角存在误差。安置误差会使得最后数据整体出现系统性偏差，因此对安置参数的检校也是系统运行前必不可少的步骤。

（2）时间同步误差与时延误差：由于不同传感器差异，使得数据不能够完全时间匹配。同时每个传感器的采样频率不一致需要进行时延改正，需要将它们的时间系统统一到标准 UTC 系统。由于采样率不同，将采样率低的数据信息内插高采样率数据信息中，内插也会导致误差。

（3）坐标系转换误差：在进行坐标转换时，由于坐标转换模型的局限性，使得转换后存在误差。同时转换过程受到重力异常等影响，转换过程中使用参考椭球使得坐标结果存在垂线偏差的影响，导致转换误差。

除以上介绍的误差外，还有一些其他因素误差，但影响系统精度的主要因素是 GNSS 定位误差、INS 测量误差和扫描仪测量误差。

3.3　数码相机检校原理与方法

在给出数码相机检校内容的基础上，介绍数字相机测角法检校原理，并采用佳能 EOS 5D Mark Ⅱ和尼康 D7000 两种数字相机进行测角法算法验证和精度分析。

3.3.1　数码相机检校内容

1. 内方位元素

内方位元素是描述摄影中心 S 与像片 P 之间相对位置关系的要素（图 3-1），在像平面坐标系内的像主点坐标$(x_p,\ y_p)$和主距 f 称为像片 P 的内方位元素。通过内方位元素可唯一确定摄影中心 S 与像片 P 之间的位置关系，即恢复光束（光线S_a，S_b，S_c，…）在摄影时的形状。

2. 畸变系数

畸变系数分为径向畸变、偏心畸变和像平面内仿射性畸变。

（1）径向畸变：

根据几何光学原理，径向畸变为：

$$\begin{cases} \Delta x_r = (x - x_p)\,(k_0 + k_1 r^2 + k_2 r^4 + k_3 r^6 + L) \\ \Delta y_r = (y - y_p)\,(k_0 + k_1 r^2 + k_2 r^4 + k_3 r^6 + L) \end{cases} \tag{3-1}$$

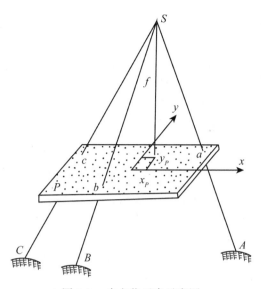

图 3-1   内方位元素示意图

式中：k_i 是径向畸变系数；r 为径向距离，$r^2 = (x - x_p)^2 + (y - y_p)^2$；$(x_P, y_P)$ 为像主点坐标。

（2）偏心畸变：

偏心畸变可表示为：

$$\begin{cases} \Delta x_d = p_1 [r^2 + 2(x - x_p)^2] + 2p_2(x - x_p)(y - y_p) \\ \Delta y_d = p_2 [r^2 + 2(y - y_p)^2] + 2p_1(x - x_p)(y - y_p) \end{cases} \tag{3-2}$$

式中：p_1、p_2 是偏心畸变系数。

（3）像平面内仿射性畸变：

数字相机还存在着像平面内仿射性畸变，其引起的误差很小，可表示为：

$$\begin{cases} \Delta x_f = b_1(x - x_p) + b_2(y - y_p) \\ \Delta y_f = 0 \end{cases} \tag{3-3}$$

式中：b_1 为"比例尺"参数；b_2 为"修剪"参数。

由此可见，任一像点的坐标误差是由径向畸变差、偏心畸变差和像平面内仿射性畸变差三部分组成，表示为

$$\begin{cases} \Delta x = \Delta x_r + \Delta x_d + \Delta x_f \\ \Delta y = \Delta y_r + \Delta y_d + \Delta y_f \end{cases} \tag{3-4}$$

3.3.2   数字相机测角法检校原理

数字相机测角法检校原理是利用像点坐标数据和轴角编码器测得的角度数据，根据畸变平方和最小原则，通过三角几何关系解算出数字相机的主点、主距和畸变系数。

1. 内方位元素解算

测角法几何标定原理如图 3-2 所示。

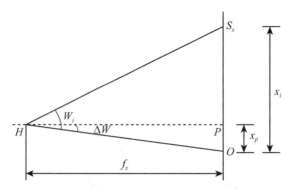

图 3-2　数字相机测角法检校原理示意图

由图 3-2 可以列出如下等式：

$$x_i - x_p = f_x \cdot \tan(W_i - \Delta W) \tag{3-5}$$

根据相机畸变的定义，S_x 对应的畸变为：

$$\Delta x_i = f_x \cdot \tan(W_i - \Delta W) + x_p - x_i \tag{3-6}$$

ΔW 是主点和像平面几何中心的夹角。主点的偏移量一般很小，所以 ΔW 也很小，

$\Delta W = \dfrac{x_p}{f_x}$。

将 $\tan(W_i - \Delta W)$ 项通过泰勒公式，简化后得到相机畸变的普遍表达式为：

$$\Delta x_i = f_x \cdot \tan W_i - x_p \cdot \tan^2 W_i - x_i \tag{3-7}$$

畸变的平方和为：

$$\sum \Delta x_i^2 = f_x^2 \sum \tan^2 W_i + x_p^2 \sum \tan^4 W_i + \sum x_i^2 - 2 f_x x_p \sum \tan^3 W_i -$$
$$2 f_x \sum x_i \tan W_i + 2 x_p \sum x_i \tan^2 W_i \tag{3-8}$$

欲使畸变的平方和最小，可得：

$$\begin{cases} \dfrac{\mathrm{d} \sum \Delta x_i^2}{\mathrm{d} f_x} = 0 \\[3mm] \dfrac{\mathrm{d} \sum \Delta x_i^2}{\mathrm{d} x_p} = 0 \end{cases} \tag{3-9}$$

将公式 (3-8) 代入公式 (3-9)，整理后得到：

$$\begin{cases} f_x \sum \tan^2 W_i - x_p \sum \tan^3 W_i = \sum x_i \tan W_i \\[2mm] -f_x \sum \tan^3 W_i + \sum x_i \tan W_i = -\sum x_i \tan^2 W_i \end{cases} \tag{3-10}$$

求解该方程，可以得到主点、主距的表达式：

$$x_p = \frac{\left(\sum x_i \tan W_i \cdot \sum \tan^3 W_i\right) - \left(\sum x_i \tan^2 W_i \cdot \sum \tan^2 W_i\right)}{\left(\sum \tan^2 W_i \sum \tan^4 W_i\right) - \left(\sum \tan^3 W_i\right)^2} \tag{3-11}$$

$$f_x = \frac{\left(\sum x_i \tan W_i \cdot \sum \tan^4 W_i\right) - \left(\sum x_i \tan^2 W_i \cdot \sum \tan^3 W_i\right)}{\left(\sum \tan^2 W_i \sum \tan^4 W_i\right) - \left(\sum \tan^3 W_i\right)^2} \qquad (3\text{-}12)$$

根据上式便可以计算出 x_p 与 f_x，同理可以计算出 y_p 与 f_y。数字相机的主距 f 取值为两个方向上的平均值 $f = \dfrac{1}{2}(f_x + f_y)$。

2. 畸变参数解算

$$\Delta x_i = f_x \tan\left(W_i - \frac{x_p}{f_x}\right) + x_p - x_i \qquad (3\text{-}13)$$

$$\Delta y_i = f_y \tan\left(W_i - \frac{y_p}{f_y}\right) + y_p - y_i \qquad (3\text{-}14)$$

再通过式(3-4)，根据最小二乘原理 $\boldsymbol{V}^{\mathrm{T}}\boldsymbol{P}\boldsymbol{V} = \min$，可以解算出畸变系数 k_o，k_1，k_2，k_3，p_1，p_2，b_1，b_2。

3.3.3 结果分析

采用佳能 EOS 5D Mark Ⅱ 和尼康 D7000 两种数字相机进行测角法算法验证，这两种数字相机的基本参数见表 3-1。

表 3-1 数字相机测试的基本参数

数字相机	佳能 EOS 5D Mark Ⅱ(相机 1)	尼康 D7000(相机 2)
焦距(mm)	24	18
像素大小(mm)	0.0064	0.0048
像幅尺寸	5616×3744	4928×3264

内方位元素与畸变参数解算结果见表 3-2。

表 3-2 内方位元素与畸变参数解算结果

参数	相机 1		相机 2	
	检校参数	中误差	检校参数	中误差
f(mm)	23.864	0.001	18.136	0.001
x_o(pixel)	6.355	0.103	−10.253	0.083
y_o(pixel)	−9.314	0.096	−12.768	0.079
k_o	−0.018645257	0.00065482	-2.36215×10^{-4}	6.0548×10^{-6}
k_1	0.000179479	7.9823×10^{-8}	2.16532×10^{-6}	5.1893×10^{-9}
k_2	-2.4053×10^{-7}	4.5936×10^{-10}	-8.42158×10^{-9}	3.6829×10^{-12}

参数	相机 1		相机 2	
	检校参数	中误差	检校参数	中误差
k_3	-1.0132×10^{-10}	6.8252×10^{-13}	6.56492×10^{-13}	4.1892×10^{-16}
p_1	6.18929×10^{-6}	1.9258×10^{-7}	-9.26854×10^{-7}	2.5018×10^{-9}
p_2	3.83790×10^{-6}	1.1384×10^{-8}	-2.96287×10^{-8}	3.0981610
b_1	7.70495×10^{-5}	2.3978×10^{-7}	1.59841×10^{-4}	1.1896×10^{-7}
b_2	0.021057581	0.000018351	-0.000976325	1.7312×10^{-6}

检校结果显示:

(1)相机 1 经过检校后得到的主距为 23.864mm,主点为(6.355, -9.314)与标称的主距和主点有明显差异;同样试验相机 2 的主点、主距与标称值有明显差异,表明数字相机几何检校工作的必要性。

(2)经过畸变模型拟合后,剩余畸变在两个方向上均明显减小,其中误差在 0.2 像素左右,畸变模型具有正确性和可靠性。

(3)相机 2 的畸变相对较小,最大偏差在 0.8 像素左右,没有出现明显的径向畸变特征;通过畸变模型进行拟合后发现,残余畸变在两个方向上均略有减小。

3.3.4　精度分析

根据误差传播定律,由式(3-11)与式(3-12)可得到主点和主距的检校精度。根据最小二乘精度估计方法,畸变拟合结果的标准差为:

$$\sigma_{x_p} = \sqrt{\sum_{i=1}^{n}\left(\frac{\partial x_p}{\partial x_i}\right)^2\sigma_{x_i}^2 + \sum_{i=1}^{n}\left(\frac{\partial x_p}{\partial W_i}\right)^2\sigma_{W_i}^2} \tag{3-15}$$

$$\sigma = \sqrt{\frac{\sum_{i=1}^{n}v_i^2}{n-t}} \tag{3-16}$$

式中:v_i 为畸变拟合后的剩余误差;t 为未知量个数,本试验中 $t=8$;n 为独立的等精度测量次数,相机 1 试验中 $n=60$,相机 2 试验中 $n=80$。按照 $V_i=D_i-\widetilde{D}$ 计算,相机 1 拟合结果的中误差为 0.198 像素,相机 2 拟合结果的中误差为 0.166 像素。

3.4　激光扫描仪检校原理与方法

激光扫描仪的种类繁多,不同生产厂家采用不同的技术指标标示其产品性能,需要对激光扫描仪的主要性能指标进行检校。

3.4.1 激光扫描仪检校项目

通常激光扫描仪检校包括以下几个项目：

1. 测程

测程也称为测距范围，是每个激光扫描仪出厂前的标称值之一，在车载移动测量系统应用领域中一般为几米到几百米范围，激光扫描仪的测距范围在很大程度上也限制了测量系统的应用领域。在某一起点架设激光扫描仪，将激光扫描仪配套的反射靶标安置在激光扫描仪标称的最大测程和最小测程处，设备安置完成后，用激光扫描仪进行多次测距操作，取其测距平均值为观测值，其误差应不大于该仪器标称最大测距误差。

2. 发散角

激光是具有一定发散性的光，发散角是衡量激光束性能的重要指标，一般通过测量一定距离上的光斑大小反算出来。

3. 测角分辨率

测角分辨率是指在相同方向上能够区分和识别相邻两目标物体的最小角度，通过能够反算角度的测量仪器或者更高精度的测角设备对其进行测量。

4. 测角精度

车载移动测量系统通常采用二维激光扫描仪即扫描的点云是一条线段而不是一个平面，这种类型的激光扫描仪没有水平角和垂直角之分，它只测量一个方向的角度值，通过极坐标法获得坐标。采用分齿分度台进行激光扫描仪测角精度标定，如果没有这种装备需要设计一定的实验方案借助其他测绘仪器也可以进行测量。

5. 测距分辨率

在室内双频激光检测平台上，一端安置激光扫描仪，将专用标靶安置在另一端的分辨率检测台上，使激光扫描仪与专用标靶等高且使专用标靶一端的方向与激光扫描仪的视准轴一致。将激光扫描仪对准专用标靶进行距离测量，重复扫描 n 次计算平均值为该点测量结果，距离由检测台的零点位置开始，等间隔移动专用标靶，专用标靶的移动量值一般由双频激光干涉仪等高准确度的仪器来提供。将测量结果归算至专用标靶起始点，其归算量的平均值为：

$$\overline{D_0} = \frac{\sum_{i=1}^{n} D_i - \sum_{i=1}^{n} d_i}{n} \tag{3-17}$$

式中：D_i 为专用标靶各位置处的距离测量值；d_i 为专用标靶在检验台上由零点开始改变的距离值；n 为专用标靶移动次数。

观测值与归算量的差值：

$$v_i = D_i - \overline{D_0} - d_i \tag{3-18}$$

分辨率计算公式如下：

$$s = \sqrt{\frac{\sum_{i=1}^{n} v_i^2}{n-1}} \tag{3-19}$$

6. 测距精度

测距精度指激光扫描仪测量的距离与被测量距离真值的偏离程度，表示激光扫描仪测距所能达到的水平。

其中影响激光扫描仪测量精度的最重要的指标是测角精度和测距精度。本节以国产激光扫描仪 RA-360 激光扫描仪为例，讨论测程与分辨率、测角精度这两个重要指标及进行相关的实验，完成激光扫描仪的检校，该激光扫描仪是典型的 360° 二维激光扫描仪。

3.4.2　激光测距范围与测距分辨率的测定

距离测量范围在某种程度上决定了激光设备的选择。RA-360 激光扫描仪出厂的距离测量范围是 3~300m，对于测量工作者而言后者的数目是更值得关心的，而且厂商给出这个值时应该注明在目标物体反射率是多少的情况下的测距范围。有时候厂商也不会给出明确的条件，这就需要在买到产品以后对这个性能进行测定，把其具体的测距范围测量出来，同时在真正作业时注意保证与被测目标的在一定距离范围进行作业。在对 RA-360 进行距离范围测定时采用的是反射强度类似于一般建筑物的物体为目标进行的，目的是让测定的数据具有较高的普遍适用性。

具体的实施方案：将激光扫描仪固定、整平，然后开启激光扫描仪，持续采集数据，在周围 2.8~3.3m 范围内设立标准反射率靶标，采集一定量的数据以后停止采集。解算得到点云距离激光扫描头最近的值，同样的方法可确定最远测距值。

距离分辨率也是影响测距精度的一个重要因素，是衡量激光测距能力的一个重要指标。RA-360 系列的激光测距分辨率达到毫米级别，标称距离分辨率是 5mm，距离分辨率是由激光脉冲的特性决定的，激光脉冲是一个相对恒定的量，即便是距离分辨率为 1cm 也完全满足了一般工程测量的需要。作为用户缺乏相关的检测设备，这个参数没有进行定量的测定。

3.4.3　激光测角误差检校原理与方法

由于码盘制作非常精密，没有非常好的方法对其角度进行直接高精度测量，设计了两种对其检校的方案。第一种是借助高精度的全站仪（拓普康 GTS-720）量测出各个标志点的坐标，然后反算出角度信息，称为基于全站仪的实验室检校法。第二种是借助高精度数控转台的角度信息进行的，称为基于数控转台的方法，因数控转台成本较高，这里给出第一种方法的实施过程和结果。

基于全站仪的实验室法原理是将车载移动测量系统开至四周都有建筑物的检校场地，激光扫描仪以垂直工位上下移动扫描周围设置好的标志点，扫描完成后，用全站仪测出激光扫描仪中心和各个标志点的坐标，然后计算得到标志点与扫描中心连线的方位角度值，并转换成激光扫描仪测角坐标系下的角度用于角度标定。检校场地面应尽量平整，作业时尽量使激光体垂直于地面，这样就可以把激光角度计算转换到水平面上进行，将会大大减少计算工作量。

图 3-3 所示为基于全站仪实验室方法的实验场地图，标志点采用的是反射强度较强的反光片，在点云的对地投影图中这些标志点的点云会突出墙面，这样非常便于在点云中找到这些点。

标志点

图 3-3　基于全站仪实验室方法的实验场地布设图

实验场地的墙间距离为 40m 以上，墙面有防盗网的话可以当成特征点，也可以在防盗网上等高的地方贴上全站仪反光纸，用全站仪测量其坐标。将车载移动测量系统停放在实验场内，利用特制的滚轴丝杠升降台将启动的激光扫描仪由下而上、由上而下进行扫描，采集到标志点的点云信息。室内将用全站仪观测到的标志点坐标换算成相应的角度信息和对应的激光扫描仪测得的角度值(在点云处理软件中测量出特征点的激光观测角度值)组成原始数据，输入程序中解算出相应的模型参数。具体试验方案如下：

(1)建立检校场，主要是设计标志点的位置，保证标志点能在激光扫描仪上下移动扫描的范围之内。

(2)开启事先设定好的激光扫描仪进行 360° 上下扫描。设好扫描参数(点频率100kHz，电机转速 3000 周/m，电流 100Hz)后先启动电机，再启动扫描，结束时先关闭扫描，再关闭电机。扫描前后用全站仪测出激光扫描仪中心的坐标。

(3)用扫描仪自带的数据处理软件对扫描数据进行预处理，再按照速度将点云数据展开。

(4)通过点云查看软件的量测功能量取到点云标志点处激光扫描仪的角度值并保存下来。

(5)用全站仪精确测出各标志点的坐标。用标志点和扫描头的坐标值计算扫描头到各标志点的坐标方位角并统一到激光扫描仪坐标系下。根据下式计算，得到改正后的高精度测角值：

$$\alpha_Q = \alpha_L + k_0 + k_1 \sin(\alpha_L + k_2) \tag{3-20}$$

式中：α_Q 为高精度仪器测定的标志点角度；α_L 为激光扫描仪测量的标志点角度；k_0，k_1，

k_2 为模型参数。

要求 360°扫描范围内不少于 50 个点，点与点之间的误差应该是连续的，而不是跳跃的，如果有跳跃，一定是测量误差，可以通过车前后移动 1.5m，重复两次，比较误差曲线来验证。误差曲线如果一样，可以说明其可靠性。如果地形条件允许，将载体车辆掉头 180°也可以，如果掉头 180°扫描不到原来的标志点，也可以只采取移动车位的方式来测量更多的数据。

表 3-3 与表 3-4 是该方案采集到的三组数据的计算结果。

表 3-3　基于全站仪的实验室法角度改正前最大误差及中误差

组别	点个数	改正前最大误差绝对值/°	改正前 RMSE/°
1	57	2.2170	±0.8903
2	59	2.2285	±0.9323
3	55	2.2236	±0.9215

表 3-4　基于全站仪的实验室法参数计算结果及精度

组别	点个数	k_0	k_1	k_2	改正后 RMSE/°
1	57	0.0124	0.0129	4.8609	±0.0166
2	59	0.0125	0.0129	4.8601	±0.0186
3	55	0.0125	0.0128	4.8605	±0.0181

从表 3-4 中可以看出：3 组数据的 k 值计算结果非常接近，说明模型具有一定的可靠性，将三组数据的平均值作为最终的结果值用于实际角度测量值的误差改正模型中。

由表 3-4 可以看出基于全站仪的实验室法改正后的 RA-360 激光扫描仪的角度最大中误差在±0.018°左右，由表 3-3 可以看出 3 组数据改正前的测角中误差最大值为±0.9323°。中误差提高百分比见表 3-5，可以看出提高百分比高达 98.03%，所以该误差改正模型可以大大提高该类型激光扫描仪的测角精度，3 组的精度提高百分比比较接近，也说明此误差改正模型具有一定的稳定性和可靠性，可以为同类型激光扫描仪及类似设备的角度测量误差模型提供参考。

表 3-5　基于全站仪的实验室法改正前后精度对照

组别	改正前 RMSE/°	改正后 RMSE/°	提高百分比/%
1	±0.8903	±0.0166	98.1
2	±0.9323	±0.0186	98.00
3	±0.9215	±0.0181	98.03

3.5　系统集成检校原理与方法

由于车载移动测量系统早期主要是引进整个系统,很多单个传感器的指标不对我国公开,因此车载移动测量系统国内做的比较多的就是集成检校,一般是在动态测量的过程中来完成这项任务。

3.5.1　原理与流程

检校场可以借助一定的特殊建筑,例如立面有凸凹设计的高层建筑,在建筑立面上布设一定数量的特征点,通过车载移动测量系统采集这些特征点,量取这些特征点在点云数据中的三维坐标信息与更高精度测量设备获取的这些点的三维坐标信息,通过计算得出系统的参数。

集成检校的内容主要是标定激光扫描仪与 POS 间相对外方位元素 (δx, δy, δz, $\delta \varphi$, δ_Ω, $\delta \kappa$)。

IMU 和 GNSS 组合导航的结果是对应时刻 IMU 在地理坐标系内的外方位元素。激光扫描仪与 IMU 是刚性连接的,激光扫描仪与 IMU 间的相对外方位元素固定不变。只要求取激光扫描仪在 IMU 坐标系内的外方位元素,就可以求出激光某一时刻在地理坐标系下的外方位元素,实现激光点云数据的解算。

点云数据中,只有当目标相对独立出现(如悬空)时,才容易被识别选取。试验表明:人工标志点很难设计和布置,因此选取建筑物的自然特征点作为目标点用来计算激光扫描仪与 IMU 间的相对外方位元素,必要时才进行人工标志点的设计与布设。

集成检校的流程如图 3-4 所示。首先是检校场的选择,然后是特征点的布设,以及地面控制点的布设,在地面控制点上架设全站仪对特征点进行观测,观测完毕之后用车载移动测量系统对特征点进行观测。车载移动测量数据解算的第一步是组合导航数据,也就是姿态数据的解算,然后是绝对坐标系(这里采用 WGS-84 坐标系)点云数据的解算。集成检校的核心解算是首先给姿态数据赋初值,然后借助两种观测方式得到的特征点数据组成法方程,利用最小二乘原理进行平差计算,得到满足要求的姿态改正数据。

3.5.2　集成检校方法

整个检校场应满足有良好 GNSS 信号,特征点布设要分布均匀,地面控制点应能较好地观测特征点为准(图 3-5)。组合导航解算采用 NovAtel 公司研制的 GNSS-IMU 组合导航计算软件 IE(Inertial Explorer),该软件具有很强的适应性,具备事后 GNSS 动态差分、动态单点定位,GNSS-IMU 松组合、紧组合等功能,组合导航功能还能兼顾里程计数据一并处理。

为了更好地消除系统误差,在数据采集时,通过正反两个方向行驶车载移动测量系统来采集特征点数据。将在控制点上观测得到的特征点坐标映射到解算的点云中(图 3-6)。

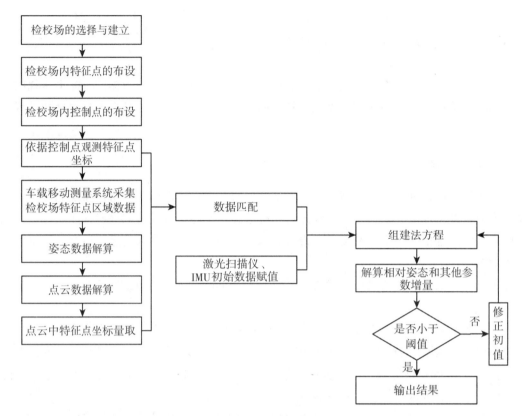

图 3-4　集成检校流程图

图 3-5　选定的检校场图

可以明显地看到：几乎所有的特征点都偏离原来的位置，这就需要通过集成检校将系统参数进行调整。通过自己编写程序按照集成检校流程计算出集成检校参数，根据集成检

图 3-6 检校前的特征点坐标映射图

校参数重新计算点云数据，然后再将特征点数据映射到新的点云中(图 3-7)。

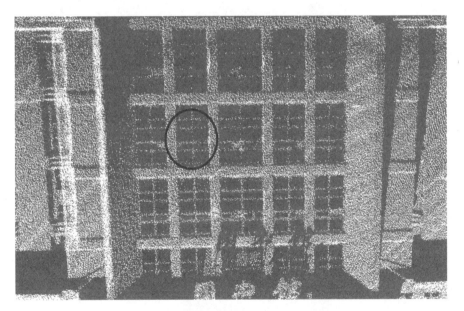

图 3-7 检校后的特征点坐标映射图

可以看到：经过集成检校之后，从控制点上观测的特征点坐标数据能较好地映射到正确的位置。

经过计算得到集成检校后系统的精度如下：

$$\begin{cases} M_x = \pm0.046\text{m} \\ M_y = \pm0.052\text{m} \\ M_z = \pm0.034\text{m} \end{cases} \tag{3-21}$$

为了得到更高精度的集成检校结果，可以通过增加特征点、多次观测等方式进行。

◎ **思考题**

1. 根据所学内容谈一下移动测量设备检校的目的和意义有哪些?
2. 车载激光点云数据的误差来源有哪些?
3. 简述车载移动测量系统检校存在的问题及趋势。
4. 车载移动测量系统相机检校的内容有哪些?
5. 简述车载移动测量系统激光扫描仪检校的内容。
6. 简述激光扫描仪测角误差检校实验的过程。

第4章 车载移动测量数据采集

车载移动测量技术代表着未来道路测量的发展主流，野外获取数据的质量直接决定项目质量，是非常重要的一个环节。近年来我国车载移动测量技术应用快速发展，2016 年原国家测绘地理信息局发布了《车载移动测量技术规程》(CH/T 6004—2016)与《车载移动测量数据规范》(CH/T 6003—2016)，推动了数据采集的规范化。不同品牌与型号的车载激光雷达系统在数据采集流程上存在微小的差异，但是总体流程上大致相同。本章介绍车载激光雷达系统数据采集流程、前期准备、野外数据采集与注意事项。

4.1 采集流程

车载移动测量数据采集过程主要是将多传感器集成单元——测量设备，架设在如汽车、船只等移动载体上，根据规划的采集线路、按照既定的采集参数，进行数据采集，最终获得地物点云、全景影像、定位定姿数据的过程。一般说来，野外数据采集作业流程如图 4-1 所示。

野外数据采集作业主要分两个阶段进行，分别为前期准备阶段和野外采集作业阶段。前期准备阶段包括项目技术设计、作业区域划分、现场踏勘、线路规划、设备检查、车辆准备及人员分工计划等。

野外采集作业阶段包括控制点/检核点布设及采集、车载数据采集等环节。其中车载数据采集流程主要包括以下内容：

(1)设备安装：包括基站架设、一体化结构平台设备安装、车轮编码器安装；

(2)数据预采集；

(3)数据采集；

(4)设备卸载：基站拆除、车轮编码器拆除、一体化结构平台设备拆除；

(5)数据整理。

4.2 前期准备

车载移动测量野外数据采集之前，要进行前期准备工作，是项目进行过程中最重要的环节，也是保证采集数据质量的前提。

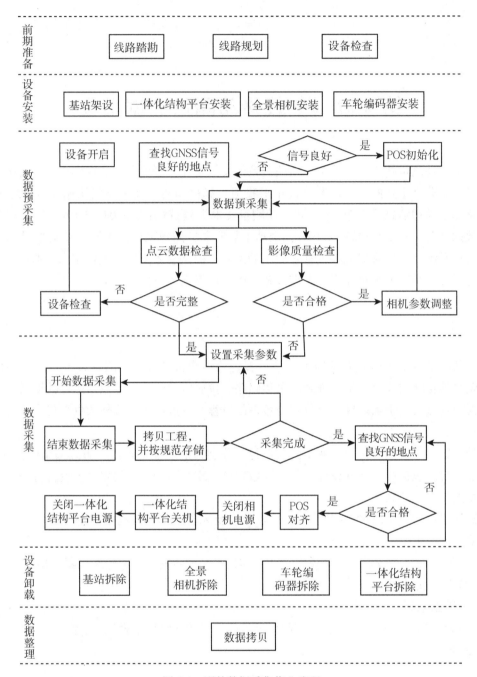

图 4-1 野外数据采集作业流程

4.2.1 项目技术设计

项目技术设计的主要目的是明确车载移动测量任务概况、测区概况，结合已有资料情况进行分析，并按照相关的执行技术标准、国家规范等明确项目成果需求、主要技术指标和规格等，并能对项目配备的软件、硬件进行核查，明确是否能满足项目要求。

《车载移动测量技术规程》(CH/T 6004—2016)中规定，在采集作业前应收集下列资料并进行适用性分析：

(1)测区的导航电子地图、1∶2000 至 1∶10 万比例尺地形图，或者影像地图。

(2)测区及周边地区的控制测量资料，包括平面(高程)控制网的成果、技术设计技术总结、点之记等。

(3)与测区有关的交通、住宿、餐饮、气象等资料。

(4)测区其他相关资料。

《车载移动测量技术规程》(CH/T 6004—2016)中，技术方案设计的主要要求如下：

(1)技术方案设计时应依据项目总体要求、资料分析结果等编写设计书。

(2)技术方案应包含以下主要内容：采集规划、地面控制点设计、基准站设计、数据预处理、数据质量检查、成果提交。

(3)技术设计应满足本标准规定的各项技术要求，特殊情况不能达到时，应明确说明原因并通过项目组织管理部门的审核批准。

(4)技术设计的编写要求和内容应符合《测绘技术设计规定》(CH/T 1004—2005)的规定。

参照已有规范和作业经验等设计外业采集计划，并完成相关的采集和数据检查验收。撰写项目技术设计书时参考的主要技术规范标准有：

(1)《车载移动测量技术规程》(CH/T 6004—2016)；

(2)《车载移动测量数据规范》(CH/T 6003—2016)；

(3)《车载激光移动测量系统》(T/CAGIS5—2021)(团体标准)；

(4)《基于地理实体的全息要素采集与建库》(T/SHCH001—2020)(团体标准)。

4.2.2 作业区域划分

作业区域划分根据项目测区情况不同划分方法也不同，在高速公路改扩建等场景进行车载移动测量数据采集时主要根据采集里程等进行划分，对于城市内部道路等采集场景主要依据踏勘报告中的主干道、高层建筑物、高架、隧道等信息进行划分，同时还需要兼顾生产区域的工作量。生产区域划分主要依据以下原则：

(1)以主干道、高架以及快速路、河流等作为边界进行生产区域划分。

(2)生产区域划分要考虑采集的难易程度，如道路复杂情况、高层建筑物遮挡情况。当数据采集困难时，划分生产区域需要适当减小。

(3)划分任务区域要兼顾任务区域工作量。通常情况下，单个任务区域的面积控制在 $10km^2$。当项目区域道路简单开阔时，可以扩大任务区域。

(4)当任务区域道路不规则，走向不一致时，任务区域划分围绕着主要道路进行。

(5)任务区域划分需要详细到具体道路，确定任务区域边界道路归属区域(图 4-2)。

4.2.3 现场踏勘

《车载移动测量技术规程》(CH/T 6004—2016)中规定，现场踏勘应符合下列要求：

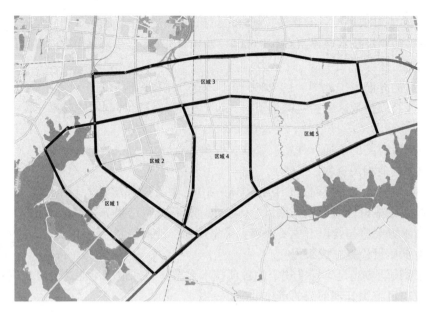

图 4-2　任务区域划分示例

（1）实地了解测区自然地理、人文及交通情况。

（2）核对已有资料的适用性。

（3）根据测区情况选择采集行车路线及 GNSS 基准站布设位置。

车载移动测量数据采集的现场踏勘相当于工程测量的外业踏勘。采集区域一般范围较广，外业采集作业人员对测区情况不熟悉，为避免重复外业劳动，在进行外业采集线路规划前，有必要对测区进行线路踏勘。线路踏勘前，首先根据大比例尺地形图资料或者借助电子地图资料查看测区的植被覆盖情况、水域及高压线情况，初步设立 GNSS 基站架设候选地点(如果采用 CORS 数据或者云基站等技术则无需进行这一项)。

一般线路现场踏勘主要确定或解决以下问题：

（1）基站位置的现场考察。根据候选点位查看现场的卫星信号情况，选择 GNSS 信号良好的测区中心位置为基站的架设地点。

（2）道路限高情况。一般道路存在输电线、高架桥等限高(一般来说，设备高度约为3m)的情况，在规划图上进行标注，特别是对不能通行地点进行标注。

（3）道路更新。新修道路，地图暂时未更新；道路尚未正式通车，而地图上存在此道路；实际道路与电子地图不匹配的地方在电子地图或打印的地图上进行精确标注。

（4）道路的其他情况。道路正在施工，不适合采集数据；道路车道线的数量情况等。

对于城市道路除上述内容外，为更好地进行线路规划方便后续数据采集工作，一般仍需做好以下踏勘内容：

（1）主干道、高架、快速路分布情况，车道数以及路宽。

（2）车流量高峰期及低谷期。要明确任务区域高峰期，高峰期时段要明确到一天中的具体时间。除去上下班高峰期，还需要明确任务区域学校附近学生接送时段，周末以及节假日高峰期时段。

(3)道路两侧树木遮挡情况。需记录行道树覆盖超过两个车道的情况。

(4)单行道需要记录道路名称和前进方向。

(5)道路封闭及施工情况。需要记录封闭位置以及开放位置。

4.2.4 路线规划

1. 路线规划原则

《车载移动测量技术规程》(CH/T 6004—2016)中规定,路线规划的基本原则如下:

(1)基于主要道路、河流等要素划分外业采集工程;

(2)在人流量、交通量比较大的作业区域应在清晨光线比较好的时段采集;

(3)采集路线尽量避免重复;

(4)单向通行道路采集一遍,双向通行道路宜往返各采集一遍;

(5)优先沿直行道路采集,避免左右转弯采集;

(6)选择晴朗、多云等天气条件进行数据采集。

规划的内容包括:POS 初始化位置、采集结束位置、采集路线、采集车速、保障措施。

良好的线路规划可提高采集作业效率,但由于实际道路环境复杂多样,且激光存在地物遮挡问题,很多情况下单趟扫描并不能完整采集道路数据,为了避免因采集线路规划不合理,出现漏采、错采的情况,同时减少重复扫描次数,需要在正式作业前合理规划扫描路径,路径规划时注意事项如下:

(1)道路中间有水泥墩、植被、挡光板等遮挡情况较严重时,需要往返扫描。高精度道路测量(路面高程/高精度隔离带)作业需要检查内部精度时,需要往返扫描。

(2)如果主路和辅路间有树或者篱笆树的情况时辅路需单独扫描,否则辅路不单独扫描,此时如果主路需要往返扫描,即在主路行车时靠最右侧车道扫描,以兼顾辅路采集。

(3)尽量少转弯且转大弯,尽量沿"大圈"扫描,测区有多条纵横道路时尽量沿大圈设计路线。当测区外没有平行道路时,尽量左拐,信号较差地区尽量不要掉头、后退,并且尽量避免原地掉头。

(4)尽量在测区外掉头,到测区边界时,尽量直接行驶出测区,绕一圈后再进入下一道路。

(5)测区内直线部分尽可能长(尽量减少拐弯和掉头),同一条直线道路尽可能一次扫完,这样有可能出现多次重复扫描,将来整理数据时可以将重复扫描区域剪切。

(6)由于匝道坡度变化大,沿其他道路扫描时难以完整覆盖,因此匝道需要单独扫描;扫描线路尽可能远离高压线、水面、信号塔等区域。

(7)如果测区太大,整体测区进行线路规划很困难,容易导致混乱、信息丢失。这种情况下对测区进行划分,分成若干小测区,针对每个小测区做线路规划。

遵循以上原则对测区的采集路线进行规划,并明确采集的起始位置,起始位置也称为初始化位置,该位置信号要求与 GNSS 基站选取的原则一致。外业采集规划应该形成规划导航图,根据不同的设备可以选择电子导航图也可以选择纸质的导航图。线路规划的结果如图 4-3 所示。

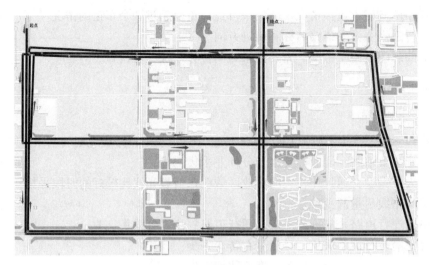

图 4-3　路线规划示意图

　　道路根据结构可以划分为路口和直线路段。路口可以划分为主干道交叉的大型路口（有时会有环岛）、主次干道交叉口以及次干道支线交叉口。主干道交叉的大型路口通常情况复杂，转向繁多，是路线规划的重点以及难点。

　　2. 采集车速设计原则

　　依据道路所在位置，功能以及宽度等方面的标准可划分为高速路、城市主干道、次干道、支路等，对于不同的道路等级，在保证行车安全的前提下，一般按以下原则设计采集（行驶）速度：

　　(1)高速公路、城市快速路一般设有中央分隔带，供汽车以较高速度行驶的道路又称汽车专用道。快速路的设计行车速度为 60~80km/h。

　　(2)主干路连接城市各分区的干路，以交通功能为主。主干路的设计行车速度为 40~60km/h。

　　(3)次干路承担主干路与各分区间的交通集散作用，兼有服务功能。次干路的设计行车速度为 40km/h。

　　(4)支路次干路与街坊路(小区路)的连接线，以服务功能为主。支路的设计行车速度为 30km/h。

　　3. 规划方法

　　基于任务区域的特点、道路等级、道路交通管控、道路走向等情况，路线规划的方法可以分为三种类型。

　　1)先横后纵(先纵后横)

　　先横后纵的方法适合任务区域内道路具有走向横纵较分明，道路分布规则，道路等级分布均匀等特点的区域。此路线规划方法的特点是条理清晰，规划简单，数据采集时导航清晰，数据的相对独立性好。

　　依据先横后纵的原则进行路线规划时，选择任务区域边缘的道路或者与大多数纵向道路相交的横向道路作为起点，沿着该道路自东向西或者自西向东逐个路口右转或者左转逐条纵向道路进行规划(图4-4)，以同样的方法规划采集横向道路。

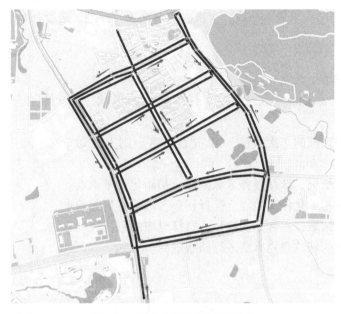

图4-4 先横后纵路线规划示例

2) 按单条道路进行规划

主要适用于高速路、快速路、主干道等道路。这些道路一般设计的车速较快，掉头及转向不方便，且通常设有隔离带、景观带等，一般需要往返采集数据。

为确保主干道数据的独立性，数据采集时导航清晰，方便后期数据解算及纠正数据简单快速，一般可以对单条道路进行独立车次的路线规划(图4-5)。

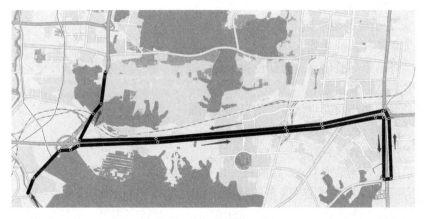

图4-5 单条道路规划示例

3）集中规划

集中规划方法主要用于任务区内支线道路、开放小区、城中村、胡同以及道路分布不规则的情况。该路线规划方法的目的是尽量在一个车次的任务量内完成道路分布凌乱区域的采集，避免多个车次采集数据或者车次内轨迹交叉。此外，进行补充采集时也使用此种路线规划方法。

4. 规划步骤

进行路线规划的主要步骤如下：

（1）分析任务区域的特点，主要是任务区域的形状、主次干道分布、道路走向等特点。

（2）评估任务区域的车次数量，10km² 任务区原则上规划车次不超过 4 个车次，单个车次规划路线 20~30km。

（3）根据踏勘情况，选择任务区域的静止初始化停车地点。

（4）参考静止初始化停车地点，选择任务区域的采集起始点。

（5）基于任务区域特点和车次数量，选择对应的路线规划方法。

（6）依据选择的路线规划方法进行路线规划。

4.2.5　设备检查

《车载移动测量技术规程》（CH/T 6004—2016）中规定，对车载移动测量系统的一般要求如下：

（1）可靠性：系统平均无故障工作时间应不小于 200h，裸露在车外的部分应配备设备保护罩。

（2）工作温度：宜满足在 -20~50 ℃ 条件下正常工作。

（3）防尘与防水：整体宜满足《外壳防护等级 CIP 代码》（GB/T 4208—2017）中 IP54 的要求，里程计应满足 IP67 的要求。

（4）相对湿度：相对湿度（95±3）％（温度≥40 ℃），无冷凝。

（5）连续工作时间：连续工作时间不小于 8h。

对定位定姿系统的要求如下：

（1）系统具备自检测功能。

（2）能实时输出导航信息，包括位置坐标、速度、航向、水平姿态及设备状态等。

（3）具备数据存储功能。

（4）具备时间同步及同步信号、信息输出功能。

（5）能进行定位测姿后处理，输出高精度定位测姿结果。

（6）宜采用内置式里程计。

（7）应采用双频测量型 GNSS 接收机，1s 的采样间隔，不少于 24 个通道。

定位定姿系统性能要求详见《车载移动测量技术规程》（CH/T 6004—2016）。另外在《车载移动测量技术规程》（CH/T 6004—2016）中，还对数字相机、视频摄像机、激光扫描仪、控制系统做出了规定。

设备检查主要分为设备完整性检查和设备状态检查两个步骤。

1. 设备完整性检查

设备完整性检查主要是检查采集设备是否存在缺失，设备完整是确保能够正常进行野外数据采集的前提。车载移动测量系统设备主要由基站、车顶一体化结构平台设备、车轮编码器、供电电池四部分组成。

以华测导航 Alpha 3D 车载激光扫描测量系统为例，该系统集成了高性能的组件，如高精度、长测程的激光传感器，高分辨率 HDR 全景相机，GNSS 设备以及高精度惯性导航系统，形成轻量化、一体化的牢固设计。其可在动态环境中连续获取海量空间数据，快速精确地完成测量工作。

2. 设备状态检查

每次在进行野外数据采集前，应该对所有的采集设备状态进行通电试采集检查，当且仅当所有的采集设备状态都显示正常的情况下，才可以进行野外数据采集作业。野外采集作业前，需制定野外采集设备状态检查表，在野外采集数据时，必须严格按照此检查表逐项检查，在确保每个阶段每个设备的每个状态均正常后，方可继续进行野外数据采集工作。

4.2.6　车辆准备及人员分工计划

移动测量数据采集车辆一般选择城市 SUV、7 座商务或者面包车。城市 SUV 推荐使用哈弗 H6、大众途观、汉兰达，7 座商务推荐别克 GL8、丰田 Alpha。此类车型车尾不突出，采集时不会遮挡数据，同时空间比较大。为了适应更多的车型，方便激光雷达系统的搭载，国内有公司设计了车载伸缩支架，可以根据采集需要，将设备延伸至车尾，避免采集数据时造成遮挡(图 4-6)。

图 4-6　车载激光雷达系统

参与项目的人员按照任务分工主要分为项目负责人、外业负责人、内业负责人、基站人员、驾驶人员、控制点采集人员、数据采集员、数据解算人员、数据纠正人员以及检查人员等(图 4-7)。对于车载移动测量数据采集，为保证每次野外数据采集的有效性，需要统筹安排在岗人员的职责和分工，计划好各自职责人员的任务和时间安排等，确保野外数据采集工作顺利进行。

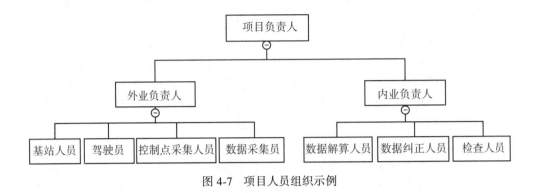

图 4-7　项目人员组织示例

4.3　野外数据采集

在完成线路踏勘、线路规划、设备检查后，即可进行正式的野外采集作业。正式的野外采集作业是从设备安装、数据预采集、数据采集、设备卸载再到最后的数据整理等一系列完整的过程。

4.3.1　设备安装

根据外业规划，如需架设实体的 GNSS 基站时，先将 GNSS 基站设备及观测人员送至指定基站位置，然后驱车至规划的起始初始化地点。设备安装包括基站的架设及车载测量设备的安装。两者的安装独立进行，没有严格的先后安装顺序要求。但是一般说来，在利用一体化结构平台进行野外数据采集之前（包括 POS 采集），基站必须已经架设完毕，并开始正常工作。

由于使用 GNSS 差分技术解算移动测量车的轨迹，因此在外业数据采集前首先需要考虑 GNSS 基站布设的问题。GNSS 基站可以采用在测区内自行布设的方式，也可采用 CORS 基站数据的方式。

1. 基站架设

基站架设要依据基准站设计进行，基准站设计在《车载移动测量技术规程》（CH/T 6004—2016）中做出了规定：应优先使用卫星导航定位基准站。需自行布设 GNSS 基准站时应遵守《全球定位系统（GPS）测规范》（GB/T 18314—2009）的规定，并符合下列要求：

（1）GNSS 基准站控制半径不宜大于 20 km，半径大于 20 km 时宜架设双站；

（2）GNSS 基准站的精度不应低于 E 级要求；

（3）GNSS 接收机应选用双频测量型，观测的采样间隔应不大于 1s；

（4）站点应选择在交通便利的位置，视场内障碍物的高度角不宜大于 15°；

（5）站点选定后应现场作标记、画略图；

（6）站点选点结束后，应提交站点点之记、站点选点网图。

在 GNSS 信号较差而无法满足作业精度要求时，应使用其他高精度测量方法在测区内测量地面控制点，用以纠正车载移动测量数据。

根据测区范围合理布设一台或多台 GNSS 基准站，保证基站与移动站的最大距离不超过 20km。基站可以架设在已知坐标的高等级控制点上，也可以自由架站，后期结合精密星历单点定位解算基站坐标，而对于测区范围较大或者没条件架设基站的情况，可以采用 CORS 基站数据。

架设基站的目的是通过固定基站所观测到的 GNSS 信号，来校正车载流动站所观测 GNSS 信号的误差。

基站架设必须按照严格的先后顺序进行操作，主要步骤如下：

(1)对中整平：使用仪器上的水准气泡和对中装置将 GNSS 接收机天线进行对中整平。

(2)测高：使用卷尺，测量已知点到 GNSS 测量天线指定位置的高度，并记录下来，后面差分解算时需要用到此值。

(3)开机：打开 GNSS 接收机上的开关按钮。接收机上卫星信号灯闪烁表示正在查找卫星信号，查找完成之后指示灯熄灭并会自动生成一个静态文件(可通过液晶屏看到文件名)，此时中间的指示灯闪烁，表明基站已经开始工作(参照不同的 GNSS 接收机型号进行)。

基站位置选择要合理，一般来说，车载流动站(即车载一体化结构平台与设备)与基站之间的距离不能超过 20km，即每次架设好基站后，移动站的工作范围限定在以基站为中心，半径 20km 的圆形区域内。

2. 车载测量设备安装

车载测量设备安装时，应该先对一体化结构平台及设备进行安装，再进行车轮编码器的安装，有些平台全景相机也是独立拆卸的，如果是独立拆卸的则需要单独安装。对于车顶平台采用伸缩式车载支架进行安装的，伸缩支架需要固定在汽车顶部的行李杆上，因此在安装之前需要确保汽车已经安装了行李杆，主要包括车顶支撑平台安装、主机安装、线缆连接等步骤，具体的安装步骤如图 4-8 所示。

设备安装注意事项如下：

(1)安装设备时需要至少两名人员配合安装，确保设备安全；

(2)主机安装之后需要确保激光头扫描不会被车尾遮挡；

(3)使用车顶伸缩平台安装的，行李杆尺寸间距需要与伸缩支架尺寸匹配；

(4)车轮编码器软轴需要保留有一定的缓冲长度，确保旋转顺畅；

(5)设备安装完成之后需要使用内六角扳手对螺丝逐个进行紧固；

(6)暂时不连接设备供电线与电源连接端，待开始静止时再进行供电。

设备安装后，要按照《车载移动测量技术规程》(CH/T 6004—2016)进行系统准备与检查，采集作业前应按下列要求进行准备与检查：

(1)检查并确认车辆处于正常运行状态；

(2)检查并确认供电设备正常，满足各部件持续工作要求；

(3)车载移动测量系统各组件应连接正常，能正常采集数据；

(4)检查并确认数据存储和备份空间足够；

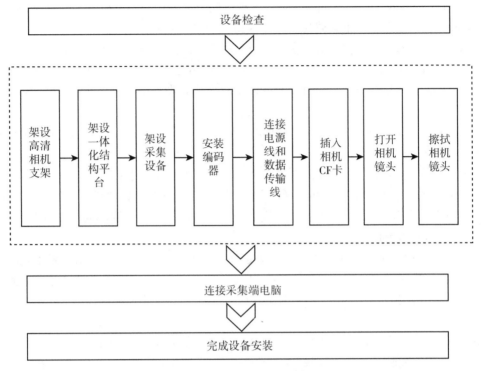

图 4-8　车载测量设备安装

（5）确认 GNSS 基准站能正常采集数据。

4.3.2　数据预采集

在数据采集过程中，应满足《车载移动测量技术规程》（CH/T 6004—2016）中的一般性要求：

（1）应保证设备正常工作，异常情况应进行记录；

（2）对于遮挡严重或车辆无法进入的路段应进行记录，便于后续补采；

（3）应按照设计路线行驶，在不违反交通法规的前提下根据实际需求和系统性能限制来控制行驶速度；

（4）在恶劣天气时，应停止作业，做好设备防护措施；

（5）应及时做好数据质量检查和备份工作。

在进行正式野外数据采集作业前，必须至少进行一次数据预采集。通过数据预采集，确保所有设备都能够正常工作，采集的点云数据、全景照片等正常，相机曝光参数正确。预采集的具体步骤如图 4-9 所示。

在进行数据采集前，需要让设备进行 POS 初始化，目的是在后续 POS 解算时，得到高精度的行车轨迹。初始化根据不同的设备有两种方式，分别是静态初始化和动态初始化。

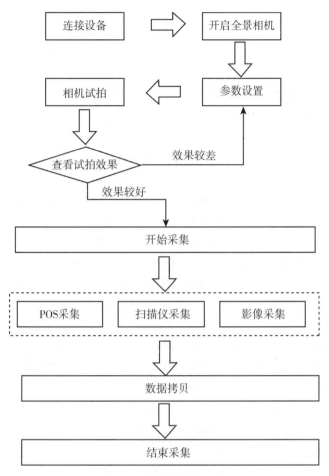

图 4-9 数据预采集流程

1. 静态初始化

静态初始化的精度较高，静态初始化的操作步骤如下：

(1)开启 IMU，查看 IMU 姿态监控面板，查看 3 个角度的收敛值是否在 0.5°以下，如果不在 0.5°以下，通知汽车驾驶员在行车过程中不停地转弯，直到 3 个角度收敛值均在 0.5°以下为止。

(2)开启 GNSS，在 GNSS 卫星良好的情况下，汽车停靠在安全的地方，拉上手刹。

(3)车上人员全部下车，在确保设备不动的情况下，静止采集 5 分钟以上，如果静止时，车上人员不下车，则要保证车内人员必须静坐，确保车体不晃动。

2. 动态初始化

动态初始化的精度相对较低。动态初始化的操作步骤是：查看 IMU 姿态监控面板，查看 3 个角度的收敛值是否在 0.5°以下，若不在 0.5°以下，则通知汽车驾驶员驾驶汽车不停地顺时针转圈、逆时针转圈，直至 3 个角度收敛值均在 0.5°以下。在驾驶汽车进行 POS 动态对齐的过程中，在不违反交通规则以及不影响行车安全的前提下，车速尽可能地保持高速状态。

初始化结束后，开启激光和相机，驱车进入采集规划线路进行数据采集。

4.3.3　数据采集

数据采集内容主要包括：基准站数据、定位定姿数据、实景影像与激光点云的采集。在《车载移动测量技术规程》（CH/T 6004—2016）中规定，针对数据采集应符合一定要求：

1. 基准站数据采集

（1）GNSS 基准站观测时间段能覆盖外业数据采集时间。

（2）在使用基准站时，应确保选用的基准站参数满足基准站设计要求。

（3）GNSS 基准站观测人员在作业期间不应离开 GNSS 临时基准站，并应防止 GNSS 临时基准站受到震动或被移动，防止人和其他物体靠近天线。

（4）作业期间不应改变临时基准站天线的位置和高度。

（5）作业期间使用手机或对讲机时，应远离 GNSS 临时基准站。

观测人员必须遵守以上规定，熟悉所用设备的安置与操作，在数据采集之前开机，采集之后关机。

2. 定位定姿数据采集

（1）每次作业前应采用静态观测等方式进行惯性测量装置初始化，初始化地点应选择在空旷、无遮挡、无高压线或高压铁塔的地面上，并避开水塘和桥梁。

（2）在作业开始前进行 GNSS 信号测试，应在 GNSS 信号正常、有效卫星数不少于 6 颗、位置精度衰减因子（PDOP）值小于 4 时进行初始化。

（3）移动测量采集结束后，应检查采集数据的完整性，对于临时基准站，应将点位进行标识以便下次使用。

开启 IMU 和 GNSS 或者集成的按钮开启 POS 采集。开始 POS 采集之后，必须进行初始化，初始化结束后方可继续开启其他传感器进行数据采集。采集过程中随时观看 IMU 和 GNSS 信号及通信情况。

3. 实景影像采集

（1）采集过程中应尽量避免逆光。

（2）宜按距离触发方式采集影像。

（3）在进出隧道、立交桥等光线变化较大时，应降低车速并及时调整曝光、增益等参数。

（4）数据采集过程中应根据成果要求及影像采集设备性能，适当控制采集速度，以保证影像密度。

开启相机曝光功能，设置相机采集模式，选择等距离曝光或者等时间曝光。在数据预采集时一般采用等时间曝光查看相机曝光是否正常，确保采集到的数据没有问题之后，方可开始进行外业采集作业，此时一般设置等距离曝光模式。根据预先规划好的采集线路及采集顺序，进行数据采集。

4. 激光点云采集

（1）数据采集过程中激光数据的回波比例应不小于 80%。

（2）数据采集过程中应根据成果要求及激光扫描仪设备性能，适当控制采集速度，以保证点云密度。

开启激光扫描仪，扫描仪进入预热阶段，查看扫描仪的转动情况，扫描仪预热完成旋转转速稳定；此时方可单击"开启采集"，硬件设备随即进入采集阶段。在采集开始前，需验证当前 IMU 收敛角度。一般而言，当航向角收敛值小于 0.5°时，才可保证测量精度。

5. 数据采集结束

全部规划路线采集完毕后，按照指定的地点将设备静置并结束采集任务。车辆到达采集结束地点停车，首先需要关闭激光扫描仪，然后按照开始设备初始化的方式进行设备的结束化。结束化之后关闭 IMU、GNSS 流动站，然后通知基站 GNSS 停止数据采集。至此全部数据采集结束。

数据采集结束后，根据数据存储情况查看相应数据文件的生成时间及大小，以确保数据量正常，根据实际情况也可以在采集过程中对数据的存储情况进行查看。

4.3.4 设备卸载

结束化之后即可关闭设备电源，关闭后方可卸载设备。与设备安装相同，设备卸载也分为基站拆除、一体化结构平台及设备拆除、车轮编码器拆除等。

其中，基站拆除与车载设备拆除独立进行，没有严格的先后顺序要求。其中，基站拆除包括：关闭 GNSS、取下 GNSS 天线、取下基座、收好脚架及最终的设备整理装箱五个步骤，其他设备拆除的具体步骤如图 4-10 所示。

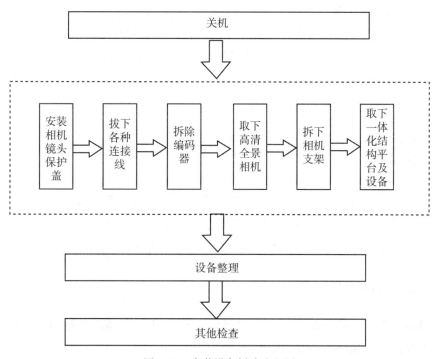

图 4-10　车载设备拆除流程图

4.3.5　数据整理

在设备拆除之后，数据需要从不同的设备拷贝至数据存储磁盘中。分别需要拷贝流动站 POS 数据、基站 POS 数据、激光数据和影像数据。将所有原始数据作为野外数据采集的成果提交，同时还要提交原始数据清单。

4.3.6　补漏

车载移动测量系统普遍存在着遮挡问题，导致数据有漏洞、不完整，下面分几种情况解决车载移动测量系统产生的数据漏洞问题。

1. 漏扫

一般外业人员白天采集数据，晚上会解算轨迹和粗略点云，如发现有漏扫的区域，需要对该区域重新规划设计路线，重新安排外业扫描。

2. 激光遮挡区的补漏

由于树、车、人等的遮挡，激光点云会出现空洞区。对于移动物体的遮挡，可以通过往返扫描数据进行相互补充。对于固定物体产生的遮挡，例如行道树外围建筑物的点云漏洞，可以将系统安装在更加轻便的载体上（如电动三轮车），对遮挡区域近距离扫描，进行数据补充。

3. 照片遮挡区的补漏

在沿行车轨迹方向，地面或路面会被多次拍到，当分辨率最高的那张照片受到遮挡时，可以取它的前一次曝光或后一次曝光拍摄的低分辨率照片来弥补。另外，可以使用与主干线扫描的数据互相补充来得到遮挡区的模型和纹理，或者用轻便载体只携带照相机面对照片遮挡区进行连续拍照，通过半自动方式对模型的遮挡区进行补漏。

4.4　注意事项

野外采集数据的质量直接影响内业处理工作量及最终的产品展示效果等。同时，若野外采集数据出现一定的差错，内业处理工作将无法开展，或徒增大量的内业处理工作。因此，野外数据采集过程至关重要，野外数据采集时必须遵守注意事项。

4.4.1　激光点云数据采集

（1）选取一个卫星信号相对好的位置开启 POS 采集，卫星信号达到 45dB 时卫星有效，有效卫星达到 4 颗可达到定位精度要求。

（2）开启 POS 采集之后和停止 POS 采集之前，需静止 5 分钟，在静止期间，需要保证车绝对静止，避免开关车门或车身摇晃。

（3）在采集开始前，需验证当前 IMU 收敛角度。一般而言，当航向角收敛值小于 0.5°时，才可保证测量精度。

（4）扫描仪开启旋转后，会显示扫描仪需要旋转的时间，在扫描仪预热完成后，方可点击客户端上开启采集按钮进行采集。

（5）电子地图进行导航作业时，地图显示需要下载离线地图，因数据量较大，根据用户需求，可下载某地段地图，若没有下载地图进行加载，会显示当前车行驶的路径轨迹和行驶方向，可进行放大、缩小、删除路径操作。

（6）采集时应将道路采集完整，避免出现路段缺失的情况（图 4-11）。

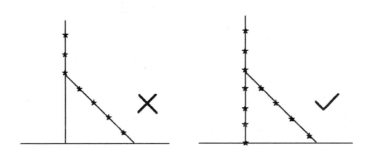

图 4-11　直行路段不可省略

（7）路口采集时，应确保直行路线完整（图 4-12）。

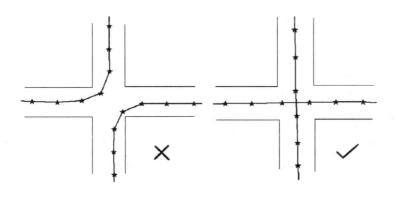

图 4-12　十字路口需要确保每条路直行采集

（8）直线路线减少变换车道（图 4-13）。

（9）有物理隔离带（如绿化带、栅栏、双黄实线）或者双向 4 车道以上道路应双向采集。采集时多条车道为奇数时，宜选最中间车道（图 4-14）。车道数为偶数时选择中间靠

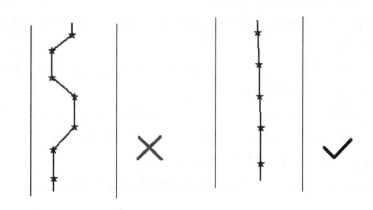

图 4-13　减少频繁变换车道

外侧车道。4 车道以下采集一次，车辆尽量行驶在整条道路中间。

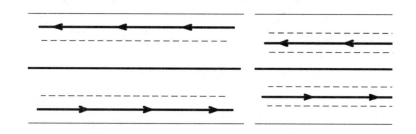

图 4-14　多条车道时行车路线选择

　　(10)高架桥下采集时，应尽量靠外侧进行采集。主辅路采集时，主路和辅路采集路线应分别采集，主辅路采集路线不应交叉设计(图 4-15)。

　　(11)"井"字路口采集时应优先按"十"字、"井"字采集(图 4-16)。丁字路口采集时，优先选择直行路线。

　　(12)当道路两侧植被、高层建筑遮挡严重，应选择道路中间车道行车，避免持续在树木下行车。

4.4.2　街景数据采集

　　(1)外业负责人需要提前进入测区，事先挑选好合适的驻地，最好处于测区中间，楼顶或附近不需人员看守的地区安全架设基站。

　　(2)在采集前，作好每天的路线采集计划，并和司机一同进行外业计划的制订，一般

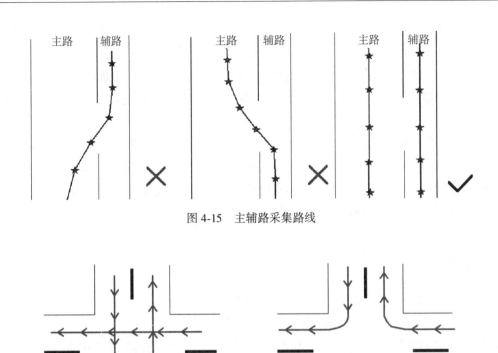

图 4-15　主辅路采集路线

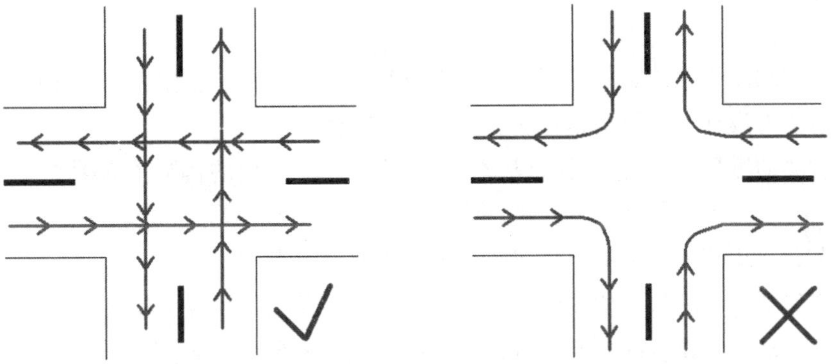

图 4-16　"井"字路口采集路线

情况下，要严格按照制订好的作业计划与行车线路行驶，由于交通状况和其他原因致使无法按原设计作业时，作业组长要及时做出有效的调整，等当天采集任务完成后，根据计划与完成的任务情况，制订或修改第二天的作业计划。

（3）避开车辆拥堵时段。尽量利用早晨、中午等车辆较少的时段作业，早晚作业注意光线和车速，避免"拖影"现象。

（4）辅路采集或靠路边采集时，由于要看清道路两旁POI（兴趣点），控制车速，减少超车现象，以免遮挡。对于有公交车等大型车辆遮挡等原因造成影像质量低，要及时用语音做好记录，并在地图上标出，后续及时安排其他时间补采和调绘。

（5）每天外业采集前要清洁相机镜头，采集过程中发现有异物挡在镜头，应在确保安全的前提下停车，清洁镜头后再继续采集。

（6）操作计算机作业员应集中注意力，避免因人为因素造成曝光度的调节不当进而影响影像质量的情况发生。严禁作业过程中发短信、接打电话或做一些分散注意力的事。

（7）在商业区由于楼与楼之间的街道光线强弱变化大，前排导航员应在光线变化前提醒司机放慢车速，告诉后排作业员注意调节曝光。后排作业员在作业过程中要密切注意前方光线的变化，做到预见性调节曝光度，根据不同的光照，及时调整曝光度，最大限度保证图片质量。

（8）充分利用语音和手写对作业中的特殊问题进行记录，包括工程起止地方与采集时间、计划外的道路、曝光不足、天气情况、遮挡等，有利于补采及内业作业中问题的处理和记录。

（9）每天外业数据采集结束后，将所有设备中的采集数据拷贝至内业处理电脑或存储盘中，拷贝的同时检查数据完整性，在当天晚上进行图像检查、集成，形成区域的轨迹以检查道路连通性。外业采集时用属性面板记录保密点位置、路口位置、公交位置等属性信息，制作保密点专题图与路口专题图、公交专题图，以便内业核查。

◎ 思考题

1. 车载移动测量系统野外数据采集工作分几个阶段进行？主要内容包括哪些？

2. 项目技术设计主要目的是什么？主要要求有哪些？

3. 车载移动测量时路线规划的基本原则是什么？规划的内容有哪些？方法有几种类型？

4. 对车载移动测量设备的定位定姿系统检查要求有哪些？

5. 车载移动测量时基站架设应符合哪些要求？主要操作步骤是什么？

6. 车载移动测量设备的初始化有几种方式？操作步骤是什么？

7. 实景影像采集应符合哪些要求？操作步骤是什么？

8. 车载移动测量系统进行街景数据采集时的注意事项有哪些？

第 5 章　车载移动测量数据预处理

车载移动测量数据预处理是车载激光产品制作过程中的基础性工作，关系到后续数据处理的效率和最终成果的质量。近年来，我国移动测量数据处理软件快速发展，已经广泛应用于多个领域，为测绘地理信息行业提供技术保障。本章主要介绍车载移动测量系统各传感器的数据解算与融合、车载点云数据处理基本原理，并对数据预处理的主要环节进行阐述。

5.1　数据处理软件概述

移动测量数据处理软件是移动测量数据处理的关键。移动测量数据处理与应用过程比较复杂，软件的功能特点也有一定的差异。一些学者按照软件所具备的功能对激光点云数据处理软件进行分类，分为预处理软件、后处理软件、应用软件三种。本节简要介绍国内外移动测量数据处理软件与存在问题。

5.1.1　国外软件概述

国外移动测量数据处理软件可以分三大类：一是知名的商业化 GIS/RS 软件，如 ArcGIS、ENVI、ERDAS 等提供的点云数据处理模块，所提供的点云模块功能尚不够完善，目前还停留在点云数据浏览与简单的点云分析阶段；二是较为成熟专业的商业化软件，如奥地利 Riegl 公司的 RiPROCESS、芬兰 TerraSolid Oy 公司基于 Microstation 平台开发的 TerraSolid、美国天宝公司的 Trimble Realworks、瑞士徕卡公司的 Cyclone 3DR 等。其中，TerraSolid 作为世界上第一款商业化移动测量数据处理软件最具有代表性；三是高校或者科研院所提供的开源点云处理工具，如 Cloud Compare、Las Tools、Pointools 等，这些工具有基本的点云处理功能，但不面向生产，学习使用比较复杂，适用于学术研究。

国外移动测量数据处理软件如表 5-1 所示。

表 5-1　国外移动测量数据处理软件

国家	公司	软件名称
加拿大	NovAtel	Inertial Explorer
	OPTECH	LMS
芬兰	TerraSolid Oy	TerraSolid

续表

国家	公司	软件名称
美国	Trimble	Trimble Realworks、TBC PM
	Bentley	Orbit、ContextCapture、Pointools
	Blue Marble Geographic	Global Mapper、LiDAR Module
	Certainty 3D	TopoDOT
瑞士	Leica	Pegasus Manager、MapFactory、WebViewer、Cyclone 3DR
	*Pix*4D	Pix4D mapper
奥地利	Riegl	采集软件 RiACQUIRE、预处理 RiPROCESS、应用模块 RiMTA RiPRECISION、免费点云浏览软件 RiALITY
日本	Topcon	MAGNET Collage
俄罗斯	Agisoft	PhotoScan
意大利	Gexcel	三维点云处理软件 JRC 3D Reconstructor
	3Dflow	3DF Zephyr
德国	PointCab GmbH	PointCab
	Lupos3D	LupoScan
澳大利亚	Maptek	Maptek I-Site Studio

5.1.2　国内软件概述

近年来，国内移动测量数据处理软件研发队伍也在不断壮大，在这样的背景下，国内诞生了一系列具有自主知识产权的商业化移动测量数据处理软件。这些软件重点主要集中在点云数据的管理、面向 DEM 生产的滤波、三维建筑物提取及重建、森林垂直结果参数提取等方面。目前，国内移动测量数据处理软件数量不断增加，有高度集成的软件，也有模块，且软件功能随着应用的需求在不断改进，并逐步替代国外软件。国内公司研制的数据处理软件见表 5-2。

表 5-2　国内移动测量数据处理软件

序号	公司	数据处理软件
1	武汉海达数云技术有限公司	① ARS 飞行智能管家平台软件 HD iFlightManager；②点云融合软件 HD DataCombine；③三维激光点云处理软件；④点云数字测图建库软件 HD PtCloud Vector；⑤三维全景应用平台软件 HD MapCloud RealVision

续表

序号	公司	数据处理软件
2	北京数字绿土科技有限公司	①激光雷达点云数据处理软件 LiDAR360；②激光雷达电力巡线软件 LiPowerline；③航空摄影测量软件 LiMapper；④表型数据处理软件 LiPlant；⑤在线云服务平台 LiCloud
3	上海华测导航技术股份有限公司	①点云预处理软件 CoPre；②三维数据成果智能生产软件 CoProcess
4	中煤（西安）航测遥感研究院有限公司	①隧宝三维点云数据处理系统 TUNNEL-DP；②机载 LiDAR 点云数据处理软件 LiDAR-DP；③融合 LiDAR 点云与影像的三维重建系统 LiDAR_R3D；④倾斜摄影单体化建模系统 R3d_Model
5	青岛秀山移动测量有限公司	①点云测图软件 VsurMap；②三维全景管理与应用平台 VsurPano；③数据预处理软件 VSursProcess；④多源点云数据处理软件 MultiPointCloud
6	广州南方测绘科技股份有限公司	①三维激光点云地形地籍成图软件 SouthLiDAR；②地理信息数据成图软件 SouthMap
7	北京山维科技股份有限公司	①点云数据处理系统 EPS；②三维测图系统 EPS 3DSurvey
8	北京四维远见信息技术有限公司	①JX5 数字摄影测量系统；②SWDY 点云工作站；③SWTQ 自动提取与建模软件

除表 5-2 公司外，从事与移动测量数据处理相关产品开发的公司还有：北京钜智信息科技有限公司、北京天弘基业科技发展有限公司、浙江迪澳普地理信息技术有限公司、成都奥伦达科技有限公司、瞰景科技发展（上海）有限公司、中国科学院空天信息创新研究院、武汉际上导航科技有限公司、深圳市大疆创新科技有限公司、北京欧诺嘉科技有限公司、深圳砺剑天眼激光科技有限公司等。

5.1.3 存在问题

移动测量数据处理软件目前存在的主要问题如下：

（1）软件处理繁琐。数据处理步骤较多，有的需要频繁调整参数，处理结果依赖专业人员经验，初学者掌握比较困难，软件智能化程度有待提高。

（2）软硬件算力有待提高。目前多数软件运算能力有限，无法处理海量数据。当前采用软硬件一体化研发设计或采用多工程同步解算等方式以提升数据解算效率。

（3）基础数据处理效率不高。软件自动剔除噪声点能力弱，还需要手动处理。目前自动滤波算法相对简单，无法满足不同行业的成果需求，直接影响后续成果质量。

在市场和行业应用的推动下，相信点云数据处理软件未来在智能化识别、数据自动化解算、智能提取等方面会有较大提升，且国产软件逐步替代国外软件应用，更加贴合国内用户习惯，对于多源数据融合解算需求，未来也会有更多行业软件涌现。

5.2　数据预处理流程

车载移动测量系统在数据采集过程中会获得大量不同传感器的数据，为了实现不同传感器数据的解算与融合处理，获得准确的三维空间地理坐标点云等数据，需要对原始采集数据进行预处理。本节简要介绍数据预处理的主要内容、技术流程、常用软件。

5.2.1　数据预处理主要内容

数据预处理的内容主要包括 POS 轨迹数据的解算与质量评价、点云与图像数据的解算与融合、点云的去噪与抽稀、点云数据的质量控制与评价等。

POS 轨迹数据解算主要是将 GNSS、IMU 及里程计的数据进行融合处理，获取移动测量系统准确的轨迹数据，包含时间、位置和姿态信息。GNSS 导航定位精度高，但信号容易受到环境干扰，IMU 惯性导航数据输出平稳，但导航定位精度误差随时间累积迅速增长。里程计可以测量车载平台的行驶距离，但容易受到车胎变形、路面状况以及距离的累积误差因素影响。将 GNSS、IMU 和里程计数据进行组合解算，在性能上具有互补性，可充分发挥各自的长处，解决了传统单一导航定位技术的缺陷。

通过 POS 数据组合解算可得到准确的导航定位轨迹数据，按照数据采集时间同步原则，依据轨迹数据对激光点云与图像数据进行空间位置与姿态匹配解算，从而将局部坐标系下的点云与图像转换到实际地理坐标框架下，然后再依据传感器空间检校参数，进行点云与图像数据相对位置安装误差改正，并将点云的空间坐标与图像的像素颜色信息进行融合，生成真彩激光点云数据。

车载激光点云数据是密集的离散点集，因激光扫描折射、镜面反射及空中飞鸟等原因，原始车载激光点云会产生一些噪点。点云的去噪滤波效果直接关系到后续数据的应用。点云去噪的关键是在去除噪声的同时保持点云的有效特征，避免过度处理。同时由于原始激光点云数据密度较大，导致数据量较大，不利于数据处理与使用，因此还需要按照实际需求进行点云压缩抽稀处理。

在实际车载移动测量工程中，由于复杂的作业环境和技术的缺陷，使激光雷达测量精度和 GNSS 定位精度降低，导致激光扫描点云质量下降严重。因此，需采取相应的数据质量改正方法，使其满足测量的精度要求。

5.2.2　数据预处理流程

车载激光测量系统的数据预处理流程如图 5-1 所示。原始卫星定位数据与惯性导航数据经过融合解算得到精确的时间、位置和姿态数据，即 POS 轨迹数据。原始激光扫描仪的测距数据经过解码后转换为激光扫描仪坐标系下的点云数据。通过时间同步技术将原始激光扫描信息与位置姿态信息进行匹配。同时根据激光扫描仪相对于组合导航系统的空间检校标定参数进行设备安装误差改正，最终将点云坐标转换到指定的地理坐标系下。原始全景图像由全景相机采集，加入轨迹数据后生成带位置与姿态的全景图像，进一步将全景图像与激光点云融合，为点云赋 RGB 自然色。利用激光点云的扫描距离信息、角度信息、时间信息、反射强度信息等进行点云去噪、滤波、抽稀、分块等基础处理。还需要通过质量控制方法对数据成果进行质量改正和评价，以满足后续高质量测绘数据产品生产的要求。

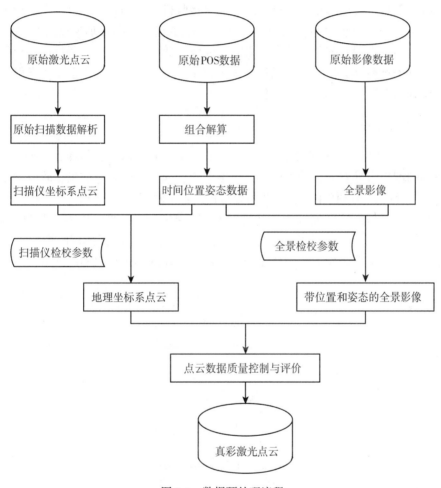

图 5-1 数据预处理流程

本章主要以 IE(Inertial Explorer)软件为例介绍轨迹解算主要流程。该软件融合了来自 IMU 传感器的惯性导航数据与 GNSS 卫星定位信息，设计了适用于各种传感器的组合导航系统解算模块。点云数据解析处理软件主要是利用组合导航轨迹信息、激光扫描仪数据以及图像数据等融合生成真彩激光点云数据成果，并具备点云数据纠正、去噪、抽稀以及分块等功能。本章将以青岛秀山移动测量有限公司的 VSursProcess 软件为例介绍点云数据解析处理的原理与方法。

5.3　车载移动测量系统轨迹解算

车载移动测量系统轨迹解算是根据移动测量系统中的 GNSS 与 IMU 采集信息，进行联合解算获取准确瞬时的车辆位置与姿态信息，是其他传感器数据的坐标基准信息。GNSS 能全天候地采集移动载体的三维位置坐标，但在城市环境中卫星信号容易产生失锁和多路径效应，导致卫星信号处理精度不高，同时卫星接收机的采样频率相对于车辆行驶速度较低。IMU 的优点是采样频率高，能采集移动载体的姿态、速度和加速度等信息，但是随着时间的增加易产生误差累积影响。将 GNSS 和 IMU 数据有机结合，通过组合导航解算所输出的位置和姿态精度会得到大幅提高。本节以 IE 软件为例介绍轨迹解算流程、常见的差分处理模式与轨迹数据解算质量评价。

5.3.1　轨迹解算流程

IE 是一款通用的、可配置度高的处理软件，可用于处理多种常见的 GNSS、IMU 数据，提供高精度组合导航数据处理成果，包括位置、速度和姿态等信息，软件的主要处理步骤如图 5-2 所示。该软件主要包含两种处理模式：一种是差分处理；另一种是精密单点定位（PPP）处理。差分处理模式主要是针对有基站数据或者 RTK 同步观测数据的情况，PPP 处理模式主要是针对没有基站数据，需要下载精密星历进行处理的情况。本节将主要介绍车载移动测量系统作业常用的差分模式数据处理的操作流程和注意事项。

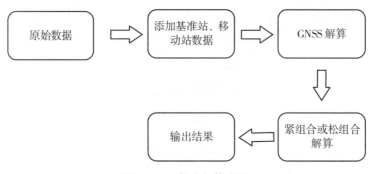

图 5-2　IE 轨迹解算步骤

5.3.2　POS 轨迹解算

针对车载移动测量系统作业方法，主要使用 IE 软件中的差分定位模式解算数据。后处理差分定位主要是利用基准站与安置在汽车、飞机等移动平台的移动站接收机进行同步观测，解算确定移动载体瞬时位置及运动轨迹的方法如图 5-3 所示。后差分处理模式下，不需要在作业过程中建立实时数据通信链，只需要基准站的观测时间窗口包含移动站观测时间即可。单台基站与移动站的直线距离一般小于 15 km，以保障数据解算精度要求，具体工程实施时需根据测区地形及数据精度要求动态调整。

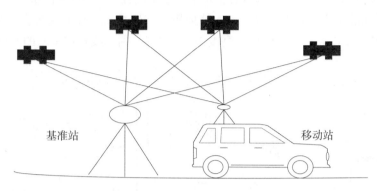

图 5-3 差分定位过程原理

不同车载移动测量系统获取的原始基站以及移动站数据可能无法直接导入 IE 软件中，因此首先需要将数据格式进行转换。IE 软件提供了 Raw GNSS to GPB 功能模块，在 Raw GNSS to GPB 窗口中选择需要转换的基准站或者移动站原始数据，设置相应的惯性导航类型，数据转换完成后获取 GPB 格式的文件，软件操作界面如图 5-4 所示。

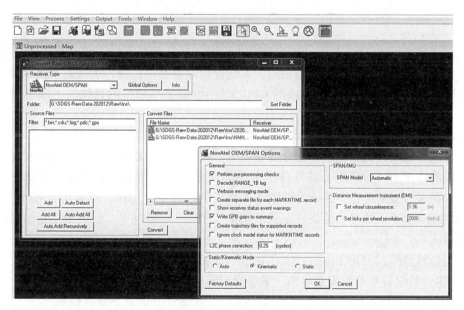

图 5-4 IE 数据转换界面

数据转换完成后即可对数据进行解算，解算过程主要步骤如下：

1. GNSS 基站与移动站数据导入

使用 Add Master GNSS Data File(s) 工具，加载 GNSS 基准站数据。图 5-5 为 GNSS 基站数据导入的参数设置对话框。基准站设置流程如下：

（1）设置解算坐标系。GNSS 基准站获取 WGS-84 坐标系下的坐标数据，所以设置对应坐标系为 WGS-84，基站位置为 WGS-84 坐标系下的纬度、经度和椭球高。

（2）设置基准站天线参数。基准站天线放置在三脚架上，而测量数据以地面控制点为基准，因此需要设置基站天线的架设高度（地面控制点到天线相位中心的高度）。

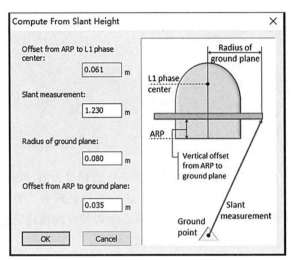

图 5-5　GNSS 基站数据参数设置

使用 Add Remote File 工具，加载移动站数据。与基准站不同，移动站不需要设置固定的坐标等信息，坐标系与基准站相同，天线位置即为测量位置，天线高默认为 0。选择移动站采集的数据（格式转换后生成的 GPB 文件），设置移动站的天线高，即可导入移动站数据。

2. 组合数据解算

组合解算的两种机制包括紧组合和松组合。松组合解算技术主要体现在 GNSS 对 IMU 测量误差的修正上，而紧组合解算技术主要体现在 GNSS 和 IMU 的互相辅助修正上。松组合技术要求 GNSS 卫星个数必须跟踪到 4 颗以上才能正常工作，而紧组合技术在 GNSS 接收机跟踪到少于 4 颗卫星的条件下仍能正常工作。一般情况下，建议采用紧组合的组合模式解算。

紧组合解算模式使用 Process TC（Tightly Coupled）模块，进行组合导航数据解算，图 5-6 为紧组合数据解算参数设置界面，紧组合解算步骤如下：

（1）在"Processing Method"中选择"Differential GNSS"，即差分解算模式。

（2）在"Processing Direction"中选择"Both"双向解算模式，该模式将从轨迹两侧分别开始解算，对轨迹点位置与姿态信息进行质量改正。

（3）在"Processing Settings"中按实际情况选择 Profile 中的采集设备和地理坐标系，一般为 WGS-84 或 CGCS2000 坐标系。在"Lever Arm Offset（IMU to GNSS antenna）"处输入天线相对于惯性导航设备的偏心分量值，这些参数需要根据传感器检校标定获得。设置完成后开始解算。

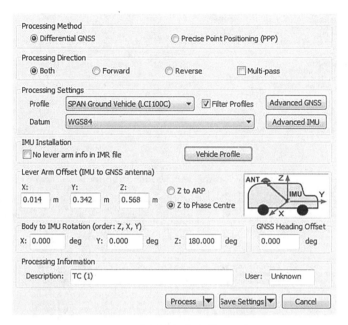

图 5-6　组合数据解算参数设置界面

解算结束后输出组合导航成果数据如图 5-7 所示(彩图效果见附录)。选择地理坐标系对应的投影类型、投影带号、中央子午线经度、对应的文件类型和硬件型号,输出指定格式文件(图5-8)。同时,还可以输出 KML 格式的轨迹,方便于在 Google Earth、奥维地图等软件中进行查看。

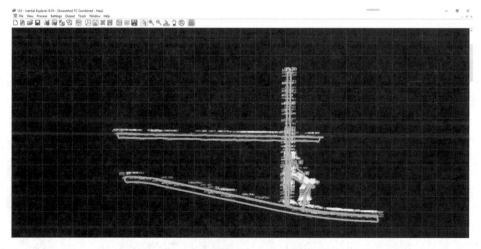

图 5-7　POS 解算结果(在 IE 软件中显示)

```
Project:     20210406-1
Program:     Inertial Explorer Version 8.70.8722
Profile:     VSurs(20150516)_Or_calibration (copy)
Source:      GNSS/INS Epochs(Smoothed TC Combined)
SolFile:     G:\20210406-1.229\20210406-1.cts
ProcessInfo: 20210406-1 by Unknown on 4/6/2021 at 17:21:53

Datum:    WGS84
Master 1:   Name NMND1835, Status ENABLED
      Antenna height 1.187 m, to L1PC [NOV850(NONE)]
      Lat, Lon, El Hgt 36 00 22.86804, 120 06 26.53257, 69.482 m [WGS84, N/A]
Remote:    Antenna height 0.000 m, to ARP [Generic(NONE)]
IMU to GNSS Antenna Lever Arms:
      x=-0.012, y=0.179, z=0.588 m (x-right, y-fwd, z-up)
Body to Sensor Rotations:
      xRot=0.000, yRot=0.000, zRot=0.000 degrees (Rotate IMU into Vehicle Frame)
IMU->Secondary Sensor Lever Arms:
      x=0.000, y=0.000, z=0.000 m (x-right, y-fwd, z-up, IMU->SENSOR)
UTC Offset:  18 s
SD Scaling Settings:
 Position: 1.0000
 Velocity: 1.0000
 Attitude: 1.0000
```

UTCDate UT UT UTCTim (MDY) ho mi (sec)	Latitude (+/-D M S)	Longitude (+/-D M S)	H-Ell (m)	X-ECEF (m)	SDX-ECEF (m)	Y-ECEF (m)	SDY-ECEF (m)	Z-ECEF (m)	SDZ-ECEF (m)	Roll (deg)	RollSD (deg)	Pitch (deg)	PitchSD (deg)	Heading (deg)	HdngSD Q
4/06/2021 2 55 37.000	36 03 43.37260	120 07 15.62234	44.684	-2590428.096	0.003	4464949.313	0.004	3733785.718	0.003	-2.4412	0.004052	-5.9532	0.004045	84.7739	0.007457 1
4/06/2021 2 55 37.005	36 03 43.37260	120 07 15.62234	44.684	-2590428.096	0.003	4464949.313	0.004	3733785.718	0.003	-2.4412	0.004052	-5.9533	0.004045	84.7741	0.007457 1
4/06/2021 2 55 37.010	36 03 43.37260	120 07 15.62234	44.684	-2590428.096	0.003	4464949.313	0.004	3733785.718	0.003	-2.4413	0.004052	-5.9533	0.004045	84.7743	0.007457 1
4/06/2021 2 55 37.015	36 03 43.37260	120 07 15.62234	44.684	-2590428.096	0.003	4464949.313	0.004	3733785.718	0.003	-2.4413	0.004052	-5.9533	0.004045	84.7746	0.007457 1
4/06/2021 2 55 37.020	36 03 43.37260	120 07 15.62234	44.684	-2590428.096	0.003	4464949.313	0.004	3733785.718	0.003	-2.4414	0.004052	-5.9533	0.004045	84.7748	0.007457 1
4/06/2021 2 55 37.025	36 03 43.37260	120 07 15.62234	44.684	-2590428.096	0.003	4464949.313	0.004	3733785.718	0.003	-2.4414	0.004052	-5.9533	0.004045	84.7749	0.007457 1
4/06/2021 2 55 37.030	36 03 43.37260	120 07 15.62234	44.684	-2590428.096	0.003	4464949.313	0.004	3733785.718	0.003	-2.4415	0.004052	-5.9533	0.004045	84.7751	0.007457 1
4/06/2021 2 55 37.035	36 03 43.37260	120 07 15.62234	44.684	-2590428.096	0.003	4464949.313	0.004	3733785.718	0.003	-2.4416	0.004051	-5.9532	0.004044	84.7751	0.007457 1
4/06/2021 2 55 37.040	36 03 43.37260	120 07 15.62234	44.684	-2590428.096	0.003	4464949.313	0.004	3733785.718	0.003	-2.4418	0.004051	-5.9531	0.004044	84.7751	0.007457 1
4/06/2021 2 55 37.045	36 03 43.37260	120 07 15.62234	44.684	-2590428.096	0.003	4464949.313	0.004	3733785.718	0.003	-2.4420	0.004051	-5.9530	0.004044	84.7750	0.007457 1
4/06/2021 2 55 37.050	36 03 43.37260	120 07 15.62234	44.684	-2590428.096	0.003	4464949.313	0.004	3733785.718	0.003	-2.4422	0.004051	-5.9529	0.004044	84.7750	0.007456 1
4/06/2021 2 55 37.055	36 03 43.37260	120 07 15.62234	44.684	-2590428.096	0.003	4464949.313	0.004	3733785.718	0.003	-2.4425	0.004051	-5.9528	0.004044	84.7748	0.007456 1
4/06/2021 2 55 37.060	36 03 43.37260	120 07 15.62234	44.684	-2590428.096	0.003	4464949.313	0.004	3733785.718	0.003	-2.4428	0.004051	-5.9527	0.004044	84.7746	0.007456 1
4/06/2021 2 55 37.065	36 03 43.37260	120 07 15.62234	44.684	-2590428.096	0.003	4464949.313	0.004	3733785.718	0.003	-2.4431	0.004051	-5.9526	0.004044	84.7744	0.007456 1
4/06/2021 2 55 37.070	36 03 43.37260	120 07 15.62234	44.684	-2590428.096	0.003	4464949.313	0.004	3733785.718	0.003	-2.4433	0.004051	-5.9525	0.004044	84.7743	0.007456 1
4/06/2021 2 55 37.075	36 03 43.37260	120 07 15.62234	44.684	-2590428.096	0.003	4464949.313	0.004	3733785.718	0.003	-2.4436	0.004051	-5.9524	0.004044	84.7741	0.007456 1
4/06/2021 2 55 37.080	36 03 43.37260	120 07 15.62234	44.684	-2590428.096	0.003	4464949.313	0.004	3733785.718	0.003	-2.4438	0.004051	-5.9523	0.004044	84.7739	0.007456 1
4/06/2021 2 55 37.085	36 03 43.37260	120 07 15.62234	44.684	-2590428.096	0.003	4464949.313	0.004	3733785.718	0.003	-2.4439	0.004051	-5.9522	0.004044	84.7737	0.007456 1
4/06/2021 2 55 37.090	36 03 43.37260	120 07 15.62234	44.684	-2590428.096	0.003	4464949.313	0.004	3733785.718	0.003	-2.4440	0.004051	-5.9522	0.004043	84.7736	0.007456 1
4/06/2021 2 55 37.095	36 03 43.37260	120 07 15.62234	44.684	-2590428.096	0.003	4464949.313	0.004	3733785.718	0.003	-2.4440	0.004050	-5.9522	0.004043	84.7736	0.007456 1
4/06/2021 2 55 37.100	36 03 43.37260	120 07 15.62234	44.684	-2590428.096	0.003	4464949.313	0.004	3733785.718	0.003	-2.4438	0.004050	-5.9522	0.004043	84.7736	0.007456 1
4/06/2021 2 55 37.105	36 03 43.37260	120 07 15.62234	44.684	-2590428.096	0.003	4464949.313	0.004	3733785.718	0.003	-2.4437	0.004050	-5.9522	0.004043	84.7737	0.007457 1
4/06/2021 2 55 37.110	36 03 43.37260	120 07 15.62234	44.684	-2590428.096	0.003	4464949.313	0.004	3733785.718	0.003	-2.4435	0.004050	-5.9523	0.004043	84.7738	0.007457 1
4/06/2021 2 55 37.115	36 03 43.37260	120 07 15.62234	44.684	-2590428.096	0.003	4464949.313	0.004	3733785.718	0.003	-2.4432	0.004050	-5.9524	0.004043	84.7739	0.007457 1
4/06/2021 2 55 37.120	36 03 43.37260	120 07 15.62234	44.684	-2590428.096	0.003	4464949.313	0.004	3733785.718	0.003	-2.4430	0.004050	-5.9524	0.004043	84.7739	0.007457 1
4/06/2021 2 55 37.125	36 03 43.37260	120 07 15.62234	44.684	-2590428.096	0.003	4464949.313	0.004	3733785.718	0.003	-2.4427	0.004050	-5.9525	0.004043	84.7740	0.007457 1
4/06/2021 2 55 37.130	36 03 43.37260	120 07 15.62234	44.684	-2590428.096	0.003	4464949.313	0.004	3733785.718	0.003	-2.4424	0.004050	-5.9526	0.004043	84.7741	0.007457 1
4/06/2021 2 55 37.135	36 03 43.37260	120 07 15.62234	44.684	-2590428.096	0.003	4464949.313	0.004	3733785.718	0.003	-2.4422	0.004050	-5.9527	0.004043	84.7741	0.007457 1
4/06/2021 2 55 37.140	36 03 43.37260	120 07 15.62234	44.684	-2590428.096	0.003	4464949.313	0.004	3733785.718	0.003	-2.4419	0.004050	-5.9527	0.004043	84.7742	0.007457 1
4/06/2021 2 55 37.145	36 03 43.37260	120 07 15.62234	44.684	-2590428.096	0.003	4464949.313	0.004	3733785.718	0.003	-2.4417	0.004050	-5.9528	0.004043	84.7741	0.007457 1
4/06/2021 2 55 37.150	36 03 43.37260	120 07 15.62234	44.684	-2590428.096	0.003	4464949.313	0.004	3733785.718	0.003	-2.4415	0.004050	-5.9528	0.004043	84.7740	0.007457 1
4/06/2021 2 55 37.155	36 03 43.37260	120 07 15.62234	44.684	-2590428.096	0.003	4464949.313	0.004	3733785.718	0.003	-2.4414	0.004050	-5.9529	0.004043	84.7739	0.007457 1
4/06/2021 2 55 37.160	36 03 43.37260	120 07 15.62234	44.684	-2590428.096	0.003	4464949.313	0.004	3733785.718	0.003	-2.4414	0.004050	-5.9529	0.004043	84.7739	0.007457 1
4/06/2021 2 55 37.165	36 03 43.37260	120 07 15.62234	44.684	-2590428.096	0.003	4464949.313	0.004	3733785.718	0.003	-2.4413	0.004050	-5.9529	0.004043	84.7737	0.007456 1
4/06/2021 2 55 37.170	36 03 43.37260	120 07 15.62234	44.684	-2590428.096	0.003	4464949.313	0.004	3733785.718	0.003	-2.4412	0.004050	-5.9529	0.004043	84.7736	0.007456 1

图 5-8　轨迹成果文件示例

5.3.3　常见差分处理模式

GNSS 数据在解算 POS 轨迹的过程中作为组合导航系统坐标信息的来源，数据的差分处理模式包括后处理差分与实时动态差分两种，对应着实际数据采集作业过程中常用的两种获取 GNSS 定位信息的方式：架设基站定位和 CORS 信号定位。

通过 IE 软件主要进行后处理差分数据解算，需在作业结束后，获取基站与移动站数据，再回到内业进行后处理解算。另一种常用的差分模式为实时差分处理模式，主要是利用连续运行参考系统（Continuously Operation Reference System，CORS）提供解算数据。该系统是一种提供卫星导航定位服务为主的多功能服务系统，由专用数据通信网络联结起来，配备了 GNSS 接收机等设备及数据处理软件的永久性的台站所组成。利用 CORS 系统长时间连续观测与数据解算，可为移动站接收机提供高精度实时差分信息，车载系统移动端接收动态差分信息后，实时与系统采集的数据进行融合处理。

实时差分处理模式需要依托移动通信运营商架设的 CORS 站数据。传统 CORS 站服务是由各省原测绘地理信息局统一建设与管理，一般需要以单位名义申请使用。随着相关领域不断开放，开始出现民用 CORS 站服务，其中由阿里巴巴公司旗下的千寻位置建造的上海华测导航公司的 SWAS 系统等已开始运行并对普通民众开放，为大范围动态实时定位服务应用提供了便利。

5.3.4 轨迹数据解算质量评价

POS 轨迹数据解算质量主要受到同步观测卫星数量、卫星分布、卫星信号强度以及惯性导航自身性能影响。在 IE 软件中，通过组合导航解算结果的误差进行综合评价分析，并根据误差大小划分为 1~6 级质量评价因子(简称 Q 值)，Q 值越小，轨迹质量越好。根据数据质量的要求设置 Q 值条件进行过滤，只保留满足要求的结果，同时输出该区域的轨迹数据，方便后续数据使用筛选。最后将满足精度要求的轨迹数据合并，未覆盖的区域则为精度较差位置，需要依据控制点进行点云纠正。

一般可采用 RTK 或者全站仪采集控制点数据，控制点主要为人工设置的靶标、路面标识线或房屋角点等，用于点云纠正和精度验证。图 5-9 展示了轨迹点质量[彩色效果见附录，其中蓝色代表轨迹点 Q 值为 1 级(代表轨迹点轨迹值质量好)，绿色 Q 值为 2 级，红色 Q 值为 3 级(代表轨迹值质量较差)]。

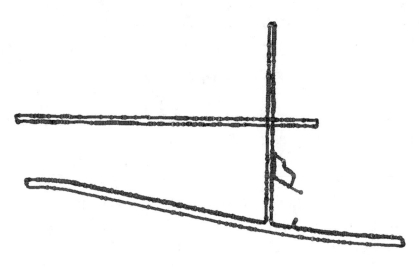

图 5-9　轨迹质量评价图

5.4　车载点云与图像数据解算

车载激光点云解算是将原始激光扫描仪测距数据进行解析，转换至扫描仪坐标系下，然后再与组合导航轨迹数据融合生成地理坐标系下的三维坐标数据的过程。用户可以选择加入同步采集的影像数据，融合生成带 RGB 色彩的点云，每个激光点除具有三维坐标信息外，还包含时间、RGB、反射强度等信息。本节主要以 VSursProcess 点云数据预处理软件为例介绍点云与图像解析与融合方法。

5.4.1　点云与图像解析

VSursProcess 软件实现了点云数据解析的工程化管理，即在配置好工程信息后，可进行自动化解算处理。主要功能包括点云过滤、点云坐标转换、点云拼接、点云抽稀、点云分块等。除点云数据处理外，软件还可以对点云与全景图像数据进行融合处理，包括点云真彩赋色和全景深度图输出等功能。

点云与图像解析主要分为添加数据与参数设置两步：

(1)将点云和图像的原始数据以及解析过程所需的数据添加至软件中，如添加"扫描仪数据"、"POS 数据"、"同步数据"、"原始图像"和各传感器设备配置信息、坐标系等参数(图 5-10)。

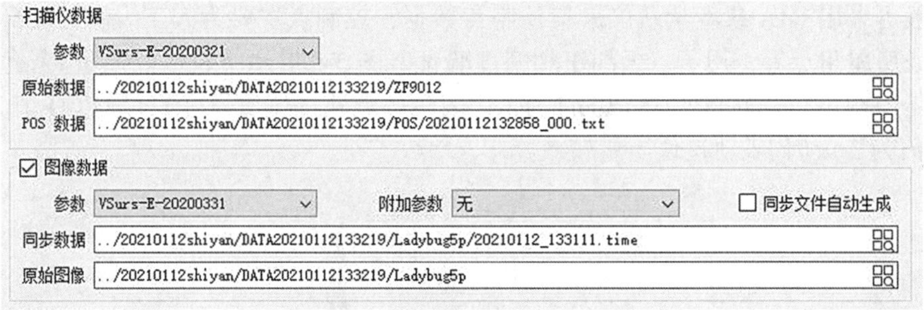

图 5-10　数据解算任务界面

(2)设置点云与图像解析步骤中的处理方法与参数，具体包括原始点云解析、图像解析、点云赋色、点云去噪、点云压缩、坐标转换等步骤。

点云生成过程中以扫描线处理方式对点云数据进行抽稀，如行驶方向扫描线抽稀条数为 1 条，断面方向单条扫描线上抽稀点间距离为 0.05m；极径范围约束 50m，表示保留距离扫描仪 50m 范围内的点数据；极角范围约束 360°，表示保留扫描仪的视角范围内点云数据。随后还需要对反射强度范围、时间索引范围以及 LAS 点云文件压缩等进行设置。

通过专业全景相机获取序列化的全景图像数据。全景图像可实现 360° 场景直观展示，解析后的全景图像分辨率较高，存储格式一般为 JPG 格式。图像解析间隔为 0.5s，表示数据采集的过程中，全景相机曝光频率为 2Hz，即 1s 获取两张全景图像。由于全景相机自身视场角限制，设备拍摄影像视场覆盖范围约为 90%，未覆盖区域即为拍摄盲区，在全景球形投影上表现为一个天底洞，一般盲区半径约为 3m。数据融合时还需要对点云与图像融合横向宽度与纵向距离等参数进行设置(表 5-3)。

表 5-3　主要参数设置

扫描仪参数	数值	相机参数	数值
线抽稀条数(条)	1	输出大小	8000×4000
抽稀点间距(m)	0.05	输出格式	.jpg

续表

扫描仪参数	数值	相机参数	数值
极径范围(m)	0~50	时间间隔(m)	0.5
极角范围(°)	0~360	盲区半径(m)	3
反射强度范围	0~255	横向宽度(m)	30
时间范围(s)	0~86400	纵向距离(m)	20
LAS 压缩	是	坐标参数	WGS-84

5.4.2 点云与图像融合

车载移动测量系统中的三维激光扫描仪可以获取具有空间位置信息的激光点云，全景相机可以获得具有纹理信息的全景图像。两者在对目标的描述上有诸多互补性，将激光点云与全景图像进行融合，能够得到信息更加丰富的真彩点云数据成果，赋色效果如图 5-11 所示(彩色效果见附录)。

（a）原始点云

（b）全景相片

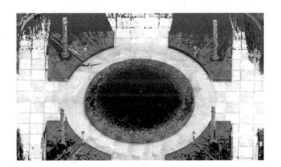

（c）真彩点云

图 5-11 点云与图像融合效果

在车载移动测量系统中，要实现激光点云与全景图像数据的高精度融合，首先需要保证各传感器轴系空间位置关系检校标定准确，然后保证各传感器设备高精度时间同步工作。利用各传感器间的相对空间位置关系以及时间同步采集信息，建立同一时刻激光点云与全景图像球模型之间的转换关系，得到球坐标系下共线方程式。根据全景球心、球面上像点、球面上物点三点共线条件，实现车载激光点云与全景图像的高精度配准如图 5-12 所示。

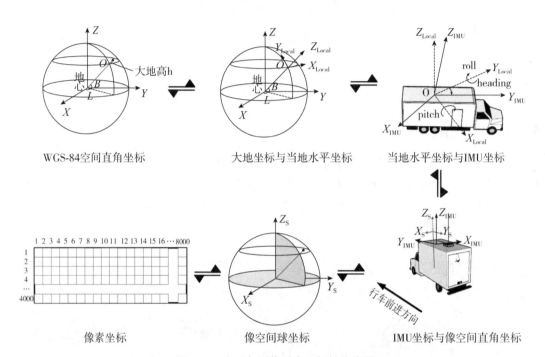

图 5-12　点云与图像融合坐标转换步骤

主要步骤如下：

（1）WGS-84 坐标系下点云目标点转至当地水平坐标系。设激光点云在大地坐标系下的坐标为 $(X, Y, Z)_{WGS-84}$，对应照片拍摄时刻的位置为 $(X, Y, Z)_0$，全景照片拍摄时刻对应大地坐标 (B, L, H)，则大地坐标系下物点转为当地水平坐标系下的坐标 $[(X, Y, Z)_{Local}]$ 的计算公式为：

$$\begin{pmatrix} X \\ Y \\ Z \end{pmatrix}_{Local}^{T} = \left[\begin{pmatrix} X \\ Y \\ Z \end{pmatrix}_{WGS-84}^{T} - \begin{pmatrix} X \\ Y \\ Z \end{pmatrix}_{0}^{T} \right] \boldsymbol{R}_{WGS-84} \tag{5-1}$$

$$\boldsymbol{R}_{WGS-84} = \begin{pmatrix} -\sin L & \cos L & 0 \\ -\sin B\cos L & -\sin B\sin L & \cos B \\ \cos B\cos L & \cos B\sin L & \sin B \end{pmatrix} \tag{5-2}$$

（2）当地水平坐标系物点转至 IMU 坐标系。转至当地水平坐标系下后，根据全景照片拍摄时刻对应的姿态角（横滚角 φ、俯仰角 ω、偏航角 κ），将当地水平坐标系下的坐标转换为 IMU 坐标系下的坐标 $(X, Y, Z)_{IMU}$：

$$\begin{pmatrix} X \\ Y \\ Z \end{pmatrix}_{\text{IMU}}^{\text{T}} = \begin{pmatrix} X \\ Y \\ Z \end{pmatrix}_{\text{Local}}^{\text{T}} \boldsymbol{R}_{\text{Local}} \tag{5-3}$$

$$\boldsymbol{R}_{\text{Local}} = \begin{Bmatrix} \cos\varphi\cos\kappa + \sin\varphi\sin\omega\sin\kappa & -\cos\varphi\sin\kappa + \sin\varphi\sin\omega\cos\kappa & -\sin\varphi\cos\omega \\ \cos\omega\sin\kappa & \cos\omega\cos\kappa & \sin\omega \\ \sin\varphi\cos\kappa - \cos\varphi\sin\omega\sin\kappa & -\sin\varphi\sin\kappa - \cos\varphi\sin\omega\cos\kappa & \cos\varphi\cos\omega \end{Bmatrix} \tag{5-4}$$

（3）IMU 坐标系转至全景球坐标系，利用共线方程求解球面点坐标。车载移动测量系统中，各传感器之间的轴系空间位置关系已进行严格检校标定。IMU 坐标系到全景球坐标系转换主要包括 6 个参数：3 个旋转角 (α, β, γ) 和 3 个平移量 $(\Delta X, \Delta Y, \Delta Z)c$。全景球坐标系定义：以全景球球心为坐标系原点 O_s，Y 轴指向车行方向，X 轴指向车体右侧，Z 轴垂直向上，O_s-XYZ 构成全景球空间坐标系。设全景球坐标为 $(X_s, Y_s, Z_s)s$，在 IMU 坐标系的坐标 $(X, Y, Z)_{\text{IMU}}$，通过平移和旋转，得到全景球坐标下激光点坐标。利用共线方程式，求解对应的球面点坐标。球坐标系下共线条件方程式为：

$$\begin{pmatrix} X_s \\ Y_s \\ Z_s \end{pmatrix}_S^{\text{T}} = \left\{ \left[\begin{pmatrix} X \\ Y \\ Z \end{pmatrix}_{\text{WGS-84}}^{\text{T}} - \begin{pmatrix} X \\ Y \\ Z \end{pmatrix}_O^{\text{T}} \right] R_{\text{WGS-84}} \boldsymbol{R}_{\text{Local}} - \begin{pmatrix} \Delta X \\ \Delta Y \\ \Delta Z \end{pmatrix}_C^{\text{T}} \right\} R_C \frac{r}{R} \tag{5-5}$$

式中：R 为物点到球心的距离；r 为自定义全景球半径。

$$R_C = \begin{Bmatrix} \cos\alpha\cos\gamma + \sin\alpha\sin\beta\sin\gamma & -\cos\alpha\sin\gamma + \sin\alpha\sin\beta\cos\gamma & -\sin\alpha\cos\beta \\ \cos\beta\sin\gamma & \cos\beta\cos\gamma & \sin\beta \\ \sin\alpha\cos\gamma - \cos\alpha\sin\beta\sin\gamma & -\sin\alpha\sin\gamma - \cos\alpha\sin\beta\cos\gamma & \cos\alpha\cos\beta \end{Bmatrix} \tag{5-6}$$

5.5 车载激光点云处理

为了满足激光点云数据的不同应用精度，需要对经过数据预处理后得到的初始点云数据做相关处理。本节介绍激光点云数据的处理方法，主要有点云纠正、去噪、抽稀、分块与分类。

5.5.1 点云纠正

车载移动测量系统受 GNSS 系统定位误差、IMU 定姿误差、扫描仪测角和测距误差、多传感器安装误差、数据融合解算误差等因素综合影响，激光点云数据的位置与实际存在偏差。特别是在卫星信号遮挡严重、定位精度差的城市区域（如高架桥下等），位置偏差尤其严重。点云纠正是针对解算后的点云成果数据，通过控制点对平面与高程位置进行纠正，改正位置偏差使之达到一定精度的过程。

平面纠正是指利用控制点坐标与点云数据中同名点坐标之间的关系，构建转化模型，以改正水平位置偏差的过程。通常，平面纠正采用的模型是四参数转化模型。该模型中有四个未知参数，即

（1）坐标平移量 $(\Delta X, \Delta Y)$：即两个平面坐标系的坐标原点之间坐标差值；

（2）坐标轴的旋转角度 α：通过旋转坐标轴指定角度，可以使两个坐标系的 X、Y 轴

重合在一起；

（3）尺度因子 k：两个空间坐标系内的同一段直线的长度比值，通常 k 值约等于 1。

$$\begin{bmatrix} x_1' \\ y_1' \end{bmatrix} = \begin{bmatrix} \Delta X \\ \Delta Y \end{bmatrix} + k \begin{bmatrix} \cos\alpha & -\sin\alpha \\ \sin\alpha & -\cos\alpha \end{bmatrix} \begin{bmatrix} x_1 \\ y_1 \end{bmatrix} \tag{5-7}$$

式中：(x_1', y_1') 为转化后点坐标，(x_1, y_1) 为原始点坐标，$(\Delta X, \Delta Y)$ 为坐标平移量，α 为旋转角度，k 为尺度因子。

在完成平面纠正后，继续对高程方向上的位置偏差进行纠正，针对高程纠正的区域大小一般可采用两种方法。第一种方法是针对局部较小区域，可依据测量误差原理计算多余观测的控制点与同名点坐标之间的最佳高差偏移值，进行整体偏移纠正；第二种方法是针对较大或较长区域，如带状道路，可依据区域覆盖的控制点与同名点偏差值进行区域高差改正模型非线性拟合，然后将原始数据分块，依据模型改正数进行处理。该方法可通过加密控制点，提高改正精度。

$$[h_1'] = [\Delta h] + [h_1] \tag{5-8}$$

式中：h_1' 为转化后点坐标高程，h_1 为原始点坐标，Δh 为拟合高差。

在多源点云道路处理软件 MPC 中实现了基于同名特征点的点云纠正功能以及基于同名特征面的点云纠正功能。以同名特征点纠正功能为例，介绍点云纠正步骤。

在菜单中点击点云处理菜单，选择点云同名点配准按钮。在源点云窗口中添加基准点云数据，在三维窗口中添加待配准数据，随后选择 █ 在源点云窗口与三维窗口拾取同名点。在一组同名点选取完成后，选择 ✛ 按钮添加新同名点。在添加 4 组同名点后，下方结果栏会显示点云纠正参数(图 5-13)。

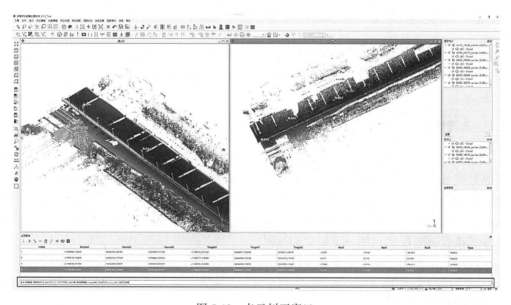

图 5-13 点云纠正窗口

5.5.2 点云去噪

车载移动测量系统在外业数据采集时，由于受到激光扫描折射与镜面反射、卫星多路径效应、飞鸟和空中漂浮物等因素影响，原始车载激光点云中存在噪声点和离群点。为了避免噪声点、离群点对后续点云处理与应用造成影响，需要进行相关去噪处理。根据噪声的空间分布特点，可将噪声分为：

(1)孤立点：远离点云主体，漂浮于点云目标上方的散乱点；

(2)冗余点：超出预定扫描区域的多余扫描点；

(3)混杂点：和正确点云混淆在一起的噪声点。

常见的去噪算法有基于数学统计的去噪方法与基于滤波的去噪方法两大类。

1. 基于数学统计的去噪方法

统计去噪方法是指使用统计分析技术，从原始点云中移除测量噪声点。常见的方法有：

1)基于距离的统计去噪法

该方法对每个点的邻域进行统计分析，剔除不符合一定标准阈值的邻域点。对于数据中的每个点，计算该点到所有邻域点的平均距离。平均距离在标准范围之外的点，可被定义为离群点，其中标准范围一般由全局距离平均值和方差定义。

2)基于半径的统计去噪法

该方法统计每个点在三维空间中一定半径范围内的其他点数量。当数量低于阈值时，该点被定义为离群点并从原始数据中删除。

3)基于格网体素的统计去噪法

该方法首先将点云数据体素化，统计每个体素内点的数量，当体素内点数量低于阈值时，该体素被定义为离群点集并从原始数据中删除。

2. 基于滤波的去噪方法

基于滤波的去噪法是指使用滤波算法，从原始点云中去除测量噪声点。常见的方法有：

1)中值滤波

中值滤波是指使用中值代替信号序列中心位置的值。通常在一个窗口中对点云数据进行扫描，把窗口内的数据点按其某一个坐标方向(例如 Z 值)进行升序或降序排列，把排序后中间数据点的方向值作为窗口输出时的对应方向坐标值。中值滤波法采用各数据点的统计中值，对于消除数据毛刺，效果较好，但对彼此靠近的混杂点噪声滤除效果不佳。

2)均值滤波

均值滤波又称 N 点平均滤波，它是对信号进行局部平均，将采样点的坐标值取为滤波窗口内各数据点的统计平均值，从而取代原有的点。均值滤波改变了点云的位置，对高斯噪声有较好的平滑能力，但容易造成边缘特征损失。

3)高斯滤波

高斯滤波原理是利用高斯函数经傅里叶变化后仍具有高斯函数特性的特点，令指定区域内的权重为高斯分布，从而将高频噪声滤除。具体原理：将某一数据点与其前后 n 个数据点加权平均，那些远大于操作距离的点被处理成固定的端点，将有助于识别间隙和端点。由于高斯滤波平滑效果较小，在滤波的同时，能较好地保持数据的原貌，因而常被使用。

MPC 软件中实现了基于距离统计的去噪方法。以基于数学统计的去噪功能为例，介绍点云去噪步骤。

选择需要点云去噪的数据后，在菜单中点击"点云编辑"菜单，选择"离群点提取"按钮。在离群点窗口中输入搜寻离群点时的邻域点个数及平均距离的标准差倍数等参数，点击"确定"按钮后即可完成点云去噪(图 5-14)。基于距离统计去噪方法过滤结果如图 5-15 所示。

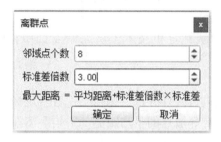

图 5-14　离群点参数设置

(a)原始点云数据

(b)基于距离统计去噪方法过滤后的点云数据

图 5-15　车载点云数据过滤实例

5.5.3　点云抽稀

车载移动测量系统能快速获取大面积、高密度的三维点云数据，但这些点云数据导致原始数据量大幅增加。在地形复杂区域，海量点云数据有助于地形特征表达，而对于地形起伏不大、地势较平坦的区域，海量点云数据中则存在大量的冗余数据。这些冗余的数据不仅对地形的表达没有任何帮助，还会消耗大量的存储空间，对数据的组织、处理、应用都带来了诸多不便。因此，对激光点云数据进行抽稀压缩，减轻数据冗余与计算量，提高数据处理效率是非常必要的。常见的抽稀方法有：

1. 扫描线抽稀法

扫描线抽稀法主要是针对车载激光扫描仪采用连续扫描线法采集数据的方式。首先根据车载移动测量系统记录的扫描信息，从离散点云中提取出每条扫描线，建立扫描线数据索引，然后根据数据精度与密度要求确定单条扫描线的点抽稀和多条扫描线的线抽稀尺度，最后基于扫描线索引进行点抽稀和线抽稀。

2. 规则格网抽稀法

规则格网抽稀算法是指对点云数据建立三维虚拟规则格网，针对每一个格网单元，以一定的采样规则对点云数据进行压缩的算法。常用的采样规则包括随机采样、几何重心法、特征点法等。

3. 八叉树抽稀法

八叉树抽稀法是对点云构建八叉树结构模型，再利用八叉树结构循环递归地将点云数据进行体素剖分，最后依据八叉树深度或者体素大小进行分级抽稀。

4. 不规则三角网抽稀法

不规则三角网抽稀法的原理是在保持原始模型关键特征的前提下，最大限度地减少原始模型中三角形和顶点的数目。它通常包含两个原则：顶点最少原则，即在给定误差上限的情况下，使得三角网模型的顶点数最少；误差最小原则，即给定三角网模型的顶点个数，使得简化模型与原始模型之间的误差最小。使用三角网抽稀法进行点云抽稀时，需要对离散点云进行三角构网处理，算法比较耗时。

MPC 软件中实现了基于格网的抽稀方法。以基于规则格网的抽稀功能为例，介绍点云抽稀步骤。

在菜单中点击"点云处理"菜单，选择"点云抽稀"按钮。在"点云格网抽稀"弹窗中，点击 ⊞ 按钮添加需要抽稀的点云数据，点击 ⊞ 按钮选择输出路径，随后输入抽稀时的格网步长参数，最后点击"运行"按钮完成点云抽稀(图 5-16)。基于规则格网抽稀法抽稀结果如图 5-17 所示。

5.5.4　点云分块

车载移动测量系统可连续采集大范围的点云数据，导致单块或单个文件的数据量过大、计算效率过低等问题。同时由于数据量过大，现有的软件工具也无法流畅处理。因此，将大数据量点云依据一定规则分割为多个点云数据小块，可有效解决数据量过大的问题。常用的点云分块方法有：

图 5-16　点云抽稀菜单

（a）原始点云数据

（b）基于规则格网抽稀法抽稀后点云数据

图 5-17　车载点云数据抽稀实例

1. 等时间信息分块

等时间信息分块是根据点云中每个点保留的时间信息进行分块。车载移动测量系统会记录下每个激光扫描点的采集时间，根据采集时间间隔将点云中的点划分至不同点云块。时间信息分块可有效支撑后续按时间检索采集的数据。

2. 等距离信息分块

等距离信息分块是根据车载系统行驶的轨迹，从起点开始计算累计距离，当达到分块阈值时，获取该轨迹位置的时间，然后根据时间间隔从原始点云中筛选出点云块。因为点云存储时间信息而无距离信息，利用轨迹进行等距离划分的同时可以方便地进行时间索引，进而对点云等距离分块。

3. 规则格网分块

规则格网分块首先根据点云数据 x，y 坐标方向上的最值以及格网步长，构建规则的二维格网索引，然后遍历所有点云，将属于某格网的点标记格网的索引号，从而实现点云的格网化分块。通过扩展高程方向分割，也可实现三维规则格网分块。

MPC 软件中实现了等时间信息分块和规则格网分块。以 MPC 的等时间信息分块为例，介绍点云分块步骤。

选择点云处理菜单中的时间分块功能。在时间分块弹窗中输入时间间隔，随后点击⊞按钮添加需要分块的点云数据，点击▦按钮选择输出路径，点击"开始"按钮进行点云分块处理(图 5-18)，时间分块结果如图 5-19 所示。

图 5-18 时间分块窗口

5.5.5 点云分类

点云数据是无序、离散的非结构化数据。点云数据中的每个点不包含地物标签，为将点云数据与实际地物相关联，就必须对点云数据分类。点云分类是为每个点分配一个语义标记，即将点云分类到不同的点云集，且同一个点云集具有相似或相同的属性。将以

（a）原始点云

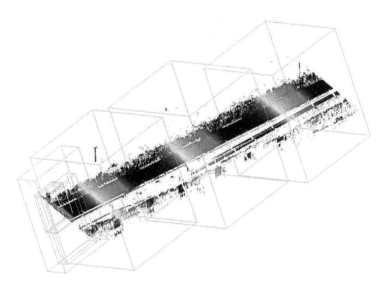

（b）时间分块后点云（以时间信息为基准渲染）

图 5-19　车载点云数据分块实例

MPC 软件中地面点云分类功能和杆树点云分类功能为例，介绍点云分类流程。

1. 地面点云分类

地面点云分类（地面滤波）是指将点云数据中的地面点集与非地面点集分离。点击点云处理菜单中的地面滤波功能，在图 5-20 所示的"点云地面滤波"弹窗中，点击 田 按钮添加需要地面滤波的点云数据，根据需要滤波的点云数据地形的平坦程度选择相应的场景参数，如果点云地面平坦则不需要勾选"斜坡后处理"选项，反之点云地面斜率较大，则勾选"斜坡后处理"选项。然后输入地面格网的分辨率，算法迭代次数以及地面分类阈值参数，点击 品 按钮选择结果路径，最后点击"开始"按钮完成点云地面滤波。地面点云分类结果如图 5-21 所示。

图 5-20　地面滤波窗口

（a）滤波前点云

（b）地面滤波后点云

图 5-21　车载点云数据地面滤波实例

2. 杆树点云分类

城市道路两侧的杆状地物是城市建设和管理过程中重要的基础设施，常见的杆状地物可以分为树木和人造杆目标，其中人造杆目标包括路灯、交通信号灯和交通标志牌等。杆状地物的自动识别与提取在大范围城市地理信息采集和数据更新中具有重要作用。

在 MPC 软件中杆树分类（车载）功能实现流程是：点击"点云处理"菜单中的"杆树分类（车载）"功能。在图 5-22 所示的"杆树分类（车载）"弹窗中点击"添加"按钮添加需处理的点云数据集，点击 按钮添加结果路径。随后设置分类参数，格网步长参数控制杆状地物搜索步长，最大半径参数控制杆状物杆状部分截面的最大半径，杆起始高参数控制杆状物最低的距离地面的距离，最小长度参数控制杆状物的最小长度。在输入合适的参数后点击"运行"按钮完成杆树分类，杆树分类结果如图 5-23 所示。

图 5-22　"杆树分类（车载）"窗口

5.5.6　点云剖面特征提取

点云剖面特征提取是地物目标特征提取的主要内容之一，采用不同投影方向的点云剖切处理是描述点云地物形态的一种常用方法，通过点云剖面可以清楚地显示点云地物模型局部细节。在道路测量方面，将道路剖面上的点云提取出来并对提取点云的轮廓进行绘图，能够获得道路横断面图，可为道路改扩建设计提供依据。在建筑物三维重建方面，如何对建筑物立面进行精细化重建成为三维建模过程中的关键难点。利用剖面特征提取方法对点云数据中的建筑物立面特征进行识别与提取，为建筑物精细化重建提供立面特征数据支撑。

（a）原始点云数据

（b）杆树点云分类结果

图 5-23　车载点云数据杆树分类实例

　　以点云数据处理软件中的点云剖面提取功能为例，采用交互框选的方式，对框内的点云数据进行选取，自动转化为右图的剖面视图（图 5-24），可清晰地表达地物目标剖面特征分布，基于剖面点云视图绘制道路的横断面剖面图。提取建筑物点云立面，然后进行建筑物立面图绘制，包含立面墙体边界与窗户轮廓等（图 5-25）。

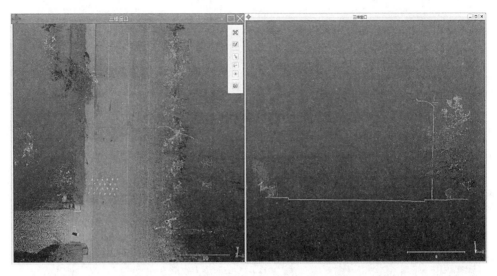

图 5-24　道路点云剖面图提取实例

图 5-25　建筑物点云剖面图提取实例

5.6　车载数据质量控制

车载数据采集要求可参照《车载移动测量技术规程》（CH/T 6004—2016）中的相应要求，具体包括技术设计、数据采集、数据预处理、质量控制及成果提交。数据处理成果要求可参照《车载移动测量数据规范》（CH/T 6003—2016），具体包括时空参照系、数据内容、数据成果、质量检查与评定等。下面重点介绍车载移动测量数据质量控制方法。

车载移动测量数据质量控制主要包括关键环节技术控制与数据内容检查两方面。关键环节控制分别在技术设计、数据采集和数据处理过程中进行；数据内容检查采用人工方式分别对定位测姿数据、影像数据、视频数据和激光点云数据进行检查。质量检查的依据包括有关技术标准、工程合同、经批准的技术设计书和相关补充规定，以及项目过程中已明确的各种问题处理单、问题回复等技术文件。

在《车载移动测量技术规程》(CH/T 6004—2016)中质量控制的主要内容如下：

1. 定位测姿

(1)GNSS 基准站数据(观测时间、采样频率等)是否满足要求；

(2)定位测姿数据完整性、连续性，精度是否满足要求。

2. 影像

(1)影像曝光点是否完整覆盖规划路线；

(2)影像采集间隔是否均匀，有无丢失和重复；

(3)影像是否存在过度曝光、曝光不足、污点、光晕、模糊等情况；

(4)可量测影像相对测量和绝对测量精度是否满足要求。

3. 视频

(1)视频是否完整覆盖规划路线；

(2)视频有无污点、模糊等情况。

4. 激光点云

(1)点云数据是否覆盖待测目标；

(2)点云密度是否满足要求；

(3)同一区域不同测次获取的点云同名点匹配误差是否满足要求；

(4)点云平面精度和高程精度是否满足要求。

5. 文档资料检查控制的内容

(1)文档资料格式是否符合要求；

(2)文档资料是否齐全、完整，是否与数据一致。

◎ 思考题

1. 点云数据处理软件按照功能如何分类？开发具有自主知识产权的移动测量数据处理软件有哪些必要性？

2. 通过查阅资料，请简要说明国内基于激光点云数据测图软件存在哪些不足？未来的发展趋势如何。

3. 数据预处理的内容有哪些？常用软件有哪些？

4. POS 轨迹数据解算质量的影响因素有哪些？在 IE 软件中如何进行综合评价分析？

5. 车载激光点云与全景图像数据的高精度融合基本原理是什么？主要步骤有哪些？

6. 车载点云纠正的目的？平面纠正采用的模型是什么？

7. 车载点云的噪声有几种类型？去噪方法有哪些？

8. 为何要对车载点云进行抽稀？常见的抽稀方法有哪些？

9. 为何要对车载点云进行数据分类？以 MPC 软件为例说明地面点云分类功能实现的操作流程。

10. 车载移动测量数据质量控制主要包括哪些方面？主要内容有哪些？

第6章　车载移动测量技术应用

近年来，我国车载移动测量技术快速发展，广泛应用于多个领域，为测绘地理信息行业提供了良好的设备平台，已经成为先进技术的代表。国内已经有多家公司推出车载激光雷达的硬件与配套的软件，特别是多平台设备的推出，更大地满足了不同行业技术需求。本章重点介绍车载移动测量技术在地形图测绘、城市部件普查、高速公路改扩建、道路资产设施数字化、城市园林普查等五个方面的典型应用。

6.1　地形图测绘

6.1.1　应用概述

地形图是城市和地区规划建设时所需的技术重要资料，快速、高效、准确地获取地形图一直是测绘领域关注的重点问题。地形图测绘技术发展到今天，经历了很多次的技术革新，从最早的平板加钢尺手工测图，到 RTK 结合全站仪的全野外数字测图，再到新发展起来的航空摄影测量。在发展过程中，出现了很多的新技术与新设备，比如全站仪、RTK、CORS 系统、无人机航摄系统等，都广泛应用于地形图测绘中。目前，RTK 和 CORS 系统已成为地形图测量工作中图根控制测量的首选方法，而利用 RTK 进行地形图细部测量也是目前常用的方式，但存在外业劳动强度大、作业周期长、局部范围无法测量等不足。摄影测量在地形图测绘上具有较为明显的优势，但由于地籍界址点精度要求高，很难直接从立体像对上直接获取界址点坐标，且存在遮挡、房檐改正等情况。在作业中需要布设大量的像控点，也给外业增加了工作量。三维激光扫描技术的出现，为空间三维信息的获取提供了全新的技术手段，克服了传统测绘技术的局限性，采取非接触主动测量方式，可以高分辨率、快速获取被测对象的空间三维坐标数据，并可以同步拍摄实景照片，真实再现所测物体的三维立体景观。基于获取的点云数据可以进行地物要素特征的提取，具有扫描速度快、实时性强、精度高、主动性强、全数字化等特点，可以极大地降低劳动强度，节约时间。目前，三维激光扫描技术已成功地由最初的文物保护、逆向工程建模等领域运用到了测绘行业，比如工程测量、城市三维建模等方面。如果能把三维激光扫描技术运用到地形图测量中，发挥其精度高、数据获取速度快、劳动强度低等特点，必将为地形图测绘的发展起到极大的推动作用。

随着车载移动测量技术的成熟，自 2010 年以来，一些学者开始探索如何将车载激光扫描技术应用于地形图测量。青岛秀山移动测量有限公司（2016 年）自主研发了适用于乡村复杂的地形环境的三轮摩托车平台移动测量系统。利用 VsurPointCloud、VsurMap 两款软件实现了地形图的二维、三维一体化成图。原国家测绘地理信息局第二地形测量队（2017 年）结合车载移动测量技术特点和测区实际情况，利用天宝 NetR9 型测量系统和 SSW 影像数据处理软件、SWDY 点云工作站，对外业扫描和内业数据处理过程进行了研究试验。甘肃中建市政工程勘察设计研究院（2020 年）依据甘肃省地形图测绘相关规定并结合兰州新区 1∶500 地形图测绘项目要求，基于上海华测导航技术股份有限公司 MS-900 车载激光扫描测量系统和点云测图软件 CoSurvey，提出一种利用车载式三维激光扫描与修补测结合方法完成地形图测绘的工作模式。浙江省测绘科学技术研究院（2022 年）立足于大比例尺地形图测绘成果质量检验流程，提出大比例尺地形图约束条件下的房角点、高程点自动提取算法，给出了大比例尺地形图数学精度评价方法。

6.1.2　项目案例

1. 项目概况

某乡镇地形图测绘项目主要完成对该镇行政区域内总面积为 5km² 的 1∶500 地形图新测、修测及数据入库工作，确保测绘区域内 1∶500 地形图数据全覆盖、精度高、现势性强、数据质量好。项目依据的主要规范包括：《1∶500、1∶1000、1∶2000 外业数字测图规程》（GB/T 14912—2017）、《1∶500、1∶1000、1∶2000 地形图质量检验技术规程》（CH/T 1020—2010）、《国家基本比例尺地图图式1∶500 1∶1000 1∶2000地形图图式》（GB/T 20257.1—2017）、《车载移动测量技术规程》（CH/T 6004—2016）、《车载移动测量系统数据规范》（CH/T 6003—2016）等。

2. 外业数据采集

1）制订作业计划

驾驶车辆熟悉测区道路通达情况，了解测区不同时段的人流量、车流量，确定车辆通行限高等。结合历史资料与现场踏勘结果，设计扫描线路，确定控制点和标靶检核点位置。

2）测区控制测量

车载移动测量系统定位采用 GNSS 基准站与流动站后差分处理模式，为了保证获取的数据质量，在野外作业时需将基站架设在已知控制点上，须在测区卫星信号良好的位置布设控制点。本项目利用 RTK 获取测区内控制点坐标，用于架设基准站。同时需要测量 3 个以上控制点，用于计算坐标转换七参数。

3）数据采集

项目中使用了摩载平台移动测量系统（图 6-1），系统以 20~30km/小时速度采集数据，对于存在信号遮挡的区域，需采用快速通过的方式测量，尽量减少信号失锁时长。摩载平台具有较好的通达性，保障了点云数据采集的完整度。在野外作业时需将基站架设在已知控制点上，车载流动站与基准站的直线距离需小于一定距离，一般为 15km，以保证后差分处理的数据精度。

当作业开始前，先进行设备通电是否正常、各项参数设置是否正确等检查工作。在作业结束后，需要先关闭车载系统，再关闭基站。系统获取的原始数据成果包含组合导航数据、激光点云数据和全景影像数据。根据移动测量规范要求，整理好外业采集的原始成果数据并做好备份工作。

图 6-1　摩载平台移动测量系统

3. 内业数据处理

1) POS 数据解算

利用 VSursPROCESS 软件中的差分定位模式解算 POS 轨迹数据(图 6-2)，其中包括坐标系变换、GNSS 数据解算、GNSS/IMU 组合数据解算、POS 数据生成等环节。将生成的POS 轨迹按照 Q 值质量进行不同颜色渲染，便于进行数据筛选。

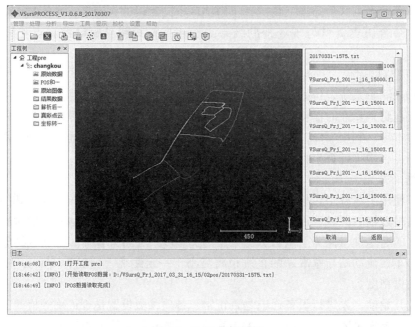

图 6-2　POS 数据解析

2）点云解算与转换

利用 VSursPROCESS 点云数据预处理软件将原始的激光测距数据进行解析，转换至扫描线点云，然后再与组合导航轨迹数据融合生成地理坐标系下的三维坐标数据。根据七参数，将 WGS-84 坐标点云转换至 CGCS2000 坐标，并进行高斯平面投影处理。解算后的点云数据效果如图 6-3 所示。

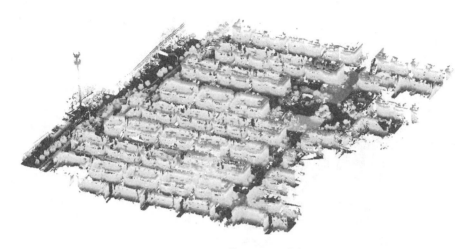

图 6-3　解算后的点云数据

3）点云与图像融合

利用点云数据预处理软件 VSursPROCESS 进行激光点云与全景图像数据的高精度融合处理，使得激光点云数据实现真彩色赋色(图 6-4，彩色效果见附录)。

图 6-4　真彩点云数据

4）点云数据测图

多源点云数据处理软件是一款针对车载、机载及地面站等多源点云数据的处理与分析软件，提供了强大的点云分类与特征提取模块，主要包含点云分类、道路特征提取、建筑物特征提取、可量测全景采集等功能，具有丰富的点云半自动和交互编辑功能，可根据不同业务需求定制化开发。使用多源点云数据处理软件进行地形图内业绘图，可实现基于真彩点云、全景影像的地形图数据采集。其中利用房屋角点提取功能，可实现建筑物角点的半自动提取，进而实现房屋边界线的半自动绘制，可大幅提高建筑物边界的采集精度与效率，效果如图 6-5 所示。

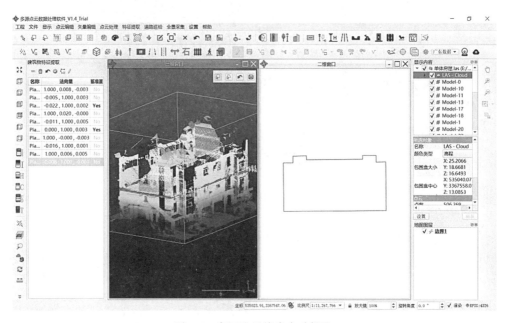

图 6-5　房屋边界线半自动提取

5）地形图成图

将点云数据测图成果数据导入 CASS 软件中，再选择相应的地物符号，完成地形图专题符号化处理，局部地形图成果如图 6-6 所示（彩色效果见附录）。

4. 成果质量评价

在地形图绘图完成后，需评价地形图成果测量精度。本项目依据《1∶500 1∶1000 1∶2000 地形图质量检验技术规程》（CH/T 1020—2010）对项目成果进行检验。项目实施人员在测量区域利用 RTK 结合全站仪测量的方式采集 69 个检核点，检核点均匀分布在测区内部，其中平面精度检核点 51 个、高程检核点 18 个。

平面精度采用房角点进行评价，将检核点平面坐标与地形图中对应点的平面坐标进行对比，求取地形图房角点的中误差，进行点位误差分布分析，该项目中计算点位中误差为 0.034m。

高程精度评价将 RTK 结合全站仪采集地面高程点，与激光点云数据中对应点的高程

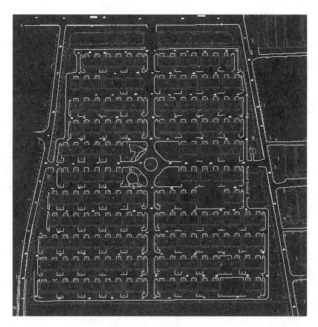

图 6-6　地形图成果图

进行对比，求取移动测量系统所采集数据的高程中误差，进行高程误差统计分析，该项目中计算高程中误差为 0.035m。

上述地形图测绘项目平面中误差为 0.034m，高程中误差为 0.035m，均符合《1∶500 1∶1000 1∶2000地形图质量检验技术规程》（CH/T 1020—2010）中对 1∶500 地形图的测绘要求。

6.1.3　应用特点与展望

与传统测量方式相比，车载移动测量系统能快速获取道路及两侧地物三维信息，采用点云与实景相结合的方式，能给测量人员提供更加丰富的信息，将传统以外业为主的测量工作，转变为内业在计算机上交互测图。相对于传统作业方式具有明显的技术优势，主要表现在：

（1）车载移动测量系统作业时不需要进行控制测量，也不存在支导线测量带来的误差累积问题。不需要基准站与流动站通视，只需两者同步接收信号良好。

（2）由于采用机动车辆作为搭载平台，具有快速、高效的特点，保障了数据采集速度，同时大大节省人员投入。

（3）车载激光点云数据精度高，可直观反映地物三维空间位置与形态，避免了因人为因素造成的精度及判读误差。

同时，车载移动测量技术应用在地形图测量中也存在一些不足。首先，数据完整性受测区道路条件影响较大，车辆无法到达的区域数据获取困难。其次，当测区建筑物以及树木数量较多时，GNSS 信号精度会受一定的影响。

车载移动测量系统是一种新型的地表三维信息采集技术。随着测量精度要求的不断提高，不同行业多样化的测量需求愈发迫切，车载移动测量系统已成为道路及两侧地物目标数据采集的主要手段之一。但车载点云数据量庞大，仍需研发更加智能化的点云数据处理算法，开发点云数据处理相关软件，提高数据处理的工作效率。

6.2　城市部件普查

6.2.1　应用概述

随着先进测绘技术的快速发展，海量城市设施地理信息数据的采集方法不断成熟，使得城市管理数字化、信息化成为可能。城市数字化管理的一个重要前提就是建立城市基础设施地理信息数据库和各种专题数据库。城市部件普查工作是数字城市管理建设的基础，部件普查成果的质量直接关系到后期数字城市管理系统的整体服务能力。

传统方法主要是利用已有地形图进行调绘或全野外实测的方式来完成部件的普查工作。城市部件种类繁多，包括公共设施类、道路交通类、市容环境类、园林绿化类等，共计 100 多个小类。如果采用传统方法(如全站仪、RTK 等)进行人工测量，虽然能完成相关工作，但存在工作效率低、数据采集精度低、属性记录困难等问题，同时传统方法建设的数据库仅为二维数据，难以支撑后续城市管理高级应用。

利用车载移动测量技术进行城市部件采集，可以有效地解决传统作业方式的不足。车载移动测量系统能对道路及两侧部件目标进行快速扫描，得到城市部件的点云数据以及 360°全景影像数据。城市部件的三维点云数据能提供精确地理坐标，全景照片能反映城市部件的种类与属性信息。在数据处理中，利用专业软件的自动/半自动地物分类算法，结合人工交互处理，可快速获得城市部件目标的三维地理位置以及属性信息。

利用车载移动测量技术进行城市部件普查应用开展较早，自 2009 年以来一些学者对此应用进行了一系列研究探索。北京建筑工程学院(2009 年)通过对城市立面街景影像与部件关联技术、实景影像部件量测技术进行研究，提出了一种集成地图、部件属性库和多角度影像的城市部件管理新手段。黑龙江省测绘科学研究所(2013 年)选择 LD—2000 系统采集黑龙江省东宁县城市主干街道周边部件，并对实景影像库的应用领域进行了探讨。四川省第三测绘工程院(2013 年)利用车载移动测量系统完成成都市新津县城市部件调查工作，此项目是新津县城管局"数字城管"项目第三期工程，调查面积约 3km²。江苏省测绘工程院(2013 年)利用 SSW 车载激光建模测量系统，对南京市仙林地区进行了数据采集，测区道路总长约 11km。将采集的部件数据导入 SuperMap Objetes 进行管理，实现了城市部件空间数据的二维三维一体化。湖南省第三测绘院(2017 年)结合长沙市望城区数字城市部件普查项目要求与实战经验，探讨了基于车载移动测量系统实现城市基础设施部件数据的流程，为望城区数字化城市管理提供精确度高、可用性强、实景可视化的基础数据。原国家测绘地理信息局第二地形测量队(2018 年)提出了基于车载激光建模测量系统的城市部件普查技术方案，并应用于项目实践，对普查技术方案的可行性、成果精度、优缺点及城市部件自动化提取采集等进行了探讨和分析。

目前，车载移动测量系统的城市部件普查应用已从利用单一的相机数据逐渐发展为利用点云与全景相机数据结合的多源数据方式。随着激光扫描仪以及全景相机的数据精度不断提高，数据处理软件的逐渐成熟，基于车载移动测量系统的城市部件普查正在向高精度、自动化方向发展，将为数字城市的建设提供基础数据支撑。

6.2.2 项目案例

1. 项目概况

某市道路街景及部件数据采集项目，测区位于该市核心区域，面积为30km²。项目需对测区中的各种城市管理部件进行逐个采集、更新、权属信息调查与建库。调查的城市管理部件共分7大类、109小类，其中7大类包括公共设施类、道路交通类、市容环境类、园林绿化类、房屋土地类、其他设施类、扩展类。项目依据主要规范包括：《城市基础地理信息系统技术规范》(CJJ 100—2004)、《城市市政综合监管信息系统技术规范》(CJJ/T 106—2010)、《车载移动测量技术规程》(CH/T 6004—2016)、《车载移动测量系统数据规范》(CH/T 6003—2016)等。

2. 外业数据采集

1)制订作业计划

为提高数据采集的覆盖度，项目采用车载与摩载两种平台相结合的方式，车载移动测量系统如图6-7所示，测区分区作业，采用路网"井"字型采集。城市道路采用车载平台采集，小区内部小路和商铺门头采用摩载平台采集。在每个数据采集工程内，避免反复不规则的拐弯行驶。一般按照先主后次的原则采集，道路采集的顺序依次是：城市快速路、主干道、立交桥、次干道、一般干道、其他街道等。城区其他区域按照由主干道或次干道分割的格网块逐块采集，或者分行政区域按上述方法采集。数据采集时沿道路中间车道直线行驶采集的数据质量最佳，不易受行道树遮挡影响。双向4车道(含)以上需要进行双向数据采集，当地物要素少且路中央无交通护栏时只进行单向采集，确保采集的地物要素完整齐全。

图6-7 车载移动测量系统

2）主要操作流程

（1）开启系统：按照系统硬件操作流程依次连接设备。

（2）卫星接收机：打开卫星接收机，连接计算机检查其参数设置是否正确。

（3）全景相机：开启相机，确定工作状态是否正常。对相机进行检查，确认相机参数设置，预览全景影像。

（4）系统监控软件启动：在硬件系统全部正常启动后，启动系统监控软件并对相关的参数进行设置。

（5）数据采集：测量车进入测区，驾驶员按照计划路线行驶，作业人员按照作业规范进行数据采集，并对各类情况进行记录。

（6）结束作业：采集作业完成后，下载系统导航定位文件数据，将采集的原始点云与图像数据导出，关闭各硬件设备和系统电源。

车辆的行驶速度需控制在一定范围内，具体选择可参照表6-1进行。

表 6-1　车辆车速控制表

道路等级	车速（km/h）（平均时速）
高级、一级公路	<70
二、三级公路	<50
城市道路	20~40

3）注意事项

（1）车辆尽量在中间车道行驶，防止路边行道树对卫星信号的影响；

（2）数据采集时，司机应注意控制车辆与旁边车身较大的车辆及时分开，以避免被其遮挡；

（3）作业方案及时调整，在卫星信号弱的路段应在确保安全的前提下尽快驶离。如出现光照条件不适宜，相机逆光严重路段，应提前规划适宜的采集时间。

3. 内业数据处理

（1）数据解算。将 GNSS、IMU、里程计数据进行组合导航解算处理，获得精确的测量车行驶轨迹 POS 数据。

（2）点云与影像融合。在数据预处理软件中，将激光点云、全景影像数据进行融合，输出指定坐标系下的数据成果。

（3）交互式采集城市部件。运用点云测图软件的城市部件采集模块进行数据处理，根据城市部件数据模板库，批量新建各部件图层。在数据采集时，选择相应地物的图层，在点云与可量测全景上采集地物位置（图6-8、图6-9）。

（4）数据检查。根据标准规范对采集的部件进行符号化渲染，将各部件符号挂接到全景影像中（图6-10）。按照路线进行直观可视化检查，发现问题后及时进行修改，属性信息查询界面如图6-11所示。

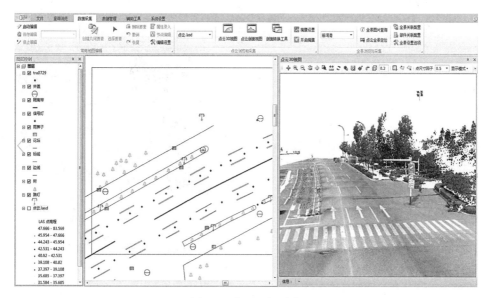

图 6-8　点云目标采集

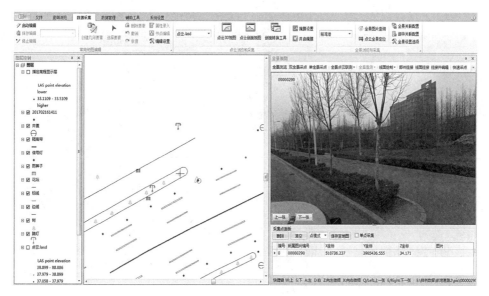

图 6-9　可量测全景目标采集

4. 精度评价

当内业处理完成后，需对内业结果进行抽检。对每类城市部件，采用随机抽样法抽取总数的 5% 作为样本点。检查样本点的实测坐标、类型、符号与内业成果是否一致，如城市部件抽样点遗漏或属性错误，则该样本点内业数据不合格。经检核，本项目每平方千米错误率低于 5%，满足项目验收要求。

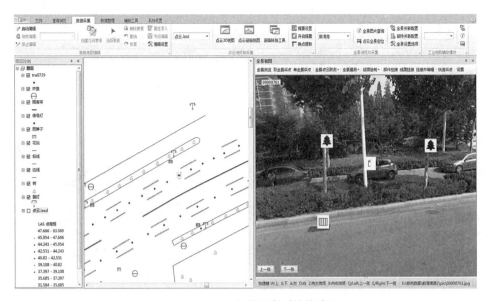

图 6-10　可量测全景按类别挂接检查

图 6-11　城市部件属性信息查询

6.2.3　应用特点与展望

基于车载移动测量系统的城市部件普查方法具有以下优点：

（1）数据整体精度高，采用后处理差分定位与激光非接触测量方法，避免了传统测量方法局部误差较大问题。

(2)部件采集与提取效率高，极大地减少了外业工作量。

(3)数据处理可溯源性强，清晰直观，极大地减少了人为误差，质量控制较好。

(4)数据成果丰富，一次采集可形成激光点云、全景照片等多种数据，且数据可挖掘性强。

但同时也存在一定的局限性：受城市高楼大厦、交通、人流、车流等因素影响，车载系统作业存在遮挡区与遗漏区；复杂场景下的点云目标自动分类较为困难，精度不高，需大量的人工交互处理；当地物目标距离测量车较远时，点云较为稀疏，不够清晰。

城市部件普查是一项繁琐的数据工程，移动测量技术在应用中还存在一些不足之处，未来可在以下 3 个方面进一步提高：

(1)数据传输可以考虑采用 5G 技术，实现采集过程中动态传输数据，提高作业效率。

(2)对于数据采集与后处理软件，点云自动提取及分类需要进一步加强。

(3)针对后续补测，将手机 App、卫星定位与图像识别分类等技术相结合，研发利用手机进行补测与更新测量的方法。

6.3 高速公路改扩建

6.3.1 应用概述

随着交通运输量的日益增长，各等级公路路网承载空间日趋饱和。相比新建公路，改扩建项目的建造、占地成本相对较低，是目前解决交通路网压力的有效方式之一。高速公路改扩建是一项较为复杂的工程项目，在设计施工前，需要对原有公路及两侧一定带宽范围内的地形地貌进行详细勘测。

传统的高速公路改扩建工程主要采用水准仪、全站仪、RTK 等测量方法联测，获取现有中央分隔带外侧边缘高程、中桩点高程，路缘石内侧、土路肩、坡脚、边沟、隔离栅处、纵断面、横断面等点位坐标。该方法在采集数据时，存在的不足主要是：作业效率低、劳动强度大、受作业路段的条件影响较大等。

相比传统测量技术，车载移动测量系统可以按照 40~60km/h 的行驶速度，每秒达到百万点的测量速率，快速获得路面点坐标信息及道路两侧情况。高精度点云与全景影像数据可从多维度再现道路及两侧的情况，为改扩建测量提供支撑。目前已有多家单位开展了高速公路改扩建测量的应用，并建立了完整的技术流程，基于高精度车载激光点云数据进行道路带状图绘制和道路纵横断面点提取，有效提升了数据采集能力和范围，提高了数据获取效率，数据获取的质量和有效性明显高于传统测量方法。然而，车载移动测量技术在改扩建中仍有一定的局限，虽然系统可以高效满足路面范围内的测量要求，但道路边坡及外侧区域存在一定的测量盲区，在测量公路两侧一定宽度的地形数据时，还需借助无人机航测或机载 LiDAR 手段。

近些年，传统的高速公路改扩建方法已不能满足项目需求，相关管理部门与技术人员开始尝试采用新兴的移动测量技术，主要研究成果有：河北省高速公路管理局(2015 年)详细研究了车载三维激光扫描数据采集速度、基站设置、校正点分布、测量方法以及校正模型等各项技术参数，解决了车载三维激光扫描技术应用于公路改扩建工程的高精度要求。山东省国土测绘院（2019 年）结合具体工程案例，对车载移动测量获取超高精度点云数据的方法进行研究和精度验证。石家庄市勘察测绘设计研究院（2019 年）将车载激光扫描技术应用于公路改扩建项目中，生成具有三维地理空间坐标的激光点云和全景影像，并通过对道路线和路面点提取，得到高精度的道路信息。江苏省地质测绘院（2020 年）利用多平台激光雷达系统进行高速公路沿线测绘数据采集，利用点云数据空间分布特征和反射强度信息，获取道路特征线等成果。

6.3.2　项目案例

1. 项目概况

因京台高速泰安段至济南段的高速道路需要改扩建，需对约 100km 的道路地形图成果、路面纵横断面信息进行测量，测区共涉及三个县区多个乡镇。在开放的高速公路施测，车流量大而且路况复杂，危险系数高，外业难度较大，安全问题是最大的难点。项目实施依据主要规范包括：《公路工程技术标准》（JTG B01—2003）、《城市道路路基设计规范》（CJJ 194—2013）、《工程测量标准》（GB 50026—2020）、《车载移动测量技术规程》（CH/T 6004—2016）、《车载移动测量系统数据规范》（CH/T 6003—2016）等。

2. 外业数据采集

1）线路规划

线路规划是针对不同作业需求及不同测区进行的外业作业路线设计工作，一般以单日或者单个作业工程为单位，良好的线路规划方案是项目顺利实施、数据丰富完整及精度可靠的基础。应根据项目技术要求，结合现场踏勘情况，再综合考虑测区道路交通情况、GNSS 信号观测情况及不同时段太阳方位角情况进行线路综合规划设计。

2）主要技术流程

（1）基站架设。基站距离道路目标测区直线距离需小于 15km，GNSS 基准站控制半径不宜大于 10km，根据测区情况合理布设多个基准站；基准站的精度不应低于《全球定位系统（GPS）测量规范》（GB/T 18314—2009）规定的 E 级要求；接收机应选用多频测量型，观测的采样间隔应不低于 1Hz，一般为 5Hz；站点应远离大功率的无线电发射台、微波站、高压输电线、大面积水域或对电磁波反射（或吸收）强烈的物体。

（2）点云与全景数据采集。作业时移动测量车的行驶速度不能高于最高速度限制，项目中需小于 60km/h。考虑到地物遮挡等因素，为保证获取最优的数据成果，分别对道路进行往返测量。为保证数据覆盖完整性要求，特选取外侧行车道作为行车路线。具体采集流程如下：

①测量设备准备和系统检查。准备测量设备，出发前进行测试检测，确认系统处于良好工作状态。

②基准站架设。GNSS 基准站观测时间段应能覆盖外业数据采集时间，即基准站要早于车载系统 5~10min 开机，晚于车载系统 5~10min 关机。

③数据采集。每次作业前应采用静态观测等方式进行 IMU 初始化并测试 GNSS 信号，随后开启硬件系统、打开 GNSS 接收机，当测量车进入测区，司机按照计划路线行驶，作

业人员按照规定项目内容对其进行数据采集并对影像进行保存。采集作业完成后，下载系统定位同步文件数据，将采集数据导出，关闭各硬件设备和系统电源。

（3）高程控制点采集。为保证数据的高程精度，需基于沿线高程控制点对激光点云数据进行高程改正。根据相关研究成果，控制点设置的间隔需小于 300m，采用水准测量的方式测量各控制点正常高，用于后续点云高程纠正。

3. 内业数据处理

1）数据预处理

数据预处理软件包括组合导航解算软件和数据解析处理软件。使用组合导航解算软件进行组合导航数据解算，数据解析处理软件的主要功能包括：多传感器原始数据解析、时空融合、空间坐标转换、全景影像处理、高程改正等。

（1）组合导航数据处理。使用组合导航解算软件，采用紧组合处理方式，对采集的 GNSS、IMU、里程计数据进行集成处理，输出 POS 成果数据。根据软件质量分析模块，对 POS 数据的质量进行统计分析，确定信号误差较大的位置。

（2）点云及全景数据解析处理。利用数据解析处理软件进行数据解析处理，获得测量车行驶轨迹、真彩点云数据和 360°全景影像。数据处理时需设置好相应参数，包括点过滤参数、去噪参数、坐标转换参数、点云与全景融合参数等。针对公路改扩建对高程精度要求较高，还需运用连续的高程控制点改正原始大地高点云数据。高速公路点云成果效果如图 6-12 所示。

图 6-12　高速公路点云成果

2）数据加工处理

项目需测绘 1∶1000 带状地形图，道路沿线地形、地貌表示应准确、详细。沿线建筑物、构筑物应准确表述其属性。项目重点关注区域为路面，在路面区域需精确提取道路边线、路面高程网格点、道路横纵断面等。

（1）路面点云滤波。由于原始点云中存在各种车辆、行人等目标干扰，因此采用多源点云数据处理软件对原始点云进行道路地面滤波处理，只留下道路路面及人行道点云（图6-13）。滤波后通过人工交互的方式进行检查，剔除个别未滤波的点云，保证后续高程改正、路面高程网格点、纵横断面提取没有噪点干扰。

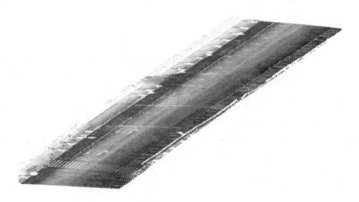

图6-13　路面滤波点云

（2）纵横断面提取。横断面表达了中桩两侧垂直于中线方向的地面高程，纵断面表达了道路行驶方向沿线起伏变化的状况，纵横断面的测量是路基、挡墙、防护工程设计以及土石方工程量计算的基础。按照项目要求提取断面线上等距离的纵横断面点，在专业应用软件中依据中桩线和路面激光点云，半自动生成对应的纵横断面成果图。

（3）道路带状地形图。项目在道路带状地形图（见图6-14，彩色效果见附录）生产时，除了使用车载激光点云获取道路边线、独立地物坐标、地面高程点等，还结合了无人机正射影像，在CASS软件中绘制道路两侧一定范围的地形图，通过两种技术结合，解决车载移动测量系统数据扫描遮挡的问题。

4. 精度评价

为使成果数据精度满足项目需求，需对成果数据精度进行检查。利用RTK实地采集一定数量的检核点坐标，将检核点RTK坐标与点云数据中对应点坐标对比，计算平面位

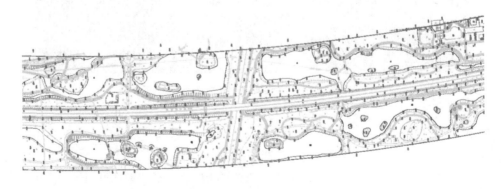

图6-14　道路带状地形图

置偏差以及高程偏差。当成果数据精度不符合项目需求时，需重新采集外业数据。经检核路面测量精度为平面 3.8cm 与高程 1.6cm 满足项目验收平面 5cm 与高程 2cm 的精度要求。

6.3.3　应用特点与展望

车载移动测量技术能高效、高精度地采集道路三维数据，与传统人工测量相比，无接触、全覆盖的移动测量技术非常适合公路改扩建测量，主要应用特点如下：

（1）无接触测量方式既能保障测量人员的安全，也能减少对交通通行的影响。

（2）车载移动测量技术能在满足项目精度的要求下，提高作业效率，减小外业成本，尤其适合于道路纵横断面的采集。

（3）数据全面、丰富、海量的点云数据具有极大的挖掘潜力，可为后续应用提供数据基础。

车载移动测量技术应用于道路改扩建项目也存在一定的局限性：在作业时存在道路路面被其他车辆遮挡的情况，导致道路及两侧地物点云缺失。此外，海量点云数据的处理仍旧需要人工干预，加大了内业人员的工作量。

车载移动测量系统可以沿着道路快速采集道路及沿线地物的三维信息，但对于车辆无法到达的地区，车载系统无法进行作业。机载移动测量系统具有小巧、灵活、不受地形干扰的特点。因此，如果将机载移动测量系统与车载移动测量系统结合，将能有效解决车载平台的不足，能全方位、高精度的获得道路三维信息，为公路改扩建提供全覆盖、精细化数据成果。

6.4　道路资产设施数字化

6.4.1　应用概述

随着我国现代化建设的快速发展，交通基础设施网络规模已稳居世界前列，根据《2019 年交通运输行业发展统计公报》：2019 年年末全国公路总里程 519.81 万公里，公路密度 54.15 公里/百平方公里。将道路资产设施数字化，实现全生命周期数字化管理，为科学管养、车路协同、高精度导航等奠定基础，将成为数字交通建设的重要内容。

传统的道路资产设施数字化主要采用全站仪、RTK、遥感影像解译等方法，人工测绘效率低，需要耗费大量的人力物力。遥感影像解译方法无需人工现场勘测，直接在遥感影像上解译道路资产设施。但遥感影像是二维图像，图像中部分地物会被遮挡，或者因为拍摄视角的原因在影像上难以发现，降低了道路资产设施数字化的精度。

车载移动测量系统是一种新型的测绘装备，能够快速、高效地获取道路沿线设施、路面信息、道路地形等高精度三维空间数据和属性数据，可为道路路产管理、高精度电子导航、无人驾驶及应急调度等工作提供重要的数据支撑。利用车载移动测量技术支撑道路设施三维数字化目前处于初级阶段。长春理工大学（2017 年）以车载激光雷达系统获取的街区原始点云数据为基础，研究了道路及两侧地物的提取与建模方法。山东科技大学（2017

年)提出了一种基于扫描线聚类算法的车载激光路面点云滤波方法，能快速、有效地提取路面与路边激光点云。福州大学(2020年)提出一种基于 Ribbon Snake 模型的车载激光雷达带状地物(道路边界、实线型标线、铁轨)矢量化与结构特征提取方法，以准确地提取带状地物矢量化与结构信息，实现不同场景下带状地物的有效完整描述。这些道路地物提取方法为车载移动测量技术应用于道路设施三维数字化提供了技术支撑。

6.4.2 项目案例

1. 项目概况

在某公路资产设施数字化项目中，将车载移动测量技术用于资产设施数据采集，建立高精度的公路路产数据库，为公路养护、资产盘查、出行服务、应急调度等提供高精度、标准化、高质量的公路基础数据。项目实施依据主要规范包括：《公路勘测规范》(JTG C10—2007)、《公路全球定位系统(GPS)测量规范》(GB/T 18314—2009)、《车载移动测量技术规程》(CH/T 6004—2016)、《车载移动测量系统数据规范》(CH/T 6003—2016)等。

2. 外业数据采集

1)线路规划

某项目公路路网全长约300km，全线地形复杂，桥隧众多，沿线资产设施较多。考虑到该段公路的长度，本项目将外业线路分为4段进行。

2)主要操作流程

为确保数据完整性与精度，采用车载与摩载相结合，测区分区作业，路网"井"字形采集，大弯转向行驶。具体外业采集流程如下：

(1)开启硬件系统：按照系统硬件操作流程依次连接设备。

(2)测试 GNSS 接收机：打开 GNSS 接收机，连接计算机检查其参数设置是否正确。

(3)街景相机开启：开启相机，确定正常工作状态。对相机进行检查，确认相机参数设置。

(4)系统监控软件启动：在硬件系统全部正常启动后，启动系统监控软件并对相关的参数进行设置，设置拍照距离间隔。

(5)数据采集：测量车进入测区，驾驶员按照计划路线行驶，作业人员按照规定项目内容对其进行数据采集并对影像进行保存。采集作业完成后，下载系统定位同步文件数据，将采集数据导出，关闭各硬件设备和系统电源。

为保证项目数据采集的高精度与高效率，在外业数据采集时注意事项如下：

(1)定位基准。在定位基准布设上，为了保证卫星信号的稳定性以及采集的效率，采用同步架设三套基站设备，两基站之间的距离应在30km左右。

(2)数据要求。采集数据时激光点云扫描线间距不超过10cm，前后两张全景照片之间不超过10m。

(3)车载系统参数配置。采集速度不大于60km/h，激光扫描线频率为200Hz，全景采集为2帧/s。由于道路为双向四车道，因此采用道路双向各采集一次的作业方式。

3. 内业数据处理

内业数据处理包括数据预处理与内业加工处理。

数据预处理包括组合导航轨迹解算和数据融合解析处理，内容主要包括：组合导航数据解算、多传感器原始数据解析、时空融合、空间坐标转换、全景影像增强处理等。

预处理完成后，使用多源点云处理软件，基于点云与全景影像数据提取道路资产设施数据，具体操作如下：

(1)采用道路标识线采集工具选择斑马线、长标线、短标线自动化提取当前道路中存在的所有标线(图 6-15)。

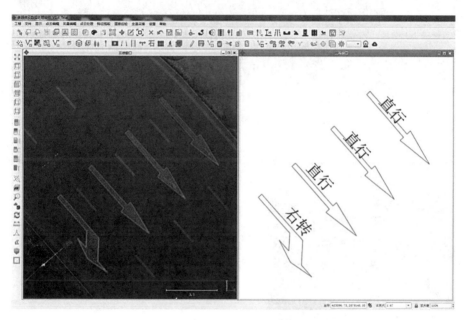

图 6-15　基于点云道路目标半自动提取

(2)使用点云 3D 视图采集数据，"点云 3D 视图"→"连续采集点"，并且可在 3D 点云中进行长度量测，可以量取部件的长、宽、半径等。

(3)使用全景采点工具采集全景数据中部件属性信息和位置信息(图 6-16)。

(4)当数据处理完成后，实施人工检核，确保道路资产数据的完整与高精度。

(5)将符合精度的数据按提交计划合并数据库，并将内业提取的部件导入数据库中如图 6-17 所示(彩色效果见附录)。

4. 精度评定

内业处理完成后，需对道路资产成果的位置精度、种类正确性、完整性等进行检核。本项目随机抽取 5% 的道路资产作为检核点，采用 RTK 获取检核点位置坐标，人工拍照记录检核点相关属性，并与数据库中相应数据核对。经检核本项目精度为 4.36%，低于验收精度的 5% 要求。

图 6-16　基于全景图像的道路目标提取

图 6-17　道路全要素三维特征数据

6.4.3　应用特点与展望

道路沿线资产设施数量巨大，将车载移动测量技术用于道路资产三维数字化，为道路规划、巡检养护等提供了一种新手段。相比于传统方法，车载移动测量技术具有如下优势：

（1）移动测量技术能快速地采集道路沿线设施数据，极大地减少了外业成本。

（2）三维可视化能力强，实现二维数据与三维数据联动处理，能让使用者从多个维度了解道路及资产设施情况。

（3）目前已有一些成熟的点云自动化处理算法以及图像目标提取算法，能较好地完成道路资产数据的自动化提取，能有效地提高内业处理效率，缩短工程周期。

目前该技术也存在一定的不足：车载移动测量系统可采集道路及沿线设施海量的三维数据，总体上自动化处理能力不高，部分要素的提取仍需要人工进行处理；车载移动测量系统在数据采集时，会受到周围地物的遮挡影响，导致部分数据缺失情况。

随着数字交通强国的快速发展，道路资产设施数字化也逐渐成为热点。车载移动测量技术能够有效为道路三维数字化提供基础数据，但对这些数据的快速处理与挖掘仍然需要大量人力物力。随着人工智能技术的发展，如果能将智能识别技术应用于车载移动测量数据处理中，可极大地提高内业工作效率。

6.5 城市园林普查

6.5.1 应用概述

城市园林绿化由多种多样的园林植物、绿地、景观和相关设施组成，发挥着改善城市生态和美化城市环境的作用。各类行道树、灌木丛、古树名木等对美化环境、改善空气质量和城市面貌等有着不可或缺的作用。园林普查是城市园林绿化管理的首要工作，通过及时的普查，为园林绿化科学养护管理提供支撑，最大程度发挥园林绿化的作用。

常规园林绿化普查方法是采用 RTK、全站仪、测距仪、皮尺等测量仪器获取绿化对象的空间位置与属性专题信息，通过相关部门搜集得到的日常管理养护信息，最终完成园林绿化数据库建设。而基于车载移动测量技术采集的点云与全景影像三维数据，以高清晰度、高分辨率的方式来直接反映园林绿化要素及自然环境的原貌，既包含所要量测目标地物的空间信息，又包括与之相关的各种自然环境的属性信息。

随着车载移动测量技术应用的不断深入，在数字园林方面的应用逐渐成熟。目前一些学者对点云数据中树木信息的提取进行了研究，相关研究方法包括：基于体元和邻域搜索标记的单株行道树提取方法，该方法可以从车载激光扫描点云数据中自动提取出单株行道树的点云，并自动估算出树高、冠幅、胸径和枝下高等特征信息；基于改进区域增长的行道树点云分类方法，该方法针对车载激光雷达扫描数据，通过建立分层格网，分析行道树在格网中的形态特征，结合格网灰度和其他特征，采用自上而下的索引方式提取出树木点云；基于车载激光点云数据的行道树三维信息自动提取方法，该方法提出根据行道树点云和周围地面点计算树高，应用点云不同方位距离对比计算冠幅，再根据树干扫描分层点云，运用 RANSAC 算子拟合圆模型，计算树木胸径。

虽然车载移动测量技术引入园林数字化的时间较短，但已有多家单位开始采用车载移动测量系统快速采集园林绿化信息。南通市测绘院有限公司（2017 年）尝试了武汉海达数云公司自主研发的 HiScan 车载移动测量系统采集园林绿化数据，使用基于 ArcGIS 开发的点云测图软件对行道树进行采集，为园林绿化数据采集方法革新进行了有益的探索。江苏省测绘工程院（2019 年）利用 SSW 车载激光移动测量系统为数据采集平台，以 SWDY 软件为点云数据处理平台进行快速自动化提取江阴市城市园林绿地、古树名木、行道树、公园等植被信息。

6.5.2　项目案例

1. 项目概况

项目是对某市主城区 $100km^2$ 内的市管行道树、绿地、绿地附属设施等进行普查，并对外业调查的数据进行入库处理，建设该市园林基础数据库。其中，需根据绿化养护道路范围进行行道树的普查，具体更新或新增内容包含行道树位置、数量、树种、树高、冠幅、胸径、外观照片等。项目依据主要规范包括：《城市绿地分类标准》（CJJ/T 85—2017）、《国家园林城市遥感调查与测试要求》、《园林绿化养护管理标准》、《车载移动测量技术规程》（CH/T 6004—2016）、《车载移动测量系统数据规范》（CH/T 6003—2016）等。

2. 外业数据采集

外业数据采集主要采用以摩托车为载体的轻便型车载移动测量系统，对测区树木与绿地进行采集，获取高精度激光点云数据和全景影像数据。

（1）收集测区资料。收集测区有关的交通路网数据、气象资料，测区及周边地区的控制测量资料，包括平面控制网的成果、技术设计、技术总结、点之记等。

（2）设计采集线路。综合考虑被测目标空间分布情况设计采集路线，通常采用先主路后辅路的原则进行采集，避免重复采集以及不规则的拐弯行驶。

（3）确定采集时间。由于树木生长的季节性变化，夏季树叶茂密时为最佳采集时间。作业时间上需选择白天光线较好的时间进行采集，需避开阳光暴晒时间段，防止相机过曝情况。

（4）采集绿化信息。对于树木较为密集的树林区域，地面系统难以到达，可采用机载激光扫描系统和地面三维激光扫描系统结合的方式进行数据采集（图 6-18）。对于较为孤立的古树名木，采用地面三维激光扫描系统进行数据采集。

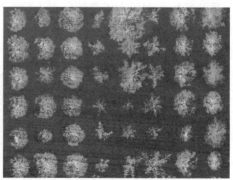

（a）车载点云数据　　　　　　　　（b）机载点云数据

图 6-18　激光点云数据采集成果

3. 内业数据处理

（1）数据解算。采用组合导航解算软件解算系统 POS 数据，利用数据解析处理软件解算点云以及全景影像。

（2）点云与图像融合。采用数据解析处理软件进行点云数据与全景数据融合处理，生产真彩点云数据成果，便于后续信息提取判读。

（3）树木点云分类。原始点云数据中存在大量非园林类的点云，因此采用多源点云数据处理软件从海量原始点云数据中提取单株树木点云，分类效果如图 6-19 所示。

图 6-19　树木点云自动提取效果

（4）树木三维信息提取。利用软件中的树木信息提取功能获取植被位置、胸径、冠幅、树高、枝下高等信息（图 6-20）。

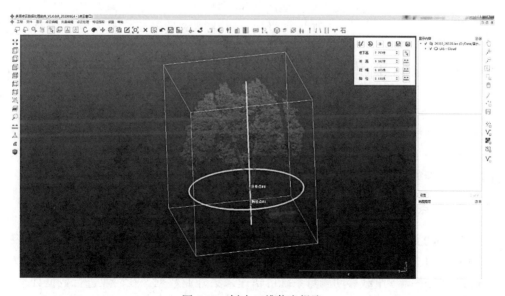

图 6-20　树木三维信息提取

（5）树木信息入库。将提取出的植被三维信息导入数据库存储（图 6-21，彩色效果见附录）。

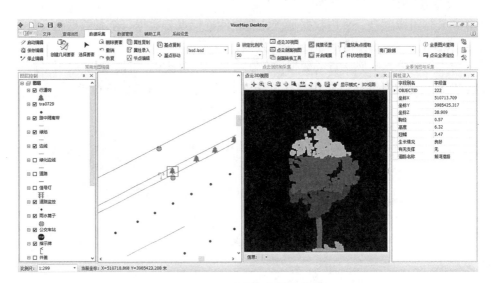

图 6-21　三维数据库储存植被

4. 成果质量检查

行道树数据采集内容主要包含行道树位置、胸径、数量、树种、外观照片等，根据园林普查要求，主要有以下质量检查指标：

（1）位置：每棵行道树都要采集位置坐标，位置精度要求中心位置的偏差不超过 0.2m。

（2）胸径：每棵行道树需要采集离地面 0.3m 处的胸径，测量偏差不得超过 0.05m。

（3）照片：每棵树都需要单独截取照片，照片要尽量能反应树木全貌，照片清晰完整。

（4）树种：道路上不同树木的树种类型不能设置错误，一般由有经验的园林工人协助判别。

5. 成果精度评定

在测区中随机抽取 5% 的树木作为抽样点。精度评价指标依据 6.5.2 中的成果质量检查指标，当有一项不合格时，该树木数据不合格。当抽样点数据合格率不满 95% 时，需对测区数据重新处理。经检核：本项目合格率为 98.4%，高于验收要求 95%。

6.5.3　应用特点与展望

将车载移动测量系统用于数字园林普查工作中，为城市园林信息的调查提供了一种新方法。相比于过去常规的园林绿化调查方法，具有以下优势：

（1）作业效率高。车载移动测量系统可快速采集外业数据，在内业进行数据处理，整体作业效率显著提高。

（2）多源数据结合采集。系统采集了激光点云与全景影像数据，可通过深度融合匹配，实现两种数据的联动采集，充分发挥各自优势。

（3）三维可视化。车载移动测量系统可采集道路及两侧的三维地理空间数据，通过三维可视平台能将园林绿化及周边地物三维直观显示。

车载移动测量技术应用于园林普查工作也有一些不足之处：受车载平台的限制，对于车载平台无法到达的区域，数据存在缺失，需要通过其他手段进行补测。另外在外业数据采集时，车载移动测量系统可能受高楼、植被以及障碍物等目标影响，导致卫星信号较弱，数据精度受到影响。

在城市园林普查中，车载移动测量系统可以快速、高精度地对测区进行三维激光扫描和全景影像采集，但后续繁重的内业处理工作成为当前该技术应用于数字化园林普查的主要障碍。目前，一些自动化算法已逐步应用在工程项目中，例如激光点云中杆状物自动分类、行道树外观照片自动化截取、行道树胸径与冠幅信息自动提取等，有效提高了数据处理效率。但是对于树种的判断，主要还是依靠人工进行。随着点云及图像智能处理技术的不断发展，特别是深度学习算法的不断成熟，内业处理效率将得到大幅提升。

◎ 思考题

1. 应用车载移动测量系统进行地形图测绘的外业与内业工作基本流程有哪些？
2. 简述车载移动测量技术应用于测绘地形图的特点、不足与展望。
3. 简述车载移动测量系统用于城市部件采集的优缺点。
4. 简述车载移动测量系统在高速公路改扩建测量中的主要用途。
5. 道路资产设施数字化的内容有哪些？
6. 激光点云数据用于城市园林普查的优势有哪些？

第7章　船载移动测量技术与应用

船载移动测量系统具有效率高、精度高、三维测量等特点，可解决码头、河道、海岛礁等传统方法难以测量的难题，已经成为测绘地理信息领域先进技术的代表。国内已经有多家公司推出无人测量船平台，为智慧航道、数字水利、码头、岸线及远海岛礁和众多工程建设所需的高精度三维测量问题提供了全新的测量技术手段。本章介绍船载移动测量系统概述、系统构成与工作原理、数据采集与处理流程、典型应用案例、无人船测量技术与应用、存在的问题与展望。

7.1　船载移动测量技术概述

随着车载移动测量技术与应用的逐渐成熟，设备的制造商将传感器安装在船舶上出现了船载移动测量系统，并得到了一定的应用。本节简要介绍船载移动测量系统出现的背景，国内外船载移动测量技术与应用的研究现状。

7.1.1　出现背景

我国作为海洋大国，自新中国成立以来海洋测绘事业一直处于稳步发展中，成果覆盖了 18000km 左右的大陆岸线、14000km 左右的岛屿岸线、6500 多个岛屿和 300 多平方千米的管辖海域。其中针对海底地形测量，目前我国主要采用船载多波束测深技术。当前针对岛礁、坝体、岸堤的水上水下地理空间信息数据主要依托卫星遥感影像处理技术、人工干预海洋水深测量等传统测量方式实现水上、水下空间数据的分别获取。卫星遥感影像处理技术获取的成果分辨率较低，人工干预测量耗费时间较长、成本高，有些地区人工难以到达，无法统一平面和垂直基准，其工作效率及成果精度难以满足实际生产需要。另外区域多为滩涂、礁石、悬崖等，使人工跑点效率低下且困难，测量船靠近存在危险，而机载测量不能精确获得水下信息。因此，水岸线带状区域及水上构筑物地理信息获取的劳动强度大，且在水陆交接处留有较大的空白地带，迫切需要研究多传感器集成的船载水上水下一体化移动测量技术，为海洋测绘、海岛礁测量、港口码头建设、河流河道维护等领域提供精准的技术支撑，同时对于在融合统一陆海垂直基准下开展测绘应用具有深远的意义与研究价值。

船载多传感器水上水下一体化测量系统是以测量船为载体，集成了激光扫描仪、多波束测深仪、组合导航系统等先进传感器，通过多传感器采集监控端及核心控制器有机协调各传感器的时间同步、运行响应、数据传输与存储，构成三维空间测量系统，为水上水下一体化测量提供一套完整的解决方案，可快速高质量地获取水陆交界处基础地理信息，提升了我国海岛礁、海岸带、航道及海洋工程地形测量的技术水平和效率。

海岛礁的地形、海岸带的侵蚀、水中构筑物的腐蚀、港口航道的建设，以及江河、湖泊、水库的状况都需要用到水上水下地形数据。海底地形测量是一项基础性海洋测绘工作，目的在于获得海底地形点的三维坐标，主要测量位置、水深、水位、声速、姿态和方位等信息，其核心是水深测量。水深测量经历了从人工到自动、单波束到多波束、单一船基测量到立体测量的 3 次大的变革。了解海岛礁、岸线及近海岸的水上、水下地形情况，对于沿海地区经济发展、航运安全保障、自然灾害防范、海洋生态建设等具有非常重要的意义。

7.1.2 研究现状

船载水上水下一体化测量技术是近年来的一项新技术，这项技术是通过对多波束水深测量系统、激光扫描系统、定位定姿系统进行集成，根据 GNSS 提供的位置信息和 IMU 提供的姿态信息，解算出水下多波束点云、水上激光扫描点云在指定坐标系系统下的坐标，可应用于岛礁、海岸工程、水中构筑物等测绘。船载多传感器水上水下一体化测量系统是水陆地形无缝测量中一种新兴的海洋测绘设备。国内对其有多种术语：船载水陆一体化综合测量系统、船载水上水下一体化移动三维测量系统及水岸一体综合测量系统。船载多传感器水上水下一体化测量系统具备快速获取高分辨率、高精度的三维空间信息的能力，而应用领域相对较为广泛，适用性较高。目前，我国对该系统的研究尚处在初级阶段，随着硬件性能的提高及关键技术的改进，船载水上水下一体化测量技术必将在我国海洋及内陆水域基础地理信息的动态监测、经济开发、国防保障中发挥重要作用。

船载水上水下一体化测量平台主要技术过程是：从测量船上对水上地形进行激光扫描测量，同时对周边水下地形进行多波束水深测量。根据激光点云、水下多波束点云、侧扫影像进行水上地形一体化成图。通过船载多传感器的协同信息采集，将测得的点位坐标归算到统一的坐标系下，实现内河航道水岸线上下一体化测量，获得大量的坐标点位信息，用于后期地形图、DEM 等数据产品的制作。船载移动测量系统外业数据采集流程主要包括基站架设、IMU 对齐、激光点云与全景照片采集等过程。内业数据处理流程主要包括 POS 解算、点云融合、数据预处理、影像与点云配准、数字测图。

1. 国外研究现状

21 世纪初，美国、英国、新西兰等多个国家开始集成三维激光扫描仪、多波束测深仪、惯性测量单元、GNSS 接收机、工业全景相机、同步控制器等多传感器系统的研制，并成功将其应用于港口、码头、桥梁、海岛礁等水陆结合部的基础地理信息采集，验证了水下与陆地地形无缝拼接测量的可行性，成果达到了最新海道测量精度指标的各项要求。

美国 Geosolutions iLinks 公司（2010 年）推出一款商业便携式多波束激光雷达系统 PMLS-1。理论上，对于主流采集软件所支持的多波束测深仪和三维激光扫描仪，均可根据不同的应用需求和应用目的，进行船载水上水下一体化测量系统的灵活集成。而船载水上水下一体化测量系统集成了多个传感器，因此各传感器相对空间位置的精准确定是影响最终数据成果质量的一个关键因素。针对这一问题，国外学者已有一些检校研究。挪威 Kongsberg 公司（2013 年）提出便携式综合地形测量解决方案，可配置 EM 2040C 多波束测深仪和 Riegl、MDL、Optech 等品牌的激光扫描仪，生成 ArcGIS、AutoCAD、MapInfo、CARIS 等完全兼容的数据产品。

2. 国内研究现状

随着车载移动测量技术与应用的快速发展，国内仪器制造商研制出船载水上水下一体化测量系统，并逐渐得到应用。主要应用研究成果如下：

广州中海达卫星导航技术股份有限公司（2013 年，2017 年）自主研制了船载水上水下一体化三维移动测量系统，借助 iScan 移动测量系统和声呐测深仪可以获取水上、水下三维地形。2016 年 11 月至 12 月期间采用船载移动测量系统对三峡宜昌葛洲坝至重庆奉节段水域进行数据采集，利用点云处理软件 HD_3LS_SCENE 和 HD PtVector，基于激光点云和全景影像进行数字化测图。天津海事测绘中心（2015 年）利用 iScan-M 船载移动三维激光测量系统，对山东省长岛县（长岛群岛）上山水道海岛礁外业扫描测量，获取海岛礁三维激光点云和全景影像。通过 iScan 配套内业生产加工处理软件，生产获取岸边线成果。并利用 RTK 采集的数据进行了精度分析，证明精度满足规范要求。2014 年 10 月，首次应用船载水上水下一体化综合测量系统（由丹麦 RESON 公司的 7125 多波束测深系统，加拿大 Applannix 公司生产的 LandMark 激光扫描仪等 6 部分组成）在渤海湾长山水道附近的猴叽岛周围水域实现了海岛礁及周边海域水上水下一体化地形测图工程，完成了 1：5000，1：10000 数字水上水下一体化地形测图。

中国海洋大学与原国家海洋局第一海洋研究所（2015 年）使用加拿大 Optech 公司的 ILRIS-LR 型激光扫描仪为核心的船载激光扫描系统，对青岛市三平岛的数据采集，数据采集及处理软件为丹麦 RESON 公司的 PDS2000。深圳大学海岸带地理环境监测国家测绘地理信息局重点实验室（2017 年）利用水岸一体综合测量系统对内伶仃岛及周边海域进行了测量，建立水岸一体点云模型及岛屿可量测 360°实景影像。山东科技大学（2019 年）以舟山册子岛区域为例，利用船载水上水下一体化测量技术，成功实现了水上水下一体化无缝测量，并完成了水深及地形成果整合。另外，通过对船载水上水下一体化测量系统实施海岛礁、水中构筑物、港区等近岸一体化测量应用研究。2018 年，利用 VSurs-W 船载移动测量系统针对山东某一大型水库进行了分析和实践验证，测量精度可达到 1：2000 地形图要求，在水库地形测绘中具有广阔的应用空间。

海军研究院（2020 年）通过系列专业软件开发、技术试验、规程编制和生产作业等技术途径，构建了船载三维激光扫描地形测量技术体系，将大大减轻海岸岛礁地形测绘的劳动强度。

综合学者研究成果，船载水上水下一体化移动测量系统的主要优势：效率高、精度高、密度高、采集信息全面覆盖、成本低、灵活性强等。为智慧航道、数字水利、码头、岸线及远海岛礁和众多工程建设所需的高精度三维测量问题提供了全新的测量技术手段。在未来的海岛、海岸带监测中具有较为广泛的应用价值，将发挥重要作用。

7.2　船载移动测量系统构成与工作原理

　　船载移动测量系统是在车载移动测量系统的基础上发展而来，系统构成和工作原理与车载移动测量系统稍有区别。本节简要介绍船载移动测量系统的构成与工作原理，国内外典型的船载水上水下一体化测量系统。

7.2.1　系统构成

　　船载多传感器水上水下一体化测量系统以测量船为载体，集成了激光扫描仪、多波束测深仪、组合导航系统等先进传感器，通过多传感器采集监控端及核心控制器有机协调各传感器的时间同步、运行响应、数据传输与存储，构成三维空间测量系统，为水上水下一体化测量提供一套完整的解决方案，可快速高质量地获取水陆交界处基础地理信息，提升了我国海岛礁、海岸带、航道及海洋工程地形测量的技术水平和效率。船载多传感器一体化系统分为水上部分与水下部分。水上部分以三维激光扫描仪和组合导航系统为主要设备（图7-1），三维激光扫描仪获取水上地物地貌的三维激光点云数据。水下部分主要是单（多）波束测深仪（图7-2），使用声学探测原理获取水下地形点云数据（图7-3）。

GNSS接收机

惯性导航单元

激光扫描仪

水上测量系统

图 7-1　水上测量系统与组成

图 7-2　多波束测深仪

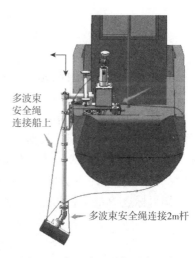

多波束安全绳连接船上

多波束安全绳连接2m杆

图 7-3　水上水下采集设备示意图

7.2.2　系统工作原理

随着高精度的水下测深技术、地面三维激光技术、数字传感器技术、动态定位定姿技术、近景摄影测量等技术的不断发展和完善，使得基于各种载体的移动测量技术成为可能。水上水下一体化测量技术主要集成了三维扫描仪、360°全景相机、多波束测深仪、GNSS-IMU 定位定姿等设备，采用非接触主动式的数据采集方式同步获取水上水下地形特征点和水上全景影像。

1. 系统集成原理

首先将水上水下各传感器通过船载刚性稳定平台固联，然后标定各个传感器在载体坐标系下的相对关系，通过实时采集软件获取各传感器在载体坐标系下的观测数据，最后通过与 GNSS/INS 组合导航解算的 POS 数据进行融合，将水上水下观测据转换到统一的地理坐标系下，实现水上水下一体化测绘(图 7-4)。

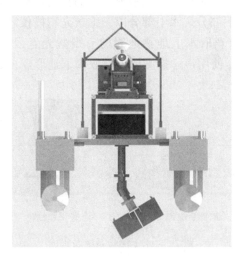

图 7-4　船载移动测量系统集成示意图

2. 数据采集原理

三维激光扫描仪主要由激光测距系统和激光测角系统组成，对测量目标进行快速扫测，直接获取扫描仪发射的激光点与被测目标表面的角度和距离信息，并自动存储和计算。由于移动三维激光扫描系统在对被测目标进行扫测时处于移动状态，在对扫描数据进行处理时，只能将某一时刻的数据进行统一计算，并得到该时刻目标点相对于扫描仪的三维坐标，点云坐标测量原理如图 7-5 所示。

其中，光发射点 α，θ 分别表示激光脉冲横、纵向扫描角，L 表示目标点与扫描仪激的距离。得目标点 P 的坐标(X, Y, Z) 计算公式如下：

$$\begin{cases} X_P = L\cos\theta\cos\alpha \\ Y_P = L\cos\theta\sin\alpha \\ Z_P = L\sin\theta \end{cases} \tag{7-1}$$

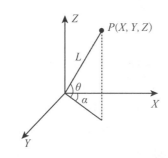

图 7-5　激光扫描系统坐标计算示意图

多波束采用超声波探测，测定换能器发出的声波在水体中往返传播时间，解析水体深度。相对于单波束而言，多波束换能器采取正交形式分组构成，呈现一定指向的窄波束，并向水体发射扇形脉冲波，单次探测即可瞬时获取航向正交面的水深数据，进而表示水体地形起伏情况(图 7-6)。

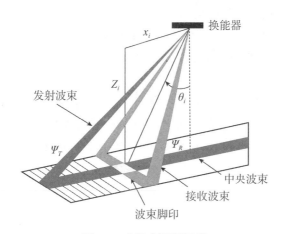

图 7-6　多波束测深原理

7.2.3　船载水陆一体化测量系统简介

1. 丹麦-船载水上水下一体化综合测量系统

自然资源部第一海洋研究所(以下简称海洋一所)引进的船载水上水下一体化综合测量系统由丹麦 RESON SeaBat7125 多波束测深系统、加拿大 Optech ILRIS-LR 激光扫描系统、加拿大 Applannix POS MV 320 定位定姿系统等传感器组成，配套 PDS2000、ILRIS 3D PC Controller、POS View、POS Pac 等采集、导航及后处理软件。在实际应用中，海洋一所采用船载水陆一体测量系统与 SIRIUS PRO-天狼星测图系统，对青岛千里岩海岛分别从水上、水下、空中进行了全方位空间立体测量，数据融合后得到完整的千里岩水上、水下三维地形图，并利用 RTK 定位结果评估了其水上点云精度，在高动态测量条件下，激光点云水平定位和高程精度均优于 0.3m。

2. 美国 PMLS-1 系统

2010 年，美国便携式多波束激光雷达系统（Portable Mulibeam & LiDAR System）PMLS-1
研制成功，该系统水上部分采用 MDL 公司的一款集多传感器为一体的激光雷达系统
Dynascan，水下部分采用 EM 2040C 多波束测深系统，并配有自主设计快速调度测量船
（Rapid Deployment Survey Vessel，RDSV），将其应用于内河航道、沿海海域、湖泊与水库
疏浚、救助搜救等。PMLS-1 系统完全兼容 HyPAC/HyScript 2016、EIVA 和 PDS2000 软
件，自主设计测量船适应近海测量。

3. iAqua 系统

2014 年武汉海达数云技术有限公司成功地自主研制出 iAqua 船载三维激光移动测量
系统，iAqua 系统将三维激光扫描仪、卫星定位系统、惯性导航系统、全景相机、系统控
制模块及高性能板卡计算机高度集成，封装在刚性平台中，支持集成多波束模块。该系统
在移动过程中，快速获取高精度定位定姿数据、高密度水上三维激光点云、水下多波束数
据及高清全景影像，配备海量数据管理、数据生产处理及应用服务软件。

iAqua 系统可完成水上水下地形测绘、三维地理数据与实景数据生产应用，广泛应用
于水域(河道、湖泊、库区、海岸带岛礁、航道)测绘、河道/港口/海岸设施普查及动态
监测、数字水利、数字航道、数字海洋等领域。

4. VSurs-W 系统

2014 年青岛秀山移动测量有限公司推出船载多传感器水上水下一体化测量系统
VSurs-W，依托船舶、无人船(艇)等水域载体平台，集成激光扫描仪(Riegl VZ-2000i)、
多波束测深仪(R2Sonic 2024)和组合导航系统(SPAN-ISA-100C)等高精度传感器，实现水
域环境中岛礁、岸线及桥梁等构筑物水上水下一体化快速三维测量，解决了传统测量方法
水上水下坐标不统一，小型岛礁登陆危险或无法登陆，复杂近海地形人工跑点测量困难，
水上下地形点云无法无缝拼接，多层的水上构筑物从空中测量存在严重遮挡等一系列测量
问题。

VSurs-W 系统可应用于水库、湖泊、海岸带等场景水上、水下三维数据采集，为防洪
抗灾提供精准的基础数据；水域灾害事故现场还原及跨海大桥等水中构筑物变形调查；海
岛(礁)、海岸带区域工程精准施工；港口、航道的淤泥清理；湖泊、水库的库容精确估
算等。

目前，国内外船载水陆一体测量系统在传感器技术指标性能上差距不大，表 7-1 列出
了目前国内 4 种常见的船载水陆一体测量系统的主要技术指标参数。而在载体平台设计
方面，国内研发的船载水陆一体化测量系统并未达到国外测量船整体标定、普通车型即可
便携运输、安置平台仅需简易拆装的设计水准。其中，人工测量误差是船载水陆一体测量
系统中最大的误差来源。数据处理方面，国外在海底无特征地形时采用重叠区激光雷达数
据校准多波束水深数据，目前国内尚未对此着手研究。

138

表 7-1 4 种船载水陆一体测量系统的主要技术指标参数

系统指标	VSurs-W	船载水上水下一体化综合测量系统(丹麦)	iAqua	PMLS-1(美国)
多波束测深仪	R2Sonic 2024	SeaBat7125	兼容各品牌	R2Sonic 2024
测深分辨率/m	0.0125	0.006	—	0.0125
最大深度/m	500	500	—	500
三维激光扫描仪	Riegl VZ-1000	Optech	可选配	MDL Dynascan
扫描仪测量精度	≤0.005m(/150m)	0.004m/100m	平面优于 5cm	3~5cm(/150m)
点频率(万点/s)	12	1	30	12
扫描系统有效测程/m	≥2.5,≤700(反射率≥20%)	3000	600/1000/2000/4000(90%反射率)	≤500
激光测角范围	100°×360°(垂直×水平)	40°×40°	100°×300°(垂直×水平)	100°×360°(垂直×水平)

7.3　数据采集与处理流程

目前国内外的船载移动测量系统较少，但是在外业数据采集与内业处理流程方面总体上相似。本节以青岛秀山移动测量有限公司的 VSurs-W 点云数据预处理系统为例，简要介绍数据采集与处理流程。

7.3.1　外业数据采集流程

外业测量工作流程如图 7-7 所示，主要包括测量准备、测量过程和测量结束三个阶段。测量准备阶段主要是进行测线规划以及寻找控制点和评估控制点精度等主要步骤，在对测线进行规划时应考虑测区实地具体情况，测线尽量为直线，测线之间应保持一定的重叠度，实现测区全覆盖测量；测量过程阶段主要进行设备开机通电，仪器适应性检查、仪器连接，然后按照测量计划进行外业数据采集工作；测量结束阶段主要是数据检查、保存备份等相关工作，最后进行设备仪器检查、关闭等工作。

1. 外业工作具体流程

(1)选择测量航道中已知控制点作为基站架设点，采用纯静态模式采集，为设备提供后差分处理的静态数据，通常采集时间间隔为 1s，截止高度角为 10°，连接接收机，采集并记录基站 GNSS 数据。

(2)在布设的验潮点处放置验潮仪，采集并记录水位数据。

(3)在测量船上安装多波束测深系统和船载三维激光扫描仪测量系统，保证其在测量作业期间的牢固与稳定。并给多波束测深系统和船载三维激光扫描仪测量系统上电，打开

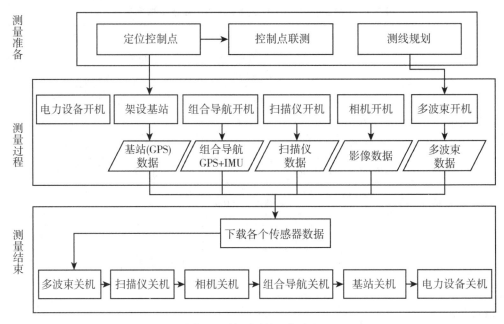

图 7-7　外业测量工作流程

各硬件设备。

（4）打开软件，对传感器进行设置，采集并记录流动站 GNSS 数据、单波束测深数据和三维激光扫描仪数据。

（5）测量船做机动，加速惯性导航对准速度，提高测量精度。并分别对河两岸进行测量。

（6）测量任务完成后，同样进行机动操作，提高数据解算质量。并下载存储数据，最后妥善回收仪器。

2. 外业采集注意事项

（1）外业采集的基本原则是按照布设的测线逐条进行测量，采集过程中尽量减少拐弯等不规则运动，采集过程中时刻注意安全，尽量远离养殖下网区、礁石区、浅水区等。采集过程中尽量不要天黑作业，为保证安全和数据质量，尽量选择在风浪较小的天气进行测量。

（2）实地了解测区自然地理、人文及交通情况，具体包括水域环境、潮汐、风浪、天气等情况。若测区内没有控制点，则根据测区情况合理布设控制点，并根据测量规范引测足够精度的控制点架设 GNSS 基站，布设 GNSS 基准站时应参考《全球定位系统（GPS）测量规范》（GB/T 18314—2009）的规范要求，并符合下列要求：

①GNSS 基准站控制半径不宜大于 20km，有条件可架设双站；

②GNSS 接收机应选用双频测量型，观测的采样间隔应不低于 1Hz；

③站点应选择在交通便利，视场内障碍物的高度角不宜大于 15°；

④站点选定后应现场作点之记、画略图；

⑤站点选点结束后，应提交站点点之记，站点选点网图。

（3）存在潮汐变化的水域若无验潮站则需布设临时验潮站，在选择临时验潮站时应注意以下事项：

①验潮站布设密度应能控制全测区的水位变化；

②相邻验潮站之间的距离应满足最大潮高差不大于1m、最大潮时差不大于2h、潮汐性质基本相同；

③验潮站应设在高水（潮）位线以上、地质比较坚固稳定、易于进行水准联测的地方；

④验潮站点与国家水准点之间的高差，按四等水准测量要求，工作前后各测一次，亦可用GNSS高程测量方法测定工作水准点的高程；

⑤在满足条件的情况下，基站和验潮站之间距离近一点，以节省人力、物力。

（4）根据测区实地具体情况对测线进行规划，测线尽量为直线，测线之间应保持一定的重叠度，实现测区全覆盖测量。

7.3.2 内业数据处理流程

内业数据处理时首先对采集数据进行下载，下载后的组合导航数据进行后处理差分，解算组合导航数据。组合导航数据与其他传感器数据进行融合得到水上水下点云数据，然后进行点云噪声处理，生成水上水下无缝点云数据，基于激光点云生成水上水下地形图（CAD）、三维DEM等成果，内业数据处理流程如图7-8所示。

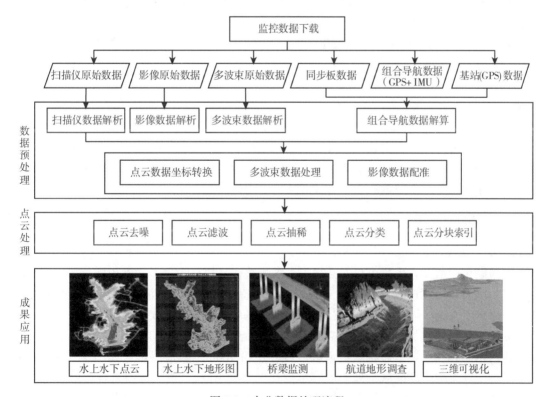

图7-8 内业数据处理流程

内业工作具体流程如下：

1）数据整理与解析

外业数据采集后，对已观测的激光扫描仪数据，多波束数据和惯性导航数据进行下载并备份。利用自主研发的预处理数据处理软件对船载一体化测量系统多个传感器数据进行解析获取后期制作数据成果所需测量点信息。

2）数据改正

将解析获得的水上激光扫描数据和水下多波束数据分别进行各项改正。其中包括：水下多波束数据单独进行声速改正、水上水下测量数据进行潮位改正、惯性导航数据后处理、船载多传感器安装参数校正、水上水下测量点噪声点去除。

3）数据融合

首先，导入惯性导航姿态数据，根据检校参数得到各个时刻激光扫描仪和多波束测深仪中心点的坐标及姿态，导入原始激光数据和测深数据，得到测点在传感器坐标系下的坐标；然后，根据各传感器测量信息时间对应查找传感器获取测量点信息时刻的位置与姿态；最后，计算测点在大地坐标系下的三维坐标。根据以上测区内验潮站的高程信息和计算的测量点在大地坐标系下坐标获取规范要求的水上水下地形点平面坐标和高程，用于后期数据成果制作。

4）成果输出

对测量、处理、改正并归化到规定基准面后的数据，采用自由分幅或标准分幅方式进行按要求比例尺的地形图、水深图、等高线图及三维建模与可视化绘制。

成果精度要求参照《工程测量标准》（GB/T 50026—2020）、《水运工程测量规范》（JTS 131—2012）执行。

7.4　典型应用案例

船载移动测量技术应用领域主要有：港口地区与水中构筑物测量、水上水下一体化测量、水库坝体一体化测量、航道测量、水域应急测量、水利与航道勘测、堤岸监测、数字水利、智能航道等。本节选取 2 个有代表性的应用作简要介绍。

7.4.1　岛屿测量

1. 项目概况

千岛湖位于浙江省杭州市淳安县境内，湖形整体呈树枝形，形状不规则，湖中小型岛屿众多，岸边绿化度极高，环境优美，为 5A 级旅游景区。为了满足环境治理等方面需要，利用水上水下一体化测量系统，获取千岛湖水底与岸边的全要素地形数据。选取该测区部分具有特征的水域进行展示，包括湖岸、岛屿、锯齿特征地形等千岛湖典型地貌特征。测区东南有一片湖岸形状呈锯齿状区域，长约 900m，其遥感影像如图 7-9 所示。测区西侧为一处典型小岛区域，岛屿遥感影像如图 7-10 所示。该区域均为自然地貌，地上岸边植被茂密，水下地形不规则，传统测量方法难以获取高精度的三维数据。

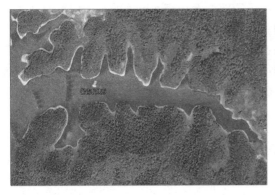
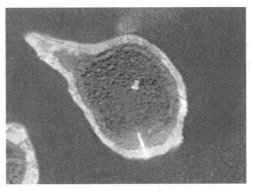

图 7-9　锯齿状区域　　　　　　　　　　　图 7-10　小型岛屿

2. 外业数据采集

实施人员到达测区，需要首先选择合适的控制点。控制点选取位置应当易于架设仪器，能够覆盖测区，测区最边缘位置距离控制点在 20km 以内。使用控制点联测的方式获得该点 CGCS2000 坐标系下的坐标信息。同时根据测区具体情况，规划合理的采集路线。

数据采集时，首先将 GNSS 接收机设在选择的控制点上，然后将系统通过传感器稳定平台与测量船进行固联，检查各传感器的安装是否牢固和设备连线是否正确，最后依次开机，按照规划的采集路线采集水上与水下数据。

3. 内业数据处理

内业数据处理主要是对各传感器数据进行解析融合，利用 POS 解算软件解算 GNSS/INS 组合导航数据，并将 POS 数据与三维激光扫描仪数据和多波束测深数据进行融合解算，从而获取水上水下一体的三维点云数据(见图 7-11 与图 7-12，彩图效果见附录)。

图 7-11　锯齿状区域水下水上点云数据　　　图 7-12　小型岛屿水下水上点云数据

7.4.2　港口测量

1. 项目概况

港口、码头、跨海大桥等人工建造的海中构筑物，其主体不仅在水上或者陆上，同时

143

还有部分埋没水中。常规测量方法难以到达水下区域,无法获取准确的水下信息。即使分别获取了水上水下的信息,对于不同精度的基准也难以完全拼接。以上问题导致对海中构筑物的建造及维护都非常困难,如港口、码头、跨海大桥维护施工图获取困难;港口、码头、跨海大桥选址、定位、土石方计算困难;港口、码头下沿及前沿接边处的陡坎,跨海大桥桥墩等运行状况检测困难;获得港口、码头、跨海大桥三维立体图困难;管理人员对港口、码头、跨海大桥等海中构筑物进行整体隐患排查困难;港口、码头、航道淤积位置定位困难。

船载水上水下一体化移动测量系统依托船载平台,集成 GNSS/INS 动态定位定姿技术、激光扫描技术和多波束测深技术,通过数据融合处理,实现港口码头水上水下地形的一体化测量,可同时获取水上水下构筑物的坐标信息,建立港口、码头、跨海大桥等海中构筑物的整体三维模型。

薛家岛湾位于山东省青岛市胶州湾南部海西湾内(图 7-13),显浪嘴与道管山嘴之间,湾口朝东北,东北西南呈斜形口袋状,面积 6.5km²。海岸线长 12km。湾内水深 2~3.5m。湾内风浪较少,宜停靠小型船只。由湾口向内逐渐变浅,至西南底部形成泥沙滩涂。岛中有码头和造船厂等人造水上水下构筑物,测量难度较大。

图 7-13 薛家岛湾影像图

2. 外业数据采集

通过实地勘察,了解测区现场概况,确定测区概况,包括面积、位置、影像等,获得已有成果资料,根据测区概况预估测量任务时长,做好测区的区域划分。

在测区范围中选择合适地点布设控制点,并在此控制点上架设基站,安装调试好系统后按照规划的测线获取水上水下三维点云数据。

3. 内业数据处理

内业数据处理除了完成各传感器数据的解析融合得到点云数据外,还要对点云进行后处理,包括对点云进行坐标转换、滤波、去噪等处理,获取一体化的水上水下点云数据(图 7-14 与图 7-15;图 7-16 与图 7-17,彩色效果见附录)。

图 7-14 薛家岛湾点云数据

图 7-15 薛家岛码头点云数据

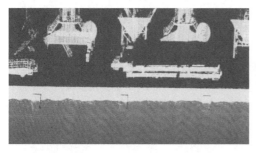

图 7-16 码头部分水上水下点云数据

图 7-17 码头灯塔部分水上水下点云数据

7.5 无人船测量技术与应用

随着无人船技术与应用的快速发展，将无人船作为移动平台成为测绘领域的研究热点。本节简要介绍无人测量船的研究现状、系统构成与工作原理以及测量型无人船与典型应用案例。

7.5.1 概述

无人船在较早以前的应用称为无人艇，无人船艇的雏形最早出现于 19 世纪末。当时著名的塞尔维亚裔美籍科学家尼古拉·特拉斯发明了一个名为"无线机器人"的遥控艇。无人船艇最先在军事领域得到应用。最初的用途是扫除海岸带附近的水雷和障碍物，船艇的外形像鱼雷。在诺曼底登陆战役期间，为减少人员伤亡，达到战略欺骗和作战掩护的目的，曾设计出一种可按预定航向自动驶往目的海域的无人艇。这些早期的无人船艇自主活动能力非常有限，受控于电缆长度或母船发送无线电导航信号的有效范围。

进入 21 世纪后，无人船艇技术迎来了高速发展期，制约无人船艇发展的诸多技术问题都在一定程度上得以解决，无人船艇变得更智能、动力更稳定、远程操控更可靠。在军事和民用领域等各种各样的需求下，不同功能的无人船艇犹如雨后春笋般地涌现出来，一些产品还在不断的迭代更新，较好地满足了军事和民用领域的需要。

多个国家都开展了无人船艇技术的相关研究，其中美国和以色列在无人船艇研究和应用方面走在世界前列。全球陆地面积总占比毕竟只有 30%，随着人口的增长，已不能完全满足人类活动的需求，人们需要往海洋发展，在海洋中获取资源。无人船艇作为一个运载平台，可以在海洋中承担很多高风险的任务，因此，无人船艇的发展和应用前景极其广泛。

随着国家对基础设施建设和水下地形地貌调查的步伐加快，对湖泊、水库和近海水域的调查工作要求也越来越高。但测量工作大多仍停留在传统的人工测量阶段，测绘行业和技术已经发生了巨大变化，航道测量技术和测量模式也正面临着巨大变化。现有航道测量船艇普遍为人工驾驶的专用测量艇，但由于其吃水较深、船体较大，因此，无法到达许多浅区或趸船钢缆密集区，需要测量人员通过摸浅、打坨等其他测量手段进行补充；外业测量同时需要船艇驾驶人员和测量人员，需要人员较多，作业人员直接涉水作业危险性较大；作业人员在数据采集过程中要持续作业，其劳动强度较高。除此之外，人工驾驶测量船还存在跨水域、区域作业困难及成本较高等方面的不足。无人测量船的应用能较好地解决人工驾驶测量船艇的不足，无人测量船系统集成了无人驾驶、实时通信、数据自动采集等众多先进技术，有效提高了水下测量精度，补充了测量范围，同时减少了测量人员的劳动强度，并降低了安全风险，具有安全、便捷、经济、快速测图的优势。

水下地形测量工作中无人船起到了重要的作用。近年来，无人测量船的理论研究与生产应用已经成为测绘地理行业的热点，主要应用研究成果有：辽宁省基础测绘院（2017年）利用中海达公司的 IBoat BMl 智能无人测量船对辽宁省某河（全长 27km）27km² 的水域实现了高精度的无验潮水下地形测量，完成了 400 多幅 1∶2000 水下地形图的绘制。中水珠江规划勘测设计有限公司（2018 年）研发了集成多种设备为一体的无人船测量系统，成功应用于广州地铁跨江水下地形测量项目中的东山湖水下地形测量、大金钟水库水下地形测量。深圳市建设综合勘察设计院有限公司（2019 年）通过无人船在海洋水下地形测量中的应用和数据处理研究，建立了完整的技术流程，得到符合精度要求的海洋水下地形测量成果数据。江西核工业二六八测绘院（2020 年）以基于网络 RTK 技术的无人船测量系统进行水下地形测量为研究对象，探讨无人船水下地形测量作业流程，并通过实例进行误差分析和精度评价，判定无人船测量系统的可靠性。国能大渡河流域水电开发有限公司（2021年）采用无人船搭载声呐设备对大岗山水电站坝前至泄洪洞进口区域进行了水下地形测绘，获得了区域水下三维数据。江苏省地质测绘院（2022 年）利用无人船采集水下地形，无人机采集水上地形，并将两种方式采集的数据进行融合，绘制地形与断面图。

7.5.2　系统构成与工作原理

1. 系统构成

无人船测量系统主要由岸基控制系统和无人测量船两个分体系统单元组成（图 7-18）。

1）岸基控制系统

岸基控制系统由计算机、测控软件以及通讯单元组成。岸基控制系统与测量船之间通

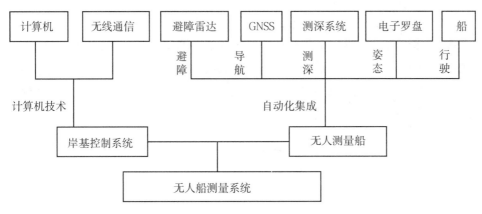

图 7-18 无人船测量系统构成

过无线电进行通讯。依托无线遥控系统进行测量船命令的发射和信息接收,利用海洋测量软件实现测量船相关控制功能,并接收到测量船的运行参数(船速、经纬度、航向、俯仰角、横滚角)与水深数据,并进行实时记录显示。

2)测量船系统

测量船系统主要由船体、GNSS、测深仪、电子罗盘、推进系统、电源、无线传输系统、避障雷达、船载主控系统等组成。

2. 工作原理

无人船测量系统基本工作原理如图 7-19 所示。整个系统的导航定位采用 GNSS-RTK 动态差分定位原理,在岸基架设 GNSS 基准站接收 GNSS 卫星信号并将差分数据发送到无人船上安置的 GNSS 接收机,实现实时定位和导航功能。水深测量由安置在船上的数字测深仪完成,其基本原理是利用换能器将电能转换成声能并向水底发射,声能以回波的形式从水底返回,再通过换能器检测回波电能信号,从而计算出传播时间,根据声速和时间计算出水深,在屏幕上显示出来,并且显示回波图形。

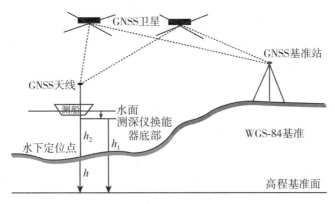

图 7-19 无人船测量原理

3. 数据采集流程

首先在岸上设置基站，然后凭借导航软件来建立相关项目，同时对已知点进行校正，接着在导航软件中输入已经校正的参数。对于作业人员来说，为了确定测区以及布设测线，需要借助远程控制系统来实现。在进行各类航道测量工作的时候，可以将多波束测深仪、ADCP、陀螺仪等航道测量仪器设备搭载到无人船上，确保无人船更加高效地完成任务，其测量模式如图 7-20 所示。

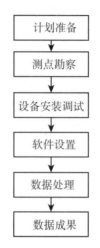

图 7-20　无人船作业流程

7.5.3　测量型无人船简介

进入 21 世纪，随着通信、人工智能等技术的发展，制约无人船艇发展的诸多技术问题得以部分解决，各国加大了无人船艇的研发力度，无人船艇迎来了一段高速发展期。

在浅水道水域测量中，美国 Oceanscience 公司 Z-boat 1800 远程遥控水文船为其提供了一个全新的选择，它的内部有 GPS 和测深仪、遥控电子产品，以及一个综合数据遥测系统。该系统有效作用距离可达 1km 以外，单电池组可提供超过 8 英里的测量持久力，续航时间最长 160min，重量 23kg。该产品最大优点是整体性好，重量轻，船长 180cm，宽 90cm。该无人船不能实现自主导航和自动导航，经人工手动操作，可以实现无人船的遥控作业。在我国该船主要跟 ADCP 等水文监测仪器结合，在水文测量中有较多的应用，该产品在中国的主要代理商为无锡市海鹰加科海洋技术有限责任公司。另外还有劳雷工业公司的 H300、Flymager、Deep Ocean X8 等。

以色列在无人艇的研究上具有非常丰富的成果，"Spartan" 号 USV 的研究计划其中的一个研究成员即是以色列，并且以色列还独立开发了 "Protector" "Stingray" "Silvermarlin" "Starfish" 等无人艇。Protecto 号无人艇为一艘硬壳充气艇，艇上配备了前视红外传感器、照相机、激光测距仪、搜索雷达、关联跟踪器等。该艇使用碳纤维及轻质复合材料来减轻艇身重量，性能较优越，能够满足很多任务的需求，拥有广阔的应用前景。Stingray 号无人艇船型较小，并且拥有较好的隐蔽性，能完成海岸物标识别、智能巡逻等多项任务。

西方国家大力开展 USV 的研究，主要包括法国、英国、德国、意大利、加拿大、日本等。法国 Sirehna 公司完成了"Rodeur"号无人艇的研究，ACSA 公司开发了 Basil、Mini VAMP 等 USV。意大利机器人技术集团 CNR-IS SIA 项目组开发了"Charlie"号双体 USV。英国在无人船领域同样拥有丰富的成果：普利斯顿大学研发了"Sproger"号双体 USV，QinetiQ 公司研发了"MIMIR"号 USV。

在国内无人船领域，自 2009 年开展了无人船系统的研发与应用研究工作，主要研究单位为国家海洋局第一海洋研究所无人船研究小组。中国船舶重工集团有限公司（701 所、707 所）在 2014 年便开始研发制造了智能型干散货船，海航制为海航科技物流旗下的一个公司，其承担了该公司的无人船开发的主要工作。在国内，USV 的研究起步较晚，但是对遥控测量船的研究报道也比较多，解决了测量船功能需求和便携的矛盾问题。

上海海事大学研究了"Silverfrog"号双体铝合金船，采用双螺旋桨推进，由 DC 电机驱动，依靠推力差进行转向控制。供电系统采用锂电池，控制系统为基于无线局域网络的控制系统，并且其还搭载了相机等，该船完成了海港监视、水质采样、水文测量、海事搜救等试验。

沈阳自动化研究所开发了三体 USV，采用直流电机驱动，总共分为三个部分，分别为无人艇艇载控制系统、无线传输设备和地面控制系统。同时该艇还配备了线加速度/角速度传感器、陀螺仪、罗经和 Hemisphere OEM 型 GPS 等。天津水科院 2009 年 5 月制作的无线遥控 GPS 自动导航水下地形测量船由船体、发动机驱动装置、河道测深设备及数据传输等设备组成，但未能实现测量船的自动导航，也未能实现水下测量的一体化作业。

2011 年 11 月，长江航道局及长江航务管理局共同研发了一套遥控测量船自动导航系统。该船设计的功能趋于完善，但未能作为产品推广出来，因为该船船长 3m、宽 0.6m，不方便携带，影响测量效率。

珠海云州智能科技有限公司是专注于无人船艇研发、生产、销售与提供解决方案为一体的高科技公司，公司产品有智慧水域、海洋工程、公共安全系列。以听风者（M40P）海洋调查无人船平台为例，产品特性有升降鳍/自动绞车、内燃机发电增程、平台保护、位置保持、续电推进。产品可应用于地磁观测、水下地形测绘、海底浅地层探测、流速测量、水下物体排查。

近年来，国内测绘仪器制造商陆续研发推出无人测量船系统，主要有广州南方测绘科技股份有限公司、上海华测导航技术股份有限公司、广州中海达卫星导航技术股份有限公司。下面做简要介绍：

广州南方公司主要有南方 SU12 与 SU17（喷泵）智能无人测量船系统。南方 SU17（喷泵）智能无人测量船系统是南方"方洲号"智能测量船的升级版，采用喷泵喷水式推进器，吃水更浅，可有效地防水草、防碰撞、防垃圾；采用大功率的无刷直流电机，最高航速可达 5m/s；配备大容量电池组，能提供更长的续航时间；可搭载单波束、ADCP、侧扫声呐等多种类型传感器。可广泛应用于水深测量、库容测量、水文勘测、流速流量测量、水环境监测等领域。

上海华测公司主要有华微 3、4、6 号无人船。全新一代华微 3 号无人测量船,采用新一代物联网主控,彻底摆脱网桥基站、传输距离的限制。船体采用双定位天线设计,船体姿态稳定可靠,结合 IMU 模块,可轻松穿桥洞。全新超速马达,最高船速高达 8m/s。华微 3 号搭载单波束测深仪与水质仪。华微 4 号基于北斗高精度全球定位系统及无人船自动控制技术,适用于 90% 的走航型 ADCP。装载超速马达,速度可达 7m/s。华微 4 号不仅具备自动航行功能,而且拥有自适应水流直线技术,悬停技术,保证能够垂直岸线走航。适用于水文站河流断面流速测验、洪水应急监测、科研调查。华微 6 号无人船是一款大空间、多搭载、超轻便的全碳身自动无人船平台,标准搭载 Norbit 多波束测深系统,集成搭载三维激光扫描仪以完成水上水下一体化三维点云数据采集,定制搭载 ADCP、多参数水质仪、侧扫声呐等水文、物理勘查设备。

广州中海达公司推出 iBoat BS3 智能无人测量船。船体结构采用载重型三体船设计,阻力小、载重大、航行平稳。动力系统的推进器采用涵道式设计,方便拆卸,外有防护罩,有效防止水草、渔网等物体缠绕。基站系统采用一体化设计,内置 Wi-fi 功能,采用全向高增益天线,通讯距离不少于 2km。可选搭载 4G 通讯功能,作业距离不受限制。全自动无人化作业、自主导航、定点返航,随时切换手动/自动模式,测量数据实时回传,在线参数可调。测量系统采用中海达 HD-510 高精度测深仪,内置 HD-MAX 测深模块。采用中海达高精度 GNSS RTK 模块或 DGPS 信标模块。配备中海达 HiMAX 测量软件,具备采集、导航和后处理功能,模拟水深和数字水深叠加,方便对真实水深数据的判读。广泛应用于河流、湖泊、航道区域的水下地形地貌测量、水文水质测量、暗管普查等作业任务。

另外,安徽科微智能科技有限公司推出适用于淡水与海洋的水上机器人系列产品。武汉楚航测控科技有限公司 2012 年研发出国内首台无人智能船水域测量机器人,2019 年研发并推出了一款小型便携无人船 CH10,主要面向小型湖泊进行水环境监测。相关研究机构还有上海澄峰科技股份有限公司、华南理工大学、海南大学、哈尔滨工程大学、武汉理工大学、华中科技大学、青岛海洋地质研究所等。

7.5.4　典型应用案例

无人船测量应用方面主要有:河道水下地形测量、岛礁调查、特殊海域测绘、海洋应急测绘、浅海水下考古、水库库容测量等。下面以水库测量为例做简要介绍。

1. 项目概况

小湖南大坝位于浙江省衢州市,该水库水域面积大,整体地势陡峭,水上水下地形变化大,水库养殖拦网区较少,通航性较好,水草较少,通航安全性好。水库整体水深较深,最深处达一百米以上,近岸处水深也有五六米,能够保证无人船在近岸行驶时的安全性,最大程度地保证近岸水下地形覆盖的完整性。此外,由于水库面积大,水面风浪较大,会对无人船的测量工作带来一定的影响(图 7-21)。

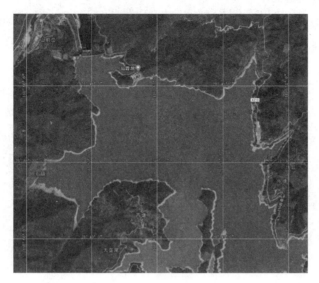

图 7-21　小湖南大坝水域

2. 采集技术流程

项目第一阶段为踏勘调试阶段，主要工作是踏勘测区情况，测试设备性能，熟悉实施流程，为采集阶段做好准备。第二阶段是采集阶段，在小湖南大坝下水，对周围区域进行测量。采集成果包括水上部分激光扫描点云数据、水下部分多波束点云数据、声速数据、GNSS 基站数据和数码影像。

3. 数据处理结果

数据的后处理采用专用软件进行处理，主要完成水上水下一体化点云数据的解析、坐标转换、点云去噪及点云滤波等（图 7-22、图 7-23、图 7-24，图 7-24 彩色效果见附录）。

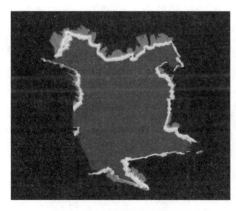

图 7-22　水域整体点云数据

图 7-23　水域部分水上水下点云数据

图 7-24　大坝水上水下点云数据

7.6　存在问题与展望

近年来，船载水上水下一体化测量与无人船测量技术与应用快速发展，为满足用户的需要，还有一些问题需要改进。本节简要介绍船载水上水下一体化测量与无人船测量技术存在的问题与未来的发展趋势。

7.6.1　存在问题

船载水上水下一体化测量技术通过统一测量坐标系实现了水陆接合部地形的无缝测量，解决了地形的快速、精准获取的难题，具有全覆盖、高效率、高密度、高精度、全天候、同基准、非接触的采集特点，有着成本低、灵活性强、密度高的优势。

船载水上水下一体化测量系统是一种新型的三维空间信息探测技术，由于多传感器集成的复杂性、水域环境的复杂性，目前系统在集成、应用、数据处理方面存在主要问题如下：

（1）存在测量盲区。系统安装位置、水中障碍物、平台航向、潮汐等因素均会影响点云数据采集的完整性。在沿岸地形较陡的港口码头、航道、岛礁、桥梁等区域系统适用性较强，在近岸浅水区域则常出现测量盲区。

（2）数据处理问题。现有点云滤波算法具有局限性。由于陆海地形要素差别较大，三维激光点与多波束水深点云滤波多采用交互式滤波与自动滤波，忽视了系统误差对高度与深度的影响，并未根据误差源类型与特点进行相应滤波削弱误差。

（3）其他问题。无统一的一体化测量作业标准，测量盲区时宜依靠不同移动测量系统之间的优势互补协同作业，但多系统联合作业又会增加水上水下一体化测量作业的复杂性。

无人船测量技术相对于传统测量方式，具有的主要优势如下：

（1）作业所需时间短，可规划路线，航向稳定且准确，可极大提高生产效率。

（2）替代人工下水测量，能深入危险区域作业，保证作业人员人身安全。

（3）重量轻、体积小、可随时转移，单人即可完成全部操作，节省人力、物力、财力。

目前，无人测量船已经在多个领域中得到实际应用，但是在使用过程中还存在一些问题，主要问题有：抗水流能力较弱、作业范围有限、续航能力有限，严密遮挡的地区或没有网络信号的地区测量精度会受很大影响，水面障碍物密集的水域无法进行测量作业，水深编辑软件处理数据能力有待提高。

7.6.2 展望

目前，我国船载水上水下一体化测量系统研究尚处在起步阶段，其未来的发展趋势主要表现如下：

（1）逐步以国产硬件集成为主，提高系统的国产化率。

（2）加强数据处理技术及应用软件开发，根据数据类型和特点改进点云滤波、数据分类分割等算法，考虑沿岸植被对地形地貌测量的影响。

（3）快速构建多分辨率数字高程/深度模型，精细化显示近岸复杂地形，重视海量水上水下点云数据的管理与快速显示方法研究。

（4）推进标准化建设，建立行之有效的系统仪器检校和应用技术标准。

随着 5G 时代的到来以及人工智能技术和卫星通信技术的发展，无人船遥感系统与新技术、新科技深度融合，无人船行业的技术发展趋势主要表现如下：

（1）航行算法趋于成熟，船只可以按照既定路线自主航行，在航行的过程中躲避航线上的障碍物。

（2）数据传输变得更加便捷，可以实现水域信息高清视频实时回传、虚拟现实后端演示、水质监测、无人船远程控制应用及自动驾驶控制，使水环境监测治理实现无人化和智能化。

（3）随着科技的发展，更多精密探测设备的出现，无人船测量系统将会更加完善。各种传感器的更新换代，为无人船水下测量和地物识别带来很大便利。

（4）未来需要在无人船平台上搭载更多的设备。因此，对船体的优化设计以及合理安排无人船的布局十分重要，需要研究更小巧轻便的无人船平台。无人船在不同的水质环境下长时间的航行，船体的材料、体积及外形上也需要进行试验和研究，使设备和无人船平台一体化。

随着自动控制、物联网、大数据等技术的快速发展，以及船舶有关的环境感知技术、卫星通信导航技术得到广泛的应用，使得水下测量和地物识别应用更加适应时代要求。无人船测量系统将朝向更加数字化、网络化、智能化的方向发展。可以预见，无人船测量技术将会快速发展、不断成熟，在水下测量中得以更广泛应用。

◎ 思考题

1. 船载水上水下一体化移动测量系统国内有哪些学校进行了应用研究？系统有哪些优势？

2. 船载多传感器一体化系统由几部分构成？数据采集原理是什么？

3. VSurs-W 系统在外业测量工作时有几个阶段？布设 GNSS 基准站时应符合哪些要求？

4. VSurs-W 系统数据处理的内业工作具体流程有哪些？

5. 船载移动测量技术主要应用领域有哪些？存在的主要问题有哪些？

6. 国外无人船(艇)研究有哪些国家？公司？主要产品型号？

7. 珠海云州智能科技有限公司无人船艇产品有几个系列？在公司网站上任意确定一个型号产品做简要说明(特性、功能等)。

8. 在广州南方测绘、上海华测、广州中海达公司中任意选择一家公司，对无人测量船系统的型号、特点、功能、应用等做简要介绍。

9. 无人船测量技术有哪些应用领域？

10. 无人船测量技术有哪些优势？存在的主要问题有哪些？

第8章 激光 SLAM 测量技术与应用

激光 SLAM 扫描系统是高精度、高效率、低成本的室内外一体化三维扫描与测量手段。我国激光 SLAM 技术快速发展，已经广泛应用于多个领域，为测绘地理信息行业提供了良好的移动测量设备，已经成为先进测绘技术的代表。本章主要介绍激光 SLAM 概念与特点、技术发展概述、系统构成与工作原理、国内外主要移动测量系统、技术流程与应用、典型应用案例。

8.1 激光 SLAM 技术概述

近年来，SLAM 技术快速发展，将激光 SLAM 技术应用于测绘地理信息行业，目前已经成为研究热点。本节介绍 SLAM 的概念，激光 SLAM 技术应用的主要特点，技术发展概述。

8.1.1 概念

SLAM(Simultaneous Localization and Mapping，同步定位与地图构建)最早由美国麻省理工学院教授 John J. Leonard 和澳大利亚原悉尼大学教授 Hugh Durrant-Whyte 提出，也被称为 CML(Concurrent Mapping and Localization)，即时定位与地图构建或并发建图与定位。

SLAM 是指携带传感器的运动物体，在运动过程中实现自身定位，并以适当的方式对周围环境进行同步建图的过程。SLAM 的基本方法是机器人利用自身携带的视觉、激光、超声等传感器识别未知环境中的特征并估计其相对传感器的位置，同时利用自身携带的航位推算系统或惯性系统等传感器估计机器人的全局坐标。将这两个过程通过状态扩展，同步估计机器人和环境特征的全局坐标，并建立有效的环境地图。

传感器是 SLAM 的核心部件。目前 SLAM 技术基于两大类传感器：激光传感器和视觉传感器。激光传感器分为 2D 激光扫描器和 3D 激光扫描器，激光雷达主流的有单线激光、16 线、32 线、64 线、128 线激光等，价格基本呈指数增长。视觉传感器分为单目视觉和双目(或多目)视觉以及新兴的深度相机(RGB-D)。常见的机器人 SLAM 系统一般具有两种形式：基于激光雷达的 SLAM(激光 SLAM)和基于视觉的 SLAM(Visual SLAM 或 VSLAM)。

激光 SLAM 脱胎于早期的基于测距定位方法(如超声和红外单点测距)。激光雷达的出现和普及使得测量更快更准，信息更丰富。激光 SLAM 系统通过对不同时刻两片点云的匹配与比对，计算激光雷达相对运动的距离和姿态的改变，也就完成了对机器人自身的定位。激光 SLAM 理论研究相对成熟，落地产品更丰富。

VSLAM 主要是通过摄像头来采集数据信息，其成本要低很多。从应用场景上，VSLAM 在室内外环境下均能开展工作，应用场景要丰富很多，但是对光的依赖程度高，在暗处或者一些无纹理区域是无法进行工作的，事实上能够真正投入应用的 VSLAM 还非常少见。本章重点阐述激光(3D)SLAM 技术与应用。

8.1.2　特点

相比视觉，激光雷达的优点是测量精度高、测距速度快、测量范围广、抗干扰能力强，非常适合实现实时 SLAM。基于激光雷达的 SLAM 方式是目前最稳定、最可靠且性能最好的 SLAM 方式。激光雷达 SLAM 算法是目前产业界落地使用最多、实际运行表现最稳定的算法，主要分为两种：一种是传统的以扩展卡尔曼、粒子滤波为代表的贝叶斯滤波方法，另一种是基于图优化的全局优化处理方法。由于近年来对 SLAM 算法的深入研究，其应用场景逐步向大规模环境发展。图优化方法由于支持全局优化、方便消除累积误差的特点，渐渐成为主流。在 SLAM 中激光雷达传感器有更大的适用范围，对 SLAM 的应用是最好的选择。

地面移动测量系统均需要依赖于全球卫星导航系统和惯性导航系统，只能用于室外环境。然而，由于室内和地下空间等环境中没有 GNSS 信号，因此，传统的移动测量系统无法正常工作。SLAM 技术在测绘领域中的应用降低了测量复杂性，不需要大量标记地物点，不需要 GNSS 信号(个别品牌型号设备带有 GNSS 天线)，适用于室内室外场景，对工作环境有极强的适应性，对于解决传统测绘中的定位及场景重建问题具有广阔的前景。依据目前国内外设备的使用方式主要有背包式、手持式、手推车式的移动测量系统。背包式移动三维激光扫描系统根据搭载的传感器类型和处理技术的不同，主要可以分为纯 SLAM 技术、SLAM+IMU 与 SLAM+GNSS+IMU 三种类型。

基于 SLAM 技术的移动测量系统已经在测绘地理信息领域中得到应用，激光 SLAM 技术应用的主要特点概括如下：

(1)设备集成度较高，安装与操作简便。对作业员的技术门槛要求低，单人可实现复杂区域一体化扫描作业。

(2)SLAM 测图是"面"测量方式，相较于传统"点"测量方式，测量效率有了极大的提升，采集速度大于每秒 10 万点，节省外业数据采集时间。

(3)有效突破了无 GNSS 信号无法测量的限制，系统工作稳定，可进行长时间数据采集。环境适应性强，特别适用于室内、隧道、地下空间等复杂环境的测量工作。

(4)利用随机预处理软件内业处理计算自动化程度高，无需大量的计算资源，可快速获得密集的点云数据，高效提取地物特征点坐标。

(5)点云数据精度高，测量精度控制在 0.05m 内，具有十分广阔的应用前景。

(6)对于精度要求较高的重点区域，可与固定测站式三维激光系统配合使用，既能保证精度，又能保证效率。

(7)点云数据可进行三维建模，通过高精度的实景三维模型对地形进行编辑，具备量测特性，易开发二次应用产品。

8.1.3 激光 SLAM 技术发展概述

1986 年以前还未形成 SLAM 的概念，只在地图已知的情况下研究定位问题。按照发展历史可以分成三个阶段：第一阶段是 1986—2004 年，称为古典时代；第二阶段是 2005—2015 年，称作算法分析时代；第三阶段是 2016 年后，称为鲁棒性时代。

自 1986 年以来，SLAM 已有 30 多年的研究历史。20 世纪 90 年代到本世纪初，统计估计方法被应用到 SLAM 研究中，主要包括卡尔曼滤波器和扩展卡尔曼滤波器等。研究者将 SLAM 问题当成线性高斯系统进行研究取得了一定的成果，但也不可避免地产生线性化误差和噪声高斯分布假设等问题。为了克服统计估计方法上的缺陷，研究者将粒子滤波器和最大似然估计的方法引入到 SLAM 研究中。这一时期的主要贡献是发展出了一套比较成熟的算法框架，受限于计算机的性能，这一阶段 SLAM 方法的最大问题是无法满足实时构建全局地图的要求。

21 世纪以来，随着半导体行业的兴起以及 GPU 技术的快速发展，计算性能极大提升，以激光雷达为中心的激光 SLAM 和以视觉相机为中心的视觉 SLAM 在理论和实践上都取得了突破性进展。SLAM 研究的方向已经逐步转向非线性优化方法，以图优化为代表的非线性优化方法被认为明显优于经典滤波器方法。由于开源运动的兴起，许多开源 SLAM 实现方法被研究者公开。由于应用场景的复杂性，视觉 SLAM 和激光 SLAM 在单独使用中都存在一定的局限性，因此研究者们考虑将二者融合，以发挥不同传感器的优势。

激光扫描可以快速得到点云图像，基于激光雷达的 SLAM 在工业界应用十分广泛，基于激光雷达的 SLAM 研究也取得了诸多进展。激光雷达 SLAM 主要基于扫描匹配方法，能够提供非常精确的 2D 或 3D 环境信息，但通常很耗时，不能像视觉 SLAM 那样处理路标。激光雷达在处理平面光滑特征时能体现出优势，但它依赖简单的扫描匹配方法，稳定性不高。激光 SLAM 的环境特征不明显，对于导航来说并不可靠，因此往往需要与惯性导航单元融合。同时由于激光 SLAM 在动态复杂环境下的性能不佳，导致重定位能力差，往往需要借助 IMU 进行去失真处理。工业级 IMU 的成本很高，这也阻碍了激光 SLAM 的发展。

近年来，深度学习在计算机视觉领域蓬勃发展，在图像特征匹配领域比传统人工设计的算法有大幅提升。研究者尝试在视觉与激光融合 SLAM 中使用深度学习改善里程计和回环检测性能，加强 SLAM 系统对环境语义的理解。

多智能体也是目前与融合 SLAM 结合较多的热点研究方向。在多智能体系统中，各智能体可相互通信、相互协调、并行求解问题，应用在 SLAM 问题中能极大地提高求解效率。同时系统中各智能体相对独立，具有很好的容错性和抗干扰能力，可有效解决大尺度环境下 SLAM 问题。

目前，经典的 SLAM 研究已经比较成熟，视觉 SLAM、激光 SLAM 以及二者的融合正在日趋完善，随着人工智能技术的发展，深度学习、多智能体与视觉激光融合 SLAM 的结合为 SLAM 的进一步发展开创了更为广阔的空间。

近年来，国内外多家研究机构、企业投入研发力量，将 SLAM 技术引进到三维测图领域，并且将核心算法进行改进，制作成可移动测量的激光扫描设备，已经有一些科研院所及公司从事激光 SLAM 设备的研发与制造。国外主要有意大利 Gexcel 公司、德国 NavVis 公司、瑞士徕卡公司、英国 GeoSLAM 公司、澳大利亚采矿公司 Emesent、法国 Viametris 公司、美国 Paracosm 公司和 FARO 公司等。国内激光 SLAM 研究也处于蓬勃发展阶段，主要有北京数字绿土科技有限公司、立得空间信息技术股份有限公司、欧思徕（北京）智能科技有限公司、北京四维远见信息技术有限公司、大连航佳机器人科技有限公司、成都奥伦达科技有限公司、武汉海达数云技术有限公司、首都师范大学等。

现有的 SLAM 技术依然存在很大的缺陷，例如系统的非线性、数据关联、环境特征描述等问题，这些对探索高效完美的 SLAM 解决方法都是至关重要和必须要解决的难题。SLAM 研究的难题主要涉及以下几个方面：维数爆炸、计算复杂度、数据关联、噪声处理、动态环境问题、"绑架"问题、粒子退化问题等。

在应用方面存在的主要问题：仪器设备成本较高，普遍应用难度大；对人员、处理软件有特定要求，数据量大存储空间需求大，对电脑配置要求较高；扫描距离及角度限制，高层建筑物及楼顶信息缺失；对于特征点不明显的直伸形建筑物扫描精度偏差大，精度无法满足要求；扫描玻璃样时，光滑表面缺少纹理特征，易产生模型漏洞等。

随着激光 SLAM 技术与应用的快速发展，未来的发展趋势主要体现如下四个方面：

（1）设备制造公司的新产品不断涌现，设备本身集成化和小型化程度越来越高，为用户的使用带来便利。

（2）随着制造公司研发力度的加大，设备国产化程度不断提高，设备的销售价格会呈下降的趋势，未来设备的普及程度会不断提高。

（3）设备逐渐走向多技术结合，如视觉与激光两种传感器的紧耦合、机器学习与 SLAM 的深度结合、深度相机与 SLAM 技术相结合、融合三维激光雷达和 RTK 的 SLAM 方法、多传感器与多算法的融合。相信算法和硬件的结合会不断改进和优化，效率和精度也会有所提高。

（4）多技术融合应用是发展的主要趋势，包括天基、空基和地基激光雷达数据多尺度融合，与被动式光学遥感数据多源融合；无人机航测和 SLAM 移动测量融合技术应用；背包式激光 SLAM、车载激光扫描系统与无人机倾斜航测结合应用。

随着激光雷达技术的成熟与深度学习理论的深入发展，越来越多低成本激光雷达被民用化，同时将会有更加鲁棒的激光 SLAM 算法随之产生，以激光 SLAM 为基础的技术会被广泛地应用在室内外导航、无人驾驶以及实时三维重建等方面。虽然目前的 SLAM 技术在测绘领域中的应用尚处于初级阶段，但其特有的高精度、高效率及革新性在不远的将来会带来测绘领域的变革。

8.2　激光 SLAM 系统构成与工作原理

激光 SLAM 按照系统构成与使用方式，主要分为三种类型：背包式、手持式、手推车式，不同品牌型号的设备系统构成上总体相似，工作原理基本相同。本节简要介绍激光 SLAM 系统构成与工作原理。

8.2.1 系统构成

激光 SLAM 系统一般由硬件与软件构成。硬件上不同品牌型号的设备配置存在一定差异，配套有随机数据预处理软件，不同的应用方向一般采用第三方应用软件。

以上海华测导航技术股份有限公司的移动背包扫描系统 SL-100D（图 8-1）为例进行说明，系统大致由八个部分组成：GNSS 天线、控制系统、一体化背负系统、支撑杆、全景相机、激光扫描仪、智能电池和进风孔，带着一双"慧眼"，双 VLP-16 扫描头的配置一秒内可获取 60 万点。SL-100D 配套数据处理软件是 CoPre，软件功能主要有工程管理、数据与点云预览、局部与全局优化、结果导出、渲染、生成影像、坐标转换等。

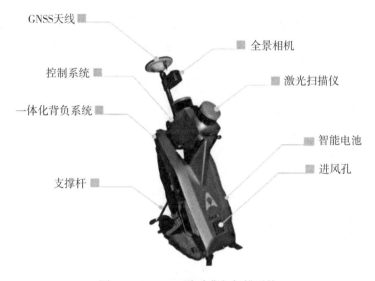

图 8-1　SL-100D 移动背包扫描系统

8.2.2 系统工作原理

SLAM 扫描系统核心部分由三维激光扫描仪器、惯性测量单元以及 SLAM 算法等组成。三维激光扫描仪采集空间数据，惯性测量单元实时获取仪器方位姿态数据，SLAM 算法最为至关重要，直接决定 SLAM 综合扫描系统的整体测量精度。激光测距仪计算的距离数据和 IMU 获取的姿态 POS 数据，是 SLAM 算法确定位置的核心计算要素，系统实时计算三维角度等空间位置信息，从而确定 SLAM 扫描系统和周围空间物体的相对空间位置关系。

SLAM 算法大致可分为基于滤波器的方法和基于图优化的方法两大类。SLAM 算法对利用传感器获取的空间数据进行解算、匹配，传感器测程越大，视场角越开阔，获取并参与解算的数据就越多，匹配的误差就会越小。

在算法一定情况下，移动扫描系统的精度主要受两个方面的影响：一是空间环境特征信息及复杂程度, 空间特征信息越多, 环境越简单, 其定位与构图精度就越高; 二是移动扫描系统行进路线及姿态, 路线规划越合理, 行进姿态越稳定, 其精度越高。

8.3　激光 SLAM 移动测量系统

近几年, 激光 SLAM 移动测量系统得到快速发展, 特别是国内多家公司推出自主研发的产品。本节简要介绍国内外的背包式、手持式、手推车式移动测量系统。

8.3.1　背包式移动测量系统

1. 国外商业系统简介

国外背包式激光 SLAM 商业系统主要有: 意大利 Gexcel 公司与欧盟委员会联合研究中心联合研发出 HERON 背包 SLAM 激光扫描系统; 德国 NavVis 公司研发出 VLX 新型可穿戴式移动扫描系统; 瑞士徕卡公司研发出 Pegasus Backpack 移动背包扫描系统; 英国 GeoSLAM 公司(2019 年)研发出 GEOSLAM ZEB Discovery 移动激光全景三维扫描系统; 法国 Viametris 公司研发出 BMS3D 背负式移动三维激光扫描系统。

以徕卡公司 Pegasus Backpack 移动背包扫描系统为例做简要介绍。Pegasus Backpack 是 2016 年推出的全新移动实景测量背包(图 8-2), 是集高性能、高精度、便携性于一体的高端移动测量背包系统, 赢得了 2016 年红点设计大奖以及 2015 年德国威克曼创新大奖。配套软件为 Pegasus Manager, 软件主要特点: 全新 UI 设计、向导式操作、简单易用, 减少学习成本。软件集数据预处理、数据平差、数据浏览和后处理自动提取高级功能于一身。Pegasus Backpack 主要技术指标参数如表 8-1 所示。

图 8-2　Pegasus Backpack 移动背包扫描系统

表 8-1 **Pegasus Backpack 主要技术指标参数**

相机数量	5
CCD 尺寸	2046×2046
采集速度	600,000 点/秒
扫描范围	有效半径：50m
标准工作时间	4 小时
工作温度	0~40℃（无冷凝）
框架材质	碳纤维
重量（加上箱子）	32kg（包括配件在内）
尺寸（加上箱子）	95×53×43（cm）
相对精度	2~3cm（室内或室外）

2. 国内商业系统简介

目前国内背包式激光 SLAM 商业系统主要有：北京数字绿土科技有限公司自主研发（2018 年）推出 LiBackpack 50、D50、C50 三款背包激光雷达扫描系统；2019 年推出 LiBackpack DG50 背包激光雷达扫描系统；2020 年推出 LiBackpack 产品系列的多传感器综合集成版 LiBackpack DGC50 背包激光雷达扫描系统。立得空间信息技术股份有限公司自主研发推出三维全景激光背包侠。欧思徕（北京）智能科技有限公司研发推出激光雷达固定式产品有双激光雷达固定式测绘机器人 SR-DL7 与单激光雷达固定式 SR-SL6-Lite。单激光雷达旋转式测绘机器人系列产品，主要型号有 SR-RL6、SR-RL6-RTK、SR-RL6-PANO、SR-RL6-PANO-RTK 与 SR-RL6-HD-RTK。北京欧诺嘉科技有限公司研发推出背包式 GoSLAM RS100-RTK 系统，兼容背包、无人机、车载等多种移动平台的 GoSLAM RS50、RS100 与 RS300。北京四维远见信息技术有限公司研发推出的 QS 轻型室内外测量系统，载体有可折叠电动三轮（2 款可选）、汽车（支持定制）、背负系统。

以欧思徕（北京）智能科技有限公司的高清全景旋转激光多载具 SR-RL6-HD-RTK（图 8-3）为例做简要介绍。主要特点是轻量级旋转式激光雷达，360°视场，高精度 IMU；6 镜头工业级全景相机，8192×4096 高分辨率全景图片；标配 RTK 模块，厘米级精度，解算后即为大地坐标成果；适用于涵洞、采空区、管廊、油罐、煤堆、隧道等极端环境；模块化设计，易于改装，适于多载具应用。配套软件有 OmniSLAM Capturer/OmniSLAM Mapper/OmniSLAM Viewer。SR-RL6-HD-RTK 主要技术指标参数如表 8-2 所示。

图 8-3 SR-RL6-HD-RTK

表 8-2　SR-RL6-HD-RTK 主要技术指标参数

全景相机	全景影像拼接后分辨率：3000 万像素
	相机有效视角：360°×270°
激光扫描仪	激光点云量测距离：1~100m
	激光点云密度：60 万点/秒
	测量精度：3~5cm
定位精度	俯仰/翻转：0.2°/0.25°
	速度：0.05m/s
线束	16 线
采集速度	30 万点/s
扫描距离	100/150/200m
图像像素	800 万
GNSS	GPS/GLONASS/Galileo/BDS/SBAS/QZSS
RTK 模式	千寻位置/CORS/GNSS 接收机
数据存储	1TB SSD
点云格式	LAS 等
绝对精度	3~5cm

8.3.2　手持式移动测量系统

1. 国外商业系统简介

目前国外手持式激光 SLAM 商业系统主要有：英国 GeoSLAM 公司推出了 GEOSLAM 系列手持三维激光扫描仪(可兼容背包、无人机等平台)有 ZEB-Horizon、ZEB-Revo RT-C、ZEB VISION 等。意大利 Gexcel 公司推出了 HERON Lite 便携式 SLAM 三维激光扫描系统。美国 Paracosm 公司(2019 年)推出了 LiDAR-SLAM 手持扫描镭射系统。瑞士徕卡公司(2020 年)推出了徕卡 BLK2GO 手持实景扫描仪。法国 Viametris 公司推出了 IMS2D 室内二维移动扫描仪。

以英国 GeoSLAM 公司的 ZEB-Horizon 手持三维激光扫描仪(图 8-4)为例做简要介绍。ZEB-Horizon 以强大的 SLAM 技术为核心，甚至可以用于 GNSS 差的偏远地区；高精度的 SLAM 匹配算法可以保证精度控制在 3cm 左右；可随时拆卸的手柄，实现无人机载、背载、倒置等多种工作方式；极为简单的操作流程，轻巧而坚固，易于捕获且易于处理。配套软件为 GeoSLAM Hub+Draw，软件主要特点：软件自动拼接注册扫描数据和地理参考点，支持从任何 GeoSLAM 设备导入和操作数据，简单通过"拖放"功能就可实现多种工作操作，简单人性化，可导出测绘等级的数据精度。ZEB-Horizon 手持三维激光扫描仪主要技术指标参数如表 8-3 所示。

图 8-4　ZEB-Horizon 手持三维激光扫描仪

表 8-3　ZEB-Horizon 手持三维激光扫描仪主要技术指标参数

扫描速度	300000 点/s
最大测程	100m
相对精度	1~3cm
工作时间	大于 3h
扫描视角	270°×360°
存储空间	80G
数据大小	100~200MB/min
手持重量	1.3kg
防护等级	IP54

2. 国内商业系统简介

目前国内手持式激光 SLAM 商业系统主要有：大连航佳机器人科技有限公司推出了支持手持测绘的三维构图与定位导航模块：3D BOX 与 3D-BOX R100。欧思徕（北京）智能科技有限公司推出支持手持测绘的 SR-RL6、SR-RLP6、SR-RLP6-HD 三款便携式旋转激光全景测绘机器人。广州思拓力测绘科技有限公司（2021 年）推出 H5 与 H8 手持三维激光扫描仪。深圳飞马机器人科技有限公司（2021 年）推出手持激光雷达扫描仪 SLAM100。北京欧诺嘉科技有限公司推出三维激光扫描移动测量系统 GoSLAM DS100（2020 年）、GoSLAM VS100（2021 年）、GoSLAM RS100（2021 年）、GoSLAM RS300（2022 年）、便携式激光盘煤盘料仪 GoSLAM VS100-MT。北京北科天绘科技有限公司推出便携手持式激光雷达系统星探（StarScan）。武汉际上导航科技有限公司推出手持激光雷达扫描仪 GS-100G（2022 年）。

以北京欧诺嘉科技有限公司的三维激光扫描移动测量系统 GoSLAM RS300（图 8-5）为例做简要介绍。产品优势：长距离、高频率、大范围；RTD 实时解算技术，扫描完成无需等待导出即可使用，效率大幅提升；通过 App 移动端实时浏览点云数据，支持多种浏览交互方式，支持更多人机交互内容；具备超强耐候性，可在−20～60℃环境下作业，并且兼容背包、无人机、车载等多种移动平台。GoSLAM Studio 旗舰版软件是为 GoSLAM 系列移动三维扫描仪专门设计开发的一款集设备应用与点云处理于一身的配套型软件，同时也兼容第三方设备点云处理。软件具有一键点云去噪、点云拼接、阴影渲染、坐标转换、自动拟合水平面、自动生成点云数据报告、正摄影像、点云封装功能。GoSLAM 专为堆体体积计量增添一键堆体数据生成的功能，使数据获取更加便捷。GoSLAM RS300 主要技术指标参数如表 8-4 所示。

图 8-5　三维激光扫描移动测量系统 GoSLAM RS300

表 8-4　GoSLAM RS300 主要技术指标参数

扫描距离	300m
扫描速度	65 万点/s
点精度	1cm
扫描范围	360°×285°
激光线数	32 线
内置固态硬盘	1TB
工作时间	4h（双块电池）
重　量	1.2kg（手持端）
多平台搭载	手持、背包、无人机、车船载安装套件

8.3.3　手推车式移动测量系统

1. 国外商业系统简介

国外手推车式激光 SLAM 商业系统主要有：德国 NavVis 公司推出了 M3 Trolley 室内激光扫描系统与 M6 移动扫描系统（2018 年）。美国 FARO 公司推出了 FARO SWIFT 移动式高精度扫描系统。法国 Viametris 公司推出了室内移动扫描仪 IMS3D。此外还有一些多平台 SLAM 系统，如澳大利亚采矿公司 Emesent 推出的 Hovermap-SLAM 测量系统，美国天宝公司发布 Trimble X7 3D 激光扫描仪、Trimble FieldLink 软件与波士顿动力公司 Spot 机器人的完全集成解决方案，奥地利 Riegl 机器狗等系统。

以德国 NavVis 公司的室内激光扫描系统 M6(图 8-6)为例做简要介绍。NavVis M6 是全球领先的室内定位导航系统，该系统由基于多重传感器技术的移动扫描车、在任意浏览器内对全景空间和点云数据进行虚拟现实浏览的软件、基于计算机视觉和传感器融合技术的 App 组成，可轻松实现室内及地下等无 GNSS 信号空间的数字化、生成照片级点云展示，无需任何定位基础设施即可在数字化的建筑中实现精确定位。通过配套软件 IndoorViewer，可以在任意浏览器内对全景空间和点云数据进行虚拟现实浏览、导航、测量和规划。NavVis M6 系统主要技术指标参数如表 8-5 所示。

图 8-6　NavVis M6 室内移动扫描系统

表 8-5　NavVis M6 主要技术指标参数

镜头数	6 个
传感器分辨率	6×1600 万像素
水平视野范围	270°
运行时间	7h
操作温度	0~40℃
角度分辨率	0.25°

扫描精度	0~10m，小于 10mm；10~100m，小于 30mm
转动频率	40Hz
激光安全等级	1 级

2. 国内商业系统简介

国内手推车式激光 SLAM 商业系统主要有：武汉海达数云技术有限公司(2016 年)完全自主研发推出了 HiScan-SLAM 室内移动测量系统。立得空间信息技术股份有限公司推出了 IMMS—室内推车式移动测量系统(2018 年)。

以 HiScan-SLAM 室内移动测量系统(图 8-7)为例做简要介绍。HiScan-SLAM 系统具有高密度、一体化、易拆卸，专门针对无 GNSS 环境下的三维点云数据及高清影像获取。配套自主研发的全业务流程移动测量数据处理系列软件，具有测量精度高、点云处理效率高、成果应用多样化等特点。HiScan-SLAM 室内移动测量系统主要技术指标参数如表 8-6 所示。

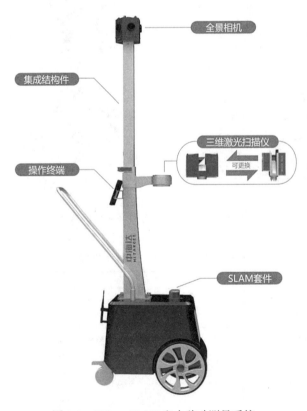

图 8-7　HiScan-SLAM 室内移动测量系统

表 8-6　**HiScan-SLAM 主要技术指标参数**

全景相机	iView Mini
扫描速度	最高 1016000 点/s
采集速度	<0.33 fps
连续工作时间	2~3h
工作温度	0~50℃
有效视场角	千兆以太网/USB 3.0
数据传输	多种格式(包括 LAS,PLY,e57 等)
重量	30kg
尺寸	560×450×1900(mm)
定位精度	1cm

8.4　激光 SLAM 技术流程与应用

激光 SLAM 移动测量系统具有使用简单、精度高等优势,近年来已经得到了广泛的应用。本节简要介绍激光 SLAM 技术流程,以及 6 个主要应用方向。

8.4.1　技术流程

激光 SLAM 三维激光扫描系统在工程应用上,总体技术流程大致相同。以背包式移动三维激光扫描系统为例说明技术过程,一般包括外业数据采集和内业数据处理两个部分,具体测量技术流程如图 8-8 所示,简要说明如下:

(1)测区划分:按照测量任务要求,根据现有测量设备数量、设备续航能力、人员等情况对测区进行合理划分,规划安排好每个测区的测量区域范围、测量时间、设备和人员。

(2)路线规划:利用遥感影像、在线地图并结合现场踏勘情况,规划移动测量路线,以尽量短的行程完成测区测量,同时保证待测对象能够完整被采集到,避免返工。

(3)控制点布设与测量:根据测区空间分布以及测量路线,在合适位置布设一定数量的控制点,并测量控制点的三维坐标。

(4)外业数据采集:按照制定的路线利用背包式移动三维激光扫描系统进行点云数据采集,采集过程对地物尽量覆盖全面,对于重点设施可进行局部细致采集。

(5)数据拼接:利用 SLAM 算法对原始坐标测量数据和惯性导航测量数据等进行处理,再利用点云拼接算法处理得到测区点云数据。

(6)坐标转换:在拼接后的点云数据中标选控制点位置并输入实际三维坐标后进行点云数据整体坐标变换,转换到实际工程坐标系中。

(7)精度校核:在坐标转换后的点云数据中量测检查点的坐标,与实测的检查点坐标

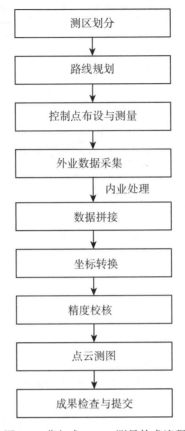

图 8-8　背包式 SLAM 测量技术流程

进行精度校核，坐标偏差在精度要求范围内才可进行后续制图，否则检查数据重新处理。

（8）点云测图：将处理完成的点云数据导入到制图软件中，根据测量任务需求对地物按规范要求进行制图。

（9）成果检查与提交：对制图成果进行质量检查，合格后提交测量成果。

8.4.2　主要应用方向

针对不同的应用环境，设备制造商研发了多种类型的产品，随着用户数量的增加，逐步开展了应用研究。激光 SLAM 技术在测绘地理信息行业应用较多，针对主要应用方向做简要介绍。

1）特殊区域大比例尺测图

大比例尺测图是最重要的基础测绘内容，主要技术有全站仪、RTK、摄影测量、无人机航测、无人机倾斜摄影。传统测量方法费时、费力，且外业易受通视、信号等因素的影响，对精度会产生极大的影响。针对特别或者是小区域，激光 SLAM 技术的出现提供了新的测绘方法。

近年来，学者开展应用研究成果主要有：北京建筑大学（2018 年）采用欧思徕 3D

SLAM 激光影像背包测绘机器人验证精度能满足 1∶500 地形图绘制要求。在 2019 年基于德国 NavVis M3 研究了从数据采集、数据处理、网络发布到地图应用的一整套室内实景三维测图服务系统解决方案。兰州交通大学(2020 年)利用欧思徕 RTK-SLAM,对扫描点云做精确的坐标比对实验。自然资源部第二地形测量队(2021 年)利用 Heron 移动背包三维激光扫描系统,进行 1∶500 大比例尺测图生产试验,并进行精度评价与效率分析统计。

另外,浙江省第二测绘院(2019 年)进行了空地一体化激光移动测量技术在大比例尺地形图更新工作中的应用研究,实践证明:利用空地一体化激光移动测量技术进行大比例尺地形图修测,可以改变作业模式、提升效率、减少成本、减少对天气依赖,具有极大的应用价值和推广价值。

移动背包扫描系统在大比例尺地形图测绘项目中,平面精度上能满足大比例尺地形图测绘的要求,但在高程精度上仍存在一定的差距。效率比传统方法大有提高,节约项目成本,能够直接获取高精度三维数据。随着激光扫描技术的不断发展与应用,类似 SLAM 技术的便携式激光扫描仪将会在大比例尺地形测绘中发挥更大的作用。

2)地下空间测量

城市地铁建设带动地下空间的大规模开发,高层建筑推进地下空间立体开发,综合减灾防灾的需求带动地下空间建设。为了加强地下空间的开发利用及管理,国家与地方陆续制订了管理办法,将地下空间的开发利用与管理纳入法治化轨道,主管部门结合地下空间测绘制订了专门的技术规范。地下空间测绘技术方法是:控制点导入采用联系测量,空间三维信息获取采用数字化测图等方法。这些传统测量方法效率低,总体精度较差。基于激光 SLAM 扫描技术的出现解决了地下与地面一体化三维空间测量问题,对地下与地面复杂场景测绘具有广阔的应用前景。

近年来,开展应用研究成果主要有:昆明市城市地下空间规划管理办公室(2020 年)使用徕卡 Pegasus Backpack 背包式三维激光扫描系统构建了昆明主城区某地下管廊精细三维模型。青岛市勘察测绘研究院(2020 年)采用 GeoSLAM ZEB-Horizon 手持移动三维激光扫描仪绘制了某地下车库平面图,并验证了精度。广东工贸职业技术学院(2021 年)以广州市一处过街人行隧道为研究对象,试验了一种基于 3D SLAM 技术的地上地下空间一体化测量新方法。

基于激光 SLAM 移动式三维激光扫描仪的地下空间测量方法与传统测量方法相比具有作业高效、信息丰富、测量精度高等优点。具体表现是:适合地下空间测量大批量使用;三维坐标测量可达 5~10cm 精度,满足地下空间三维测量技术相关规定;利用软件的二三维联动分析功能,结合丰富的属性信息,对激光点云数据进行地下与地面联动分析,可有效解决地下空间结构复杂且隐蔽导致难以量测的问题;能够满足小区楼房、地下室、地下车库等区域的普查要求。

3)农村房地一体测量

2011 年 5 月,原国土资源部、财政部和农业部下发通知要求完成农村集体土地所有权证的确权登记发证工作。传统测量方式通常是采用全站仪或 RTK 等进行测量,传统方式采集房地基础数据精度较高,但工作量大、生产周期长,采集的成果为离散点,不够直观,无法满足信息化时代对于测量数据更新的时效要求。SLAM 移动测量技术应用于测图，可以获取农村房屋等对象的空间三维信息，得到测区的密集点云，生产房地一体所需的地籍空间数据，是一种新型且高效的技术手段。

近年来，学者开展应用研究成果主要有：广东南方数码科技股份有限公司(2021 年)通过在广东省、江苏省的实际项目中使用手持激光雷达扫描采集农村房屋及附属的地籍空间数据和属性信息，并与传统解析法测绘相比较。广州市规划和自然资源自动化中心(2021 年)对航测与 SLAM 测量技术融合在房地一体中的应用进行了研究。北京帝测科技股份有限公司(2021 年)针对背包式三维激光扫描仪在房地一体项目中的应用及精度验证进行了研究。

SLAM 系统在小区域集中、建筑密集度高的房地一体项目测量实践中，以其灵活的作业方式，较简单的外业操作步骤，较直观的内业数据可视化，得到了比全站仪测量更快更好的房地一体数据成果，精度能满足 1∶500 的要求，为完成房地一体测绘工作提供了一种新的、有效的技术思路和解决方案。

4) 土石方测量

土石方测量是工程建设前期的一项重要工作，其测量结果准确性直接影响相关方的经济利益，目前土石方测量主要采用 GNSS 接收机或者全站仪进行现场点位采集，内业根据离散点的空间信息绘制土方量格网并计算体积，由于现场采集点位数量有限，其结果难以精确反映土方量的真实情况。三维激光扫描仪的应用可有效解决传统测量手段的弊端，在短时间内即可获得现场空间海量三维点云，基于点云可建立地形 Mesh 网格，从而得到精确的土方量。

近年来，学者开展应用研究成果主要有：青岛市勘察测绘研究院(2021 年)采用手持扫描仪对某工地进行土石方测量方法研究。中交上海航道局有限公司(2021 年)采用背包式激光扫描仪对运石船进行块石量方测试研究。

手持式移动扫描仪应用于土石方等测绘工作，极大地提高了工作效率，作业过程中若需绝对定位，在采用传统手段测量现场控制点的同时，应使用手持扫描仪对控制点测量状态进行重点扫描，以便于后续处理。由于手持扫描仪的工作状态特点，其精度相对于架站式扫描仪要明显低，手持式扫描仪不适合应用于高精度的测绘场景或建模。

5) 矿山测量

矿山测量技术为矿山提供技术和施工依据，具有施工生产和技术管理的双重职能，贯穿矿山开采全过程。为了确保更加准确合理地开采矿山，创建矿山三维模型已势在必行，矿山井下采用传统的全站仪碎部测量法及支距法测绘，无法获取能够反映井下巷道及采场空间信息的坐标数据。

近年来，学者开展应用研究成果主要有：云南锡业集团大屯锡矿(2020 年)采用英国 GeoSLAM 手持便携式 ZEB-Revo 三维激光扫描仪，以应用的效果证实了在井下测量中的可行性和高效性。山西中条山集团篦子沟矿业公司(2021 年)采用 GeoSLAM 手持便携式三维激光扫描仪研究了在常规测量、精细化管理、平剖面图、工程质量检验、工程量计算中的应用。山东科技大学(2021 年)以山东某金矿溜井为例，采用手持式激光扫描仪获取两期溜井内部点云数据，准确分析了内部形变。

手持三维激光扫描技术在矿山测量中的应用优势：可在较短的时间内完成矿山三维数

字模型点云数据采集，极大提高测量效率；点云密度高，可完整、翔实地反映地下空间现状；可用于验方测量，超、欠挖核对；可为中深孔等采矿设计提供准确的实体模型；为采空区管理、空区体积计算及充填设计提供依据等。

6）森林资源管理

在森林资源数量、质量及健康状况等方面的调查、监测与研究过程中，单木胸径、树高和冠幅等测树因子的获取至关重要。传统的单木因子获取以野外调查和地面实测为主，费时耗力、自动化程度不高、效率较低，难以实现大尺度的森林结构参数连续性监测。背包式 LiDAR 具有真三维测量、成本低、易操作和覆盖广等技术特点，其数据采集时携带便捷、操作简单、不受天气、地形等外界环境因素的约束，测量范围易操控。作为一种新兴点云数据获取手段，背包式 LiDAR 在获取森林三维结构参数方面具有良好的应用潜力。

近年来，学者开展应用研究成果主要有：新疆农业大学（2021 年）以天山云杉林为研究对象，利用 LiBackpack D50 背包式激光雷达扫描样地获取点云数据进行单木分割识别和单木胸径、树高及冠幅面积等因子估测。

基于背包式激光雷达估测单木胸径、树高、冠幅面积信息，可以极大地减少人工调查的工作量，提高单木因子信息估测效率。背包式激光雷达测量手段尚处于初级阶段，随着新一代信息技术的飞速发展，多种数据源多尺度的融合是未来的发展趋势。

其他方面应用包括：铁路勘测方面可应用于地形测量、断面测量、房屋拆迁调查、桥墩测量、涵洞丈量、高压塔线测量，建筑物与轨道交通竣工测量，建筑物平立面测量，景观改造工程，室内空间全景导航，建筑工程 BIM，电力与通信线路检查，犯罪现场真实还原等。

虽然 SLAM 技术在测绘领域中的应用尚处于初级阶段，但其具有的高精度、高效率及革新性，相信在不远的将来会带来测绘领域的变革。

8.5 典型应用案例

激光 SLAM 技术应用比较广泛。本节简要介绍激光 SLAM 技术在城市园林普查、建筑物平立面测量、城市地下空间调查中的应用案例。

8.5.1 城市园林普查

1. 项目概况

根据相关条例规定，每五年进行一次森林资源规划设计调查和园林绿地普查工作，查清森林、林木、林地和城市绿地资源的种类、数量、质量与分布，客观反映调查区域自然、社会经济条件和经营管理状况，综合分析、评价绿化资源与经营现状，提出对绿化资源培育、保护、利用意见，为各级政府及有关部门制定政策、实施管理提供科学依据。本次项目采用北京数字绿土公司的 LiBackpack D50 双激光头背包扫描仪完成临沂北路（济南路—五莲路段）、五莲路（临沂路—沙墩河段）、沙墩河公园（临沂路—五莲路部分）三块绿地的数据采集。

2. 外业数据采集

(1)作业前对扫描区域(图 8-9)进行踏勘,规避扫描区域内的风险,同时制定合理的扫描路线。对于是路线交错复杂的环境,需要在踏勘之后制定扫描方案进行多次扫描,以防数据采集有盲区或遗漏。本次采集按照实地地物类型,将城市绿地要素分为植物要素和园林设施两大类。其中,植物要素分为乔木、灌木、球型植物、草坪地被、水生植物五类。

(2)检查移动测量设备,检查各部件是否齐全,电池是否具有充足的工作电量,检查完毕后快速且安全地组装移动测量设备。

(3)打开仪器,开始采集操作,采集过程中应严格按照规划路线进行测量,如果遇到规划路线时未考虑到的难以观测位置,应遵循宁多勿缺的原则进行测量,并在路线图上记录下来。

图 8-9　待测区范围

3. 内业数据处理

(1)裁剪待测区域范围点云数据(图 8-10,彩色效果见附录)。

(2)对原始数据的空中点、低于地表点(高位粗差及低位粗差)及孤立点等噪声点进行分类并去除,进而提高数据质量。

(3)为减小地形起伏对城市绿地估测的影响,采用改进的渐进加密三角网滤波算法进行激光雷达地面点分类。包含点云格网化、选取种子点、使用种子点构建三角网和迭代加密三角网。

图 8-10　原始点云数据

4. 成果展示

　　项目取得的主要成果包括沙墩河公园扫描成果图(图 8-11,彩色效果见附录),五莲路扫描成果图(图 8-12,彩色效果见附录),同时进行试验精度验证。

(a)外业3D扫描成果

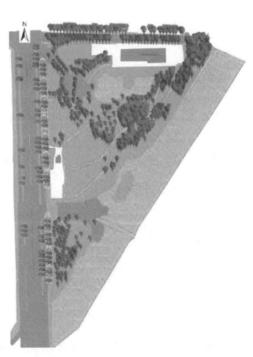

(b)内业矢量化部分成果

图 8-11　沙墩河公园扫描成果图

（a）3D 扫描成果

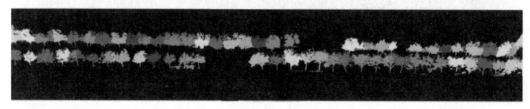

（b）乔木提取成果

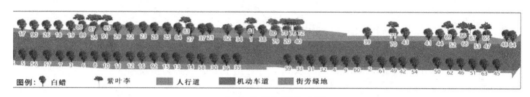

（c）内业矢量化成果

图 8-12　五莲路扫描成果图

乔木数量验证：五莲路路北一侧（从西至东），行道树（靠内一排）：缺少 1 棵（识别正确率 98.5%）。花坛内小乔木：共 65 棵，成果中有 61 棵（识别正确率 94%）。五莲路路南一侧（从西至东），行道树：缺少 2 棵（现场的倒数第 1 棵、倒数第 8 棵缺少，识别正确率 98%）。

胸径精度验证：误差平均值为 1.5cm，五莲路路北一侧（从西至东），只有第 1 棵胸径量算误差较大（实测胸径 5.2cm，成果中为 8.4cm）

8.5.2　建筑物平立面测量

1. 项目概况

根据政府规划，某小区将进行一次旧小区改造工程，加装隔热材料。因该小区楼层较低，植被密集，严重遮挡特征点位，而且楼数众多，如若选用传统测量方法需要投入大量人力、物力。为了快速优质完成该任务，使用 GeoSLAM 公司的 ZEB-Horizon 手持三维激光扫描仪对小区进行测量。

2. 测量路线规划与数据采集

结合生产实践，制定基于手持激光扫描仪的旧建筑物整改中的立面扫描工作流程，技术路线如图 8-13 所示。

设计路线时，需要考虑仪器本身的性能（测程范围和最大仰角），保证高层建筑的顶面同时在测程范围和仰角包含角度内。同时需要保证建筑物侧面点云密度足够，以及造型复杂的建筑物被遮挡住部分的补测。为了控制偏移误差，每测站测量时间为 15min 左右。一测站完成后为了保证和下一测站的同名点配准、点云融合，在两测站中间选择足够的共同测量部分，以保证点云有足够的重叠度。

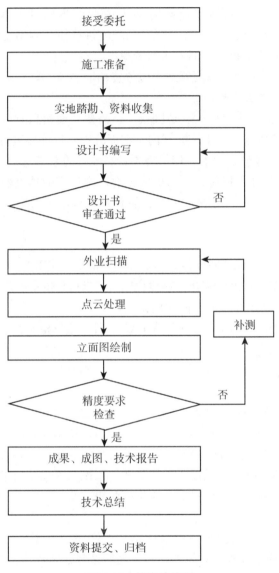

图 8-13 技术路线图

外业数据采集主要流程如下：

(1)检查移动测量设备，检查各部件是否齐全，电池是否具有充足的工作电量，检查完毕后快速且安全地组装移动测量设备。

(2)将扫描仪平放在地上，开机后选择测量模式，扫描单元开始转动后即可开始点云采集。采集过程中应严格按照规划路线进行测量，如果遇到规划路线时未考虑到的难以观测位置，应遵循宁多勿缺的原则进行测量，并在路线图上记录下来。

3. 内业数据处理

外业数据采集到的工程文件格式为 LAS，Trimble、RealWorks 和 Trimble Business Center 等点云处理软件均可识别。

(1)测量完成后，将每测站作业同时导入内业处理软件，本次工程采用 Trimble Business Center 软件对点云处理。首先选择自动配准拼接使两测站主体拼接在一起，但自动配准两侧站点云的重叠度和残差都未达到最理想值。

(2)选择手动拼接，手动选择两侧站相似位置的同名点，软件会根据同名点进一步对点云进行配准拼接，达到最理想值。

(3)由于拼接后的点云内存较大、范围很广，需要立面信息时可根据需要按楼号创建点云区域，并将相应楼号点云置于该区域内，继而分别对每栋楼进行操作。若想导出点云信息到 CAD，即使按楼号分别导入，依然需要较高配置的电脑。

(4)选择主平面生成正射影像，同时生成正射影像相应的角点坐标，再将正摄影像导入 CAD，普通电脑便可完成，使该方法更容易普及。根据正射影像在 CAD 中进行描绘，可极大提高作业效率。

4. 成果展示

为比较点云生成正射影像相对于传统测量方法的精度，使用 Leica TS09 plus 全站仪测量检测点进行对比，随机选择 10 个点进行精度说明，并求得点位中误差，同时随机检测 10 条边进行误差分析。特征点误差均在 2cm 之内，边长误差在 2cm 左右，符合《城市测量规范》(CJJ/T 8—2011)。将处理好的正射影像导入 CAD 软件中绘制建筑物平(立)面图。

8.5.3　城市地下空间调查

1. 项目概况

为满足地下空间部件普查、地形图测绘、地下空间建模等测绘领域发展的新需求，南京测绘勘察研究院有限公司积极探索，在南京新街口地铁站及其附属区域，利用武汉海达数云公司的 HiScan-SLAM 室内移动测量系统进行项目实施，包括数据采集、数据处理、成果生产，整体评估该系统的集成度、工作效率、系统精度以及技术路线的完整性，同时对实际项目中可能遇到的问题进行暴露并探索其解决方案。

2. 外业数据采集

(1)现场踏勘。在进行数据采集前，首先对地铁站及其附属区域结构进行踏勘(图8-14)，提前规划好扫描路径和注意事项。一般地铁站包含站台层、站厅层及附属通道等，通过踏勘对其附属区域空间大小进行简单分析，规划行进路线走向、拐点位置，确保能够在最短时间获取到现场全部的地理信息空间数据，避免遗漏相关场所。

(2)控制点布设。为控制测量精度，在站台层站厅层均匀布设控制点，控制点需覆盖测区。控制点平面坐标采用闭合导线方式，按四等导线测量的要求进行联测。高程采用闭合水准路线方式，按四等水准测量的要求进行联测。

(3)开始扫描。设备安装调试好之后开始进行扫描，在扫描的过程中，对遇到的特殊环境和结构需要进行重点扫描，并且在设备自带的操作终端观察扫描数据的效果，再确定质量完好的情况下，继续进行扫描。

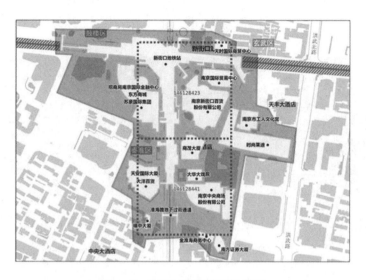

图 8-14　新街口采集范围示意图

3. 内业数据处理

（1）采用海达 SLAM 轨迹解算软件 HDInteriolPos 进行解算所得的数据和海达全景拼接软件 HDPanoFactory 获取的全景影像数据结合得到 HiScan 标准工程数据。

（2）采用海达街景生产软件 HD StreetView、海达点云测图软件 HD PtVector 和海达三维建模软件 HD Modeling 软件进行处理，得到室内全景、室内地图和室内三维模型。

4. 成果展示

通过相关软件的处理，取得有代表性的成果包括地铁站圆盘整体点云（图8-15，彩图

图 8-15　地铁站圆盘整体点云

效果见附录），地铁 1 号线站台全景（图 8-16，彩图效果见附录），地铁 2 号线进站口线划图（图 8-17，彩图效果见附录），地铁 1 号线进站口精细模型（图 8-18，彩图效果见附录）。

图 8-16　地铁 1 号线站台全景

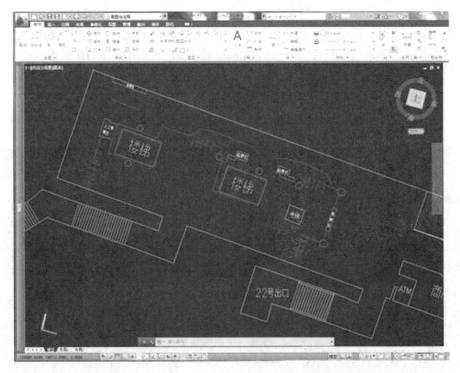

图 8-17　地铁 2 号线进站口线划图

图 8-18　地铁 1 号线进站口精细模型

◎ 思考题

　　1. 简述 SLAM 的英文全称，中文译文全称，定义。

　　2. SLAM 技术特点，未来发展趋势有哪些？

　　3. 激光 SLAM 按照系统构成与使用方式主要分为几种类型？激光 SLAM 系统一般由哪些部分构成？

　　4. 背包式、手持式、手推车式移动测量系统的组成结构及应用场景有哪些异同？

　　5. 简述背包式激光 SLAM 主要测量流程。

　　6. 激光 SLAM 技术主要应用领域有哪些？

第9章 无人机 LiDAR 测量技术与应用

近年来，无人机摄影测量和激光雷达测绘技术迅速发展，无人机 LiDAR 测量技术已成为快速获取高精度地表三维信息的有效手段，也为测绘地理信息行业提供了良好的技术保障，已经成为先进技术的代表。本章主要介绍无人机 LiDAR 技术概述、系统构成与工作原理、系统简介、数据采集与处理、技术应用。

9.1 无人机 LiDAR 技术概述

近年来，无人机 LiDAR 技术快速发展，已经广泛应用于测绘地理信息行业。本节简要介绍无人机 LiDAR 技术的研究现状、主要特点及未来展望。

9.1.1 研究现状

无人机是指通过地面人员操控进行飞行的一种不载人航空器。战争促进了无人机的发展，第一次世界大战期间，英国出于军事作战目的研制了第一架无人机，主要作为靶机用于军事训练。早期的无人机研发主要是为了应用于军事领域的战场侦查和作战任务执行。20 世纪后期被广泛重视，西方国家竞相将高新技术应用到无人机上。随后无人机逐渐被应用在越南战争、海湾战争和北约空袭南斯拉夫等战役中。进入 21 世纪，随着数字化、高精度和小型化新型传感器的出现，无人机的研制推广得到了进一步发展。近年来，无人机因其研发成本低、机动性好、安全易操作等特点，在军事作战、农业植保、快递运输、灾难救援、观察野生动物、监控传染病、新闻报道、电力巡检、影视拍摄等领域得到广泛应用。我国无人机产业发展相对较晚，21 世纪初才进入飞速发展阶段，并开始向民用转变，能够为抢险救灾等工作提供数据支撑，并且在测绘领域大放异彩。

LiDAR 技术应用于测绘领域，成为针对地面、地形进行观测的一种测量体系。它最早出现于本世纪初期，是集激光测距技术、惯性测量单元与 GPS 定位技术为一体的现代化技术，该技术的应用使得实时信息获取方面取得了重大突破。

近年来，激光雷达测量技术发展迅速，已成为快速获取高精度地表三维信息的有效手段。根据载体平台不同，可分为星载、(有人、无人)机载、车(船)载、背包和地面式 5 类。伴随着无人机的迅速发展，无人机 LiDAR 就随之诞生了。无人机 LiDAR 系统是一种新型测量系统，能实现机动性、大范围的测量。

无人机(Unmanned Aerial Vehicle，UAV)激光雷达平台的出现最早可以追溯到 2004 年，是由国外公司开发的，用于数字表面模型和纹理特征的获取。近些年来由 Velodyne、

Routescene、LeddarTech、Riegl、Yellow Scan、Geodetics 以及大疆等公司研发的无人机激光雷达传感器进入市场，正推动着无人机激光雷达系统向多维化、立体化方向发展，也逐步促进其成为区域—景观尺度自然资源调查的一种重要手段。

2016 年至今，科技部进一步扩大了对无人机 LiDAR 测量领域的相关支持，并在广域航空安全监控、城市群经济区域建设与管理服务、城乡生态环境综合检测服务等领域取得了一定的成果。目前，我国无人机 LiDAR 测量发展呈多样化趋势，其在国家层面上可以应用于生态环境资源监测、灾害应急响应监测以及国土突发事件监测。在民用层面上可以应用于电力巡线、文物保护、油气勘探等行业中。随着无人机 LiDAR 系统发展的深入，今后将会有更多的行业深受其益。

无人机 LiDAR 技术是在无人机与激光测量等技术充分发展后，以无人机为测量平台，融合激光扫描技术、全球卫星定位技术和惯性导航技术而形成的一种新的测量技术方法。该测量技术可以快速获取地面点的密集三维点云数据，通过对点云数据进行后处理，能够获得生产所需的测量成果。

9.1.2 主要特点

无人机 LiDAR 技术是近 30 多年来摄影测量与遥感领域极具革命性的成就之一。作为一种主动式遥感技术，不受时间和气候条件的限制，可全天候对地观测，能够快速获取高精度、高分辨率的 DEM 以及地面物体的三维坐标，还可以同时获得地球表面物理特性，具有被动光学遥感无法替代的作用。无人机 LiDAR 技术是全三维测量模式，目前已经在多行业领域得到应用，特别是给测绘地理信息领域带来深刻的技术变革，与传统摄影测量与地面常规技术相对比，无人机 LiDAR 技术应用的主要特点概括如下：

(1)数据精度高。该技术具有主动测量的特点，不受阴影与太阳高度角的影响，受天气影响较小，有效作业时间长。全天候可以实现激光点云数据的精准采集，数据精度高，能满足多领域应用需求。

(2)野外数据采集周期短。相较于传统航测外业工作，该技术可以省去大量的外控工作和刺点工作，免像控降低了布设野外像控点的难度，同时更是显著减少了野外调绘工作。对于高山峡谷、滩涂沼泽等地形复杂和人难以抵达的地区，该技术可以很好地解决困难区域数据采集问题。

(3)植被穿透能力强。由于激光雷达具有多次回波特性，激光脉冲在穿越植被空隙时，可返回树冠、树枝、地面等多个高程数据，有效克服植被影响。针对高密度点云进行滤波和分类处理，能获得精度较高的地面点数据，生成 DEM 模型能准确表达出地形微小起伏特征，更精确探测地面真实地形，提高了地形图的准确性。

(4)工作效率高。无人机 LiDAR 系统起降场地寻找更加容易，操作简单方便，对飞手的培养周期大大缩短。与传统方法对比可有效缩短项目工期，提高工作效率。

(5)数据应用领域广泛。由于可以获得三维立体点云，数据可用于地物测量与分析，包括生产 DEM 和 DSM、地籍测量、电力巡线、林业资源调查、国土资源调查、水利项目、交通路面情况分析等，也可用于地物真实三维重建、数字城市、数字林业、数字文物、数字水利等。

9.1.3　展望

无人机 LiDAR 技术虽然具有很多优点，此技术目前还处于快速发展初期，目前存在的主要问题有：LiDAR 系统的核心部件(扫描仪与 IMU)国产化程度较低，因设备价格较高，在一定程度上限制了无人机遥感平台的大规模推广普及；由于受到飞行平台荷载和电池的影响，无人机 LiDAR 系统的飞行时间一般都比较短，飞行过程中稳定性还比较差；内业数据处理过程繁琐，国产软件的性能有待于改进，特别是行业应用软件的自动化程度不高，制约 LiDAR 系统的广泛应用。

目前，无人机 LiDAR 技术与应用已经成为热点，随着信息化技术、自动化技术的进一步发展，在国家、设备制造商、不同行业的应用者共同推动下，相信未来几年将进入快速发展期，主要发展方向体现在如下五个方面：

(1)随着 LiDAR 系统的核心部件(扫描仪与 IMU)国产化程度的逐步提高，设备价格也会大幅度下降，在一定程度上会促进无人机遥感平台的大规模推广普及。

(2)随着各种新型材料被开发研究，今后无人机平台将会越来越先进，无人机 LiDAR 设备性能不断完善，无人机将更小、更轻、更灵活便捷。

(3)国产数据处理软件性能将会不断提高，同时数据处理新方法、新工艺等技术手段不断出现及提升，进一步提高数据处理效率，相信在各行各业中将拥有广阔的应用前景。

(4)无人机 LiDAR 技术与其它测量技术(倾斜摄影测量、车载激光技术等)的数据融合应用技术会逐渐成熟，能够更好满足不同行业的应用需要。

(5)无人机 LiDAR 技术相关规范也会相继出台，国家对行业的管理也会规范化。相信无人机 LiDAR 技术将逐步走向成熟，给相关应用者带来更大的经济效益。

在未来，无人机技术必将同大数据分析技术、人工智能技术、物联网技术相结合，向智能化和行业化两大趋势发展。无人机体小便携、飞行稳定、云台承载灵活多样、智能化发展的优势必然会给不同领域的应用带来广阔前景。

9.2　无人机 LiDAR 系统构成与工作原理

近几年，国内无人机 LiDAR 系统研发制造速度明显加快，虽然不同公司的产品各有特色，但是系统构成与工作原理基本相同。本节简要介绍无人机 LiDAR 系统构成与工作原理。

9.2.1　无人机 LiDAR 系统构成

无人机 LiDAR 系统由硬件及软件组成，目前销售的无人机 LiDAR 设备无论是国外还是国内种类都很多，但所有的设备在硬件构成上大致相同，软件上稍有差异。下面以广州南方测绘科技股份有限公司 2020 年 11 月推出的 SZT-R250(图 9-1)为例，简要阐述无人机 LiDAR 系统的构成。

图 9-1　SZT-R250 的总体构成

1. 硬件组成

无人机 LiDAR 系统硬件部分由无人机平台、激光扫描仪、POS(GNSS/IMU)系统、高分辨率 CCD 数码相机等组成。

1)无人机平台

无人机的分类方法主要有平台构型、用途、重量、活动半径、任务高度。按平台构型可分为固定翼无人机、旋翼无人机、无人飞艇等。通常情况下，无人机系统除了无人机本体外，还包括飞行控制系统、动力系统、能源系统、任务荷载设备、通信系统、地面监控站。

无人机激光雷达搭载的无人机平台主要有多旋翼与垂起固定翼，目前民用无人机领域国内水平较高，领先国外。国外制造商主要有瑞士 SenseFly 公司(eBee)、日本拓普康公司(天狼星)等。

国内航测无人机生产厂家主要有深圳市大疆创新科技有限公司、成都纵横大鹏无人机科技有限公司、深圳飞马机器人科技有限公司、上海华测导航技术股份有限公司、广州中海达卫星导航技术股份有限公司、广州南方测绘科技股份有限公司、深圳智航无人机有限公司、深圳市科比特航空科技有限公司等。

2)POS 系统

用于获取设备在每一瞬间的空间位置与姿态以及为整个系统提供精确的时间基准。

目前组合导航尤其是 IMU 基本被国外垄断。厂家整套的组合惯性导航价格一般都比较高，所以国内很多集成商会直接从 IMU 生产厂商购买 IMU 惯性测量单元，再买 GNSS 板卡，自己做集成。

国外制造商主要有加拿大 Applanix 公司(POS MV 系统，美国天宝公司收购)、加拿大 NovAtel 公司(span-lci 分体式光纤惯性组合导航系统)、美国 Honeywell(霍尼韦尔)公司(IMU 与惯性组合导航系统)、挪威 Sensonor 公司(IMU)、德国 iMAR 与 IGI 公司。

国内集成制造商主要有武汉际上导航科技有限公司(gSpin-GNSS/INS/多传感器集成定位测姿系统等系列产品)、立得空间信息技术股份有限公司(PPOI-A25 型轻小型定位定姿系统等系列产品)、武汉海达数云技术有限公司(Hi-Pos 高精度定位定姿系统)等。

3）激光扫描仪

通过高速激光扫描测量的方法，利用激光测距特性，记录被测物体表面的三维坐标、反射率等信息，由此快速复建出被测目标的三维模型及线、面、体等各种图件数据。

激光扫描仪包含多线和单线系统，多线系统拥有更多线束、更高的点云密度、更少的遮挡，在国际市场上推出的主要线束有 4 线、8 线、16 线、32 线、40 线、64 线、128 线。单线系统拥有更长测程，更多回波数。测程覆盖几十厘米到数千米，用户可根据不同应用场景，选取合适产品。

国外制造商主要有奥地利 RIEGL 公司与美国 Velodyne 公司，占据国内大部分市场。国内制造商主要有北科天绘科技有限公司、深圳煜炜光学科技有限公司、上海华测导航技术股份有限公司、禾赛科技、速腾聚创等，市场占有率逐渐增加。

4）数码相机

用于获取对应地面的彩色数码影像，与激光点云数据结合可以提供更为丰富的空间信息。

无人机激光雷达系统上集成的相机多数是索尼的微单相机，还有丹麦飞思航测相机。国内制造商主要有上海海鸥数码照相机有限公司、深圳赛尔智控科技有限公司等。

2. 软件概述

无人机激光雷达系统中数据处理软件是非常必要的，目前主要有随机配套软件、商业软件、开源软件等，通过软件完成数据的预处理与后处理。

现在市面上流通的软件大多功能相近，例如：美国 TopoDOT、大疆 DJI Terra 等在数据处理上都具有各自的特点。总体上说，目前还没有一款软件能够做到可以同时满足各行各业的需求，不同的软件也有不同的缺点，软件的发展还有待后续的研发和探讨。

9.2.2 无人机 LiDAR 工作原理

在进行扫描时，从激光扫描仪发出的激光束，沿直线射向被测物体表面，一部分光会反射回来，成为回波信号被系统接收。这道光束可以被定义为带有方向的向量 S。对于无人机 LiDAR 系统来说，通过定位装置，可以确定激光发射器的位置坐标，即向量起点坐标；通过定姿装置，可以确定发射的激光束的方向，即向量的方向；通过确定激光发射与接收回波的时间差，以及确定的光的传播速度，可以确定激光的运动距离，同时可以确定激光扫描仪参考中心到地面点之间的距离，即向量 S 的模。在以上所得到的数据支持下，向量另一端的点位坐标以及被测物体的坐标即可唯一确定。

在三维空间中，每个激光点源与激光光束的瞬时扫描角，取决于激光扫描仪的扫描装置及其扫描方式。当前市场上的商业化机载激光扫描仪多采用扫描线的形式，在某一时刻的扫描线上，随着瞬时扫描角的变化，在扫描线上扫描镜旋转产生大量的激光点。因此，瞬时激光光束坐标系（Laser beam，Lb）是个 X 轴与激光系统坐标系（Laser Unit，LU）重合，Y 轴和 Z 轴不断变化的坐标系，两种坐标系的相互关系如图 9-2 所示，激光系统坐标系的 X 轴指向飞行方向，Y 轴指向右机翼方向，Z 轴根据右手规则与 X 轴、Y 轴构成的平面垂直，τ 代表激光扫描的视场角(又称为带宽角)，τ_i 代表瞬时扫描角。激光点在瞬时激光光束坐标系中的坐标需要转换到激光系统坐标系下。

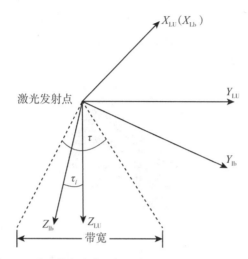

图 9-2　瞬时激光光束坐标系与激光系统坐标系的关系

将导航解算数据同初始点云数据进行处理，即可获得各测点(X, Y, Z)的三维坐标信息，这类空间信息数据称为"激光点云数据"，由于点云数据多以 .las 格式存储，故点云数据又通俗的称为 LAS 文件。从原始点云生成激光点云过程十分复杂，需要经过多次的坐标系转换才能完成，坐标系转换过程分别包括：从瞬时扫描坐标系到扫描参考坐标系转换，从扫描参考坐标系到 IMU 参考坐标系转换，从 IMU 参考坐标系到导航坐标系转换，从导航坐标系到 WGS-84 坐标系转换。

9.3　无人机 LiDAR 系统简介

目前国内外无人机 LiDAR 系统的制造公司较多，产品各有特色。本节简要介绍两款国内外无人机 LiDAR 系统的功能特点。

9.3.1　国外系统简介

国外无人机 LiDAR 设备制造发展的比较早，近年来随着国内市场的需求，一些公司的产品在国内由国内代理商进行销售。

下面以奥地利 RIEGL 公司的产品为例做简要介绍：

RIEGL 公司具有全系列的激光雷达设备，包括地面、车载、有人机载、无人机载激光雷达，工业扫描仪与激光测距仪，处理软件等。无人机载激光雷达设备种类十分丰富，主要有：VUX-1LR-22、VUX-1UAV-22、VUX-120、VUX-240、VUX-SYS、miniVUX-1LR、miniVUX-1UAV、miniVUX-2UAV、miniVUX-3UAV、miniVUX-SYS、miniVUX-1DL。RIEGL

公司旗下的无人机载激光雷达拥有轻便、体积小、处理数据快等优点。

以前下后三向扫描 VUX-120(图 9-3)为例做简要介绍。VUX-120 是一款用途广泛的轻型机载激光扫描仪，视场角达 100 度，数据采集速度高达 1.8MHz，非常适合于高点密度廊道测绘应用。VUX-120 的测量光束在三个不同的方向上连续扫描：从向前 10 度—最低点—向后 10 度交替变化，这种特别的扫描方式使采集到的数据具有非常高的完整性。VUX-120 主要技术指标参数如表 9-1 所示。

图 9-3　前下后三向扫描 VUX-120

表 9-1　VUX-120 主要技术指标参数

技术指标名称	参数值
最大激光发射频率	1800kHz
测距	最大可达 1430m
测量精度	10mm
重复精度	5mm
激光波长	近红外
激光发散度	0.4 mrad
激光光斑大小	40mm/100m

加拿大的 Optech 公司有两款产品设备：一款是 CL-90 紧凑型激光雷达扫描仪，另一款是 CL-360 多平台传感器。美国 Trimble 公司的 MD4-1000 四旋翼无人机系统，是一种垂直起降小型自动驾驶无人飞行器系统。拥有更大的任务载荷、更强的环境适应性、更长的续航时间、更优秀的姿态控制，可搭载多种传感器。英国 GeoSLAM 公司致力于多平台无人机搭载激光雷达，旗下有多款产品适用于无人机，设备型号包括 GEOSLAM-ZEB-Horizon、Delair UX11、MS-1000 Pro。日本拓普康公司旗下的猎鹰 8 多旋翼航空测图与安全检测系统，具有多达 31 种传感器，三倍冗余备份，可抗七级风速，可翻折高倍变焦相机全方位工作，实时远距离修改相机拍摄参数等优点。

9.3.2 国内系统简介

近年来，国内生产无人机 LiDAR 设备的公司逐渐增多，随着无人机 LiDAR 测量技术应用普及程度不断提高，国内产品在中国市场逐渐占据主导地位。

下面以武汉海达数云技术有限公司的产品为例做简要介绍：

公司全面掌握三维激光核心技术，"海陆空"全系列全覆盖。机载系列产品主要有：ARS-200 轻型机载激光测量系统、ARS-1000 机载激光测量系统、智喙 PM-1500 机载激光测量系统。公司于 2021 年 3 月推出了智喙 PM-1500 机载激光测量系统（图 9-4），该测量系统是基于新一代核心技术构架，全新推出的高点频、高线频、高精度、高集成度国产机载激光雷达。系统核心部件为自主研发、具备多回波技术功能的激光扫描仪，集成高精度惯性导航模块、航测相机，适用于垂直起降固定翼、旋翼无人机及直升机，搭配专业后处理软件形成一体化解决方案。智喙 PM-1500 机载激光测量系统主要技术指标参数如表 9-2 所示。

图 9-4 智喙 PM-1500 机载激光测量系统

表 9-2 智喙 PM-1500 机载激光测量系统主要技术指标参数

技术指标名称	参数值
波段	近红外(1 级)
激光器频率	100~2000kHz
最大测量距离	1000m/20%反射率 1500m/60%反射率
测距精度	5mm
角分辨度	0.001°
扫描速度	40~400 线/s
扫描角度	75°

上海华测导航技术股份有限公司产品有：纯电固定翼激光雷达系统、AU20 全新多平台激光雷达系统、AA10 机载激光雷达。广州南方测绘科技股份有限公司产品有：SZT-

R250 轻型无人机载移动测量系统、SZT-V100 无人机载移动测量系统、SZT-R1000 轻型长测程车机载一体化移动测量系统、SAL-1500 机载三维激光扫描测量系统、GS-100C 机载三维激光扫描测量系统。北京北科天绘科技有限公司产品有：蜂鸟 Genius 微型无人机 LiDAR 系统、云雀轻型无人机 LiDAR 系统。武汉际上导航科技有限公司产品有：gAirHawk 空中鹰无人机激光扫描系统的系列产品，主要型号包括 GS-100C、GS-100D、GS-100M、GS-130D、GS-130H、GS-130X、GS-260F、GS-260X、GS-1350N、GS-1350W。青岛秀山移动测量有限公司产品有：VSurs-L 轻小型多平台移动测量系统，集成了轻小型激光扫描仪(可选配 Riegl mini VUX 系列或 Velodyne VLP16)、MEMS 组合导航及相机等多种传感器。系统可搭载于多旋翼、固定翼及复合翼等多种无人机载体平台，也可搭载于摩托车、汽车、背包等载体平台。

另外，制造无人机激光雷达测量系统的公司还有：北京数字绿土科技有限公司、成都奥伦达科技有限公司、广州思拓力测绘科技有限公司、深圳飞马机器人科技有限公司、深圳砺剑天眼激光科技有限公司、吉鸥信息技术有限公司、成都纵横大鹏无人机科技有限公司、深圳市大疆创新科技有限公司、北京四维远见信息技术有限公司。

9.4　无人机 LiDAR 数据采集与处理

使用无人机 LiDAR 技术采集数据与传统数据采集方式有着许多不同，数据的处理方式也有所不同。本节简要介绍无人机 LiDAR 数据采集与数据处理的流程。

9.4.1　外业数据采集流程

无人机 LiDAR 工作流程可以分为外业采集和内业处理阶段。无人机 LiDAR 外业数据采集的流程如图 9-5 所示。下面简要介绍各个阶段的主要内容。

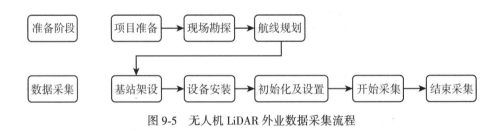

图 9-5　无人机 LiDAR 外业数据采集流程

1. 准备阶段

1) 项目准备

根据项目任务书或合同书，收集测区地形图、DOM、DEM 等资料，申请空域文件，获取测区的坐标转换参数。这些工作要在项目开始前按质按量完成，以保证后续项目的正常进行。

2) 现场勘探

测区踏勘需要查看实际区域与计划区域的范围、地形是否符合；现有航线方案是否符合现场实际情况；现场的天气、风力、人口密集情况、干扰、高点及位置等。根据踏勘情况调整或更改作业方案，安排外业采集流程、人员分工，预估外业时间，并将情况报告给项目经理确定基站架设位置。

3）航线规划

了解是否存在影响飞机飞行安全的建筑物或高山。一般来说，多轴无人机对航线的要求不高。一定要注意固定翼飞机起飞下降航线和盘旋上升盘旋下降航线是否受到影响。需要反复确认飞机飞行参数、所使用的载荷参数设置和飞机航线参数设置。参数设置后对航线进行规划，航线必须要符合项目要求。在正式作业前，可事先采用价格低廉的微小无人机检查航线，记录比较高的点坐标及高度，参考高点坐标调整无人机航线，以保证飞行安全。

2. 数据采集阶段

1）基站架设

出发之前，对照设备清单检查无人机 LiDAR 设备及其配件是否齐全，确保没有遗漏。记录当天风速、天气、起降坐标等信息，留备日后数据参考和分析总结。架设 GNSS 基站于测区附近已知控制点，整平对中，选择静态测量模式，采样频率设置为 1 Hz。量取斜高，如果为强制对中方式的，需要量取垂高，基站设置完毕且安装于基座后再开始静态采集，基站开机时间要早于无人机 LiDAR 上的移动站 GNSS，基站关机时间要晚于无人机 LiDAR 上的移动站 GNSS，否则后期数据差分解算存在数据漏洞。

2）设备安装

飞行前，需要掌握好当日天气状况，观察云层厚度，多云天气或高亮度的阴天对相机成像的效果较好；光照不好应增加曝光时间，ISO 数值低表示成像质量好；现场测定风速，以地面 4 级风（6 m/s）以下为宜，逆风出，顺风回。确定天气条件适合飞行后，从设备箱中取出并组装无人机，加载无人机供电电池，操作无人机进行无挂载飞行测试。测试完毕一切正常后，开始安装激光扫描仪，然后安装相机到激光扫描仪底部，连接相关设备电缆。开机前检查各连接件是否牢固，检查各接线孔位，专线专用；检查供电电源电量，检查雷达保护罩及相机镜头盖是否取下；一般先开机再开手持端，信号启动及收发需要一段时间，然后检查各状态指示灯颜色是否正常，以及初始化是否通过。

3）初始化及设置

采集工作开始前做足准备工作。根据要求进行航线的规划，航线规划需设计出飞行的高度、速度、航向间距、相机的旁向重叠度、航向重叠度等参数。事先考察起飞点，通常要求现场比较平坦，查看通讯基站塔、高压线塔和高层建筑等的高度，提前确定好航拍架次及顺序，确定合适的起飞场地。对于固定翼飞机，需要反复确认高程差及最高点机载模式。根据实际情况进行试飞，确保安全。

4）开始采集

确保 GNSS 基站已经开始采集静态数据的前提下，核查航线，设置激光扫描仪采集参数和相机参数，静止 2~5 分钟采集足够的静态历元。设备初始化完成后，开始一键式数据采集，无人机按预定航线飞行，时刻监控无人机飞行姿态，激光扫描仪、相机设备采集状态，电池电量状态等情况。重点监控飞机的航高、航速、飞行轨迹，随时查看激光扫描仪、POS 系统的运行状态和相机的照片拍摄数量，飞行参数等数据。

5）结束采集

无人机按设定路线飞行航拍完毕后，根据规划设置默认自动返航，飞手到指定地点等待飞机降落。飞行完成后，静止 2~5 分钟。待结束静止后，才可以长按关机按钮关机。当电源按钮指示灯熄灭后再进行断电操作，当天结束检查回收无人机、设备等。每次作业完毕及时备份检查激光扫描仪、POS、相片数据，偶尔出现无法解算情况，需要从设备重新拷贝数据，每次拷贝数据核对数据大小至字节，每个工程备注日期、采集时间、测区名称、作业员信息等。注意文件夹命名规范，方便后续项目管理。通过网络路径解算的，注意权限及文件夹命名。降落后，对照片数据及飞机整体进行检查评估，结合贴线率和姿态角判断是否复飞，继续完成后续的航拍任务或转场作业。使用 RTK、全站仪等仪器采集检核点坐标用作激光点云精度检核。

9.4.2　内业数据处理流程

无人机 LiDAR 内业数据处理的流程如图 9-6 所示。处理流程大体分为数据预处理与数据后处理两大部分，下面针对内业数据处理流程进行简要说明。

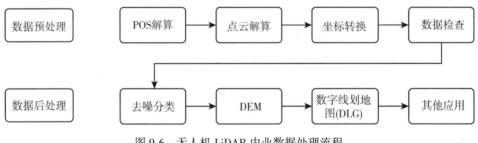

图 9-6　无人机 LiDAR 内业数据处理流程

1. 数据预处理

1）POS 解算

数据处理软件提供了 GPS 和 INS 数据的松耦合以及紧耦合两种解算方法。一般情况下，建议使用紧耦合进行组合解算。以 GPS 时间标记为基准，分别采集和处理原始 IMU 的测量值（Δv 和 $\Delta \theta$）以及 GPS 数据。将 GNSS 数据、IMU 数据导入软件中进行解算，生成高精度的轨迹数据，通过 POS 轨迹各类报表检查其质量好坏，包括正反向位置分离值、姿态分离值、卫星数量、位置精度、姿态精度等。

2）点云解算

原始激光数据只包括了每次激光脉冲的发射角度、距离、回波强度等信息，需要结合 IMU 数据和 GNSS 数据才能进行激光点的定位和定向，进而得到相对位置准确的三维点坐标信息，该过程即为点云数据的解算。

3）坐标转换

从原始点云生成激光点云过程十分复杂，需要经过多次的坐标系转换才能完成，坐标系转换过程分别包括：从瞬时扫描坐标系到扫描参考坐标系转换，从扫描参考坐标系到

IMU 参考坐标系转换，从 IMU 参考坐标系到导航坐标系转换，从导航坐标系到 WGS-84 坐标系转换。

在进行平面坐标转换时可采用四参数完成相应转换作业，进行高程转换作业时要对基准站内的 2 个不同坐标体系内的数据进行分析，对各项异常数据进行拟合，最终获取到高程异常。完成上述作业后，将高程异常加到所有点云数据上即可。

4）数据检查

检查已完成航线与设计航线数量和覆盖度是否一致。检查所飞行的激光扫描航线是否覆盖了工程所要求的范围。为了方便快捷地检查激光扫描航线重叠度，将激光扫描数据抽稀导入，然后检查各航线之间点云的重叠度，查看航带间和航带中是否存在航摄漏洞，是否达到了设计要求。激光数据检查完毕，填写激光数据检查结果表。检查生成的 DOM 的质量，包括色彩、饱和度、云层覆盖状况和漏洞情况。通过外业碎部点测量、已有控制点对比点云或现有 DLG 图对比解算的激光点云数据，评价激光点云的平面和高程精度。检查完成后，分类整理激光点云、POS、相片、GNSS 静态基站数据、外业作业记录表、精度检核表，检查文件夹及命名情况，制作说明文档，提交交接清单。

2. 数据后处理

1）去噪分类

机载激光雷达数据因各类原因会存在一定的噪声数据（异常值），将这些噪声分为三类：明显高于地物的空中点、明显低于地表的过低点以及数据中存在的孤立点。对于空中点和过低点采用高度阈值法来进行消除，对于孤立点采用基于空间分布的算法进行去除，其基本原理是计算以每个点为中心，给定搜索半径内的点的数量，如果该邻域内点的数量小于某一阈值，该中心点被认为是噪声点。将噪点去除后就根据需要的要求对点云进行分类。

2）数字高程模型（DEM）

数字高程模型简称 DEM。DEM 是用一组有序数值阵列形式表示地面高程的一种实体地面模型，是数字地形模型的一个分支，其他各种地形特征值均可由此派生。DEM 生产主要包括点云中的地面点和断裂线两个数据。点云的表达形式有两种：一种是当点云数据编辑结束后，直接将 Ground 类点云输出为点云形式的 DEM；另一种是在软件中使用 Ground 类点云和断裂线辅助数据，按照一定的间距规格输出矩形规则格网 DEM 产品。

3）数字线划地图（DLG）

通过数据处理软件对三维激光点云进行过滤植被，制作 DEM 模型，并绘制得到一定等高距的等高线。在基于点云数据能绘制大比例尺地形图的软件中，绘制各类地物矢量点线面特征，包含建筑物、道路、绿地、水系等。利用软件的制图功能完成 DLG 最终成果图。

4）其他应用

生成的点云根据不同的项目要求，可以制作成不同的产品供项目使用。例如：在进行电力巡线时产生的点云数据可以对测区进行危险点分析，在对森林资源进行调查时可以对得到的单木点云数据进行树木属性分析。得到的点云数据要根据不同的要求进行不同的操作产生不一样的产品供项目使用。

综上所述，无人机 LiDAR 技术在项目中的内外业流程大致与上述讲到的内容一致，但因设备的使用方法不同，在一些步骤上可能会有些许出入，但不影响最终得到的成果，针对不同的设备就有不同的操作步骤，需要在进行项目的时候自行操作。

9.5　无人机 LiDAR 技术应用

无人机 LiDAR 技术作为一种新的地理信息获取技术，在工程领域得到越来越多的关注和应用。主要应用范围有输电线路巡检、地质灾害应急测绘、小范围大比例尺地形图测绘、森林资源调查、矿山测量、智慧城市建设、水利资源调查、数字农业等。本节选取有代表性的四个应用方向做简要介绍。

9.5.1　输电线路巡检

随着电网规模的迅速扩大，大规模的输电线路长期暴露于雨雪、寒流、高温高压等环境下，给输电线路造成了巨大损害，如金具锈蚀、导线断股、绝缘子闪络等。为了保证输电线路的安全稳定运行，各电力巡检系统都需要对输电线路进行定期巡检。线路巡检是确保电力线路安全运维的一项重要工作，是发现隐患、排除隐患的有效手段。

电力线巡检的目的是获取电力线走廊的空间数据，通过分析和处理，提取包括电力线、电力塔架、挂接点、绝缘子、交跨线、电力走廊地形、植被和人工设施等相关信息，并能精确描述电力线、电力塔架、绝缘间隔棒和挂点位置等三维细节，为电力线走廊的矢量化建模提供基础数据支撑。

输电线路巡检的传统方式为人工沿线路步行或借助交通工具，使用望远镜和红外热像仪等对线路设备和通道环境进行近距巡视和检测。传统巡线存在的主要问题有：巡线距离长、工作量大、步行巡线效率非常缓慢，无法提高巡线效率；遇到冰雪水灾、地震、滑坡等自然灾害天气时，巡线工作将无法开展；山区林区巡线具有高风险(有毒生物、陷阱和捕兽夹)，时刻威胁巡线人员生命安全。传统方式已不能满足大规模电网的巡线需求，而恶劣的环境、艰苦的条件也给人工巡检带来了很大的限制。

直升机的出现虽然给输电线路巡检带来了极大的便利，但是直升机需要由专业的技术人员操作，一般电力巡检公司均没有直升机，可操作性不强，同时直升机巡检需要申请空域，手续繁多，会浪费大量时间。直升机电力巡检一般搭载可见光相机、红外相机等传感器，搭载激光雷达用于电力线巡检的性价比不高。国外也有将机载激光雷达设备安装在直升机吊舱内进行电力线巡检的，但是受机载激光雷达设备体积的限制，吊舱往往大而重，且价格昂贵。

无人机巡检是近几年发展起来的新兴技术，轻便的无人机给输电线路巡检工作带来了质的改变，其结合激光雷达对输电线路进行点云采集，解决了机载相机无法准确得到输电线路通道内地物至电力线距离的问题。在无人机电力巡检中，常搭载红外线摄像仪、数码摄像机、照相机、高分辨率望远镜、可见光录像机等设备，在飞行中对途经线路进行观测，获取线路走廊可见光和红外的录像、影像等资料，此种作业方式最大的优点是数据采集成本较低。随着无人机机载激光雷达技术的发展及成本的降低，它可以很好地解决空间定位和量测精度等问题，将无人机机载激光雷达技术应用到电力巡线中具有较好的应用前景。

近年来，电力部门开展应用研究成果主要有：2016 年南方电网初步推出了"全面推行机巡+人巡模式"的工作，解决山区巡检难题。中国南方电网有限责任公司超高压输电公司昆明局（2019 年）提出了一套基于固定翼无人机三维激光点云数据进行输电线路三维建模及树障隐患智能识别的方法。中国南方电网有限责任公司超高压输电公司贵阳局（2020 年）在 2018 年 3 月利用成都纵横大鹏垂起固定翼无人机搭载 CW-30LiDAR 对某 500KV 线路进行巡视，与传统的人工巡检方式相比，作业效率提高了 80%，水平与高程精度上满足电力巡线的要求。国网安徽省电力有限公司合肥供电公司（2020 年）设计一种基于激光雷达和倾斜摄影融合技术的电力巡检系统，在一定程度上能够提高巡检效率，也是无人机电力巡检重要的发展方向。无人机 LiDAR 技术在电力行业中还可以应用于输电线路选线工程、电力杆塔倾斜状态测量、电网基建管控系统等。

目前国内北京数字绿土科技有限公司、成都奥伦达科技有限公司等已经开发出激光雷达电力巡线专业模块功能，并得到了广泛应用。以北京数字绿土科技有限公司的激光雷达电力巡线软件 LiPowerline 为例，主要功能有测量分析、点云分类、竣工验收、模拟工况、电力通道树木综合分析、精细巡检线路规划、报告生成等。软件中多种点云显示模式效果如图 9-7 所示（彩色效果见附录），弧垂量测与隐患树木显示效果如图 9-8 所示（彩色效果见附录）。

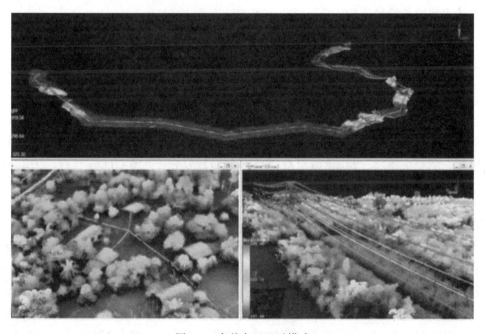

图 9-7 多种点云显示模式

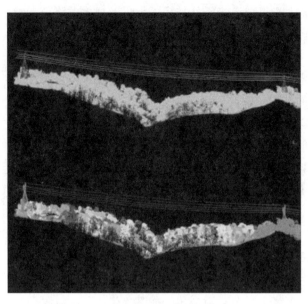

图 9-8　弧垂量测与隐患树木显示

目前无人机 LiDAR 在输电线路巡检应用方面已经取得一定进展，但是输电线路自动巡检技术仍然存在很多技术难关需要攻克。随着无人机 LiDAR 技术与专题数据处理软件的快速发展，电网运维工作将迎来高效化、自动化、智能化的时代。无人机 LiDAR 进行电力巡线，使得外业巡线水平持续提升，能够改善巡检数据的有效性和准确性，提升业务运作的效率和决策的科学性，最终提高企业的经济效益。

9.5.2　地质灾害应急测绘

我国是一个地质灾害较为频繁的国家，每年因灾死亡的人数达数百上千人，直接经济损失数十甚至上百亿元，严重威胁着人民群众的生命财产安全，制约着地质灾害多发地区的经济发展。虽然 1990 年建立的群测群防体系在地质灾害防治领域取得了较为显著的成果，但近年来仍不断有灾难性重大地质灾害事件发生。其中，2017 年四川茂县"6·24"新磨村滑坡，贵州纳雍"8·28"山体滑坡，2018 年金沙江白格"10·11"，"11·03"两次滑坡-堰塞堵江事件均属于重大地质灾害，都造成了惨重的生命财产损失，引起广泛社会关注。

传统光学卫星遥感调查技术、无人机低空航拍遥感等技术一直是地质灾害调查人员必不可少的技术手段，在地质灾害调查、灾后评价等工作中发挥着巨大作用。虽然增加在轨卫星数量及提高卫星分辨率是应急测绘获得及时准确的实时数据及影像的有效途径之一，但是这种技术成本非常高，而且受当地气候条件影响较大。人工测量方面，存在着对工作人员的生命安全造成威胁的问题，这个问题暂时没有行之有效的解决方式并且人工测量费时费力，达不到应急测绘的要求，所以这种方式渐渐退出历史舞台。灾害发生后快速高效的应急处置是降低灾害损失的关键，而应急调查作为地质灾害应急处置的首要和基础环节，必须突出"快"且"高效"，即需在尽量短的时间内为科学确定减灾方案提供尽量准确、完整、详细的相关信息。

近些年飞速发展的卫星遥感技术，尤其是国产卫星技术及机载激光雷达技术也被广泛应用于重大地质灾害应急调查及监测。无人机因具有独特的非接触式测量方式、精度高、灵活性强、360°全方位无死角等特点，为重大地质灾害应急调查提供了更加科学高效的现场影像采集和遥感成果处理方案，能大大提高应急处置效率，确定应急处置方案。

基于无人机遥感系统的无人机救援已广泛应用于山洪、泥石流、火灾、地震等自然灾害，其中在地震救援中的应用较为典型。无人机在地震灾害中的应用主要包括地震灾害监测预防、灾区数据的实时监测、灾后的初步搜索救援、震后灾情的评估。

近年来，学者开展应用研究成果主要有：东华理工大学（2016 年）总结出利用无人机 LiDAR 数据获取山洪灾害调查要素的完整流程，并开发了山洪灾害调查软件。以栾川县陶湾试点小流域为例进行了应用示范，实现了该区域调查要素的批量全自动提取。江苏省基础测绘设施技术保障中心（2020 年）以四川茂县新磨村山体滑坡灾后应急测绘保障工作为例进行研究，工程应用实例结果表明：工作效率大大提高，可有效去除植被点云，还原真实地表信息，测量结果精度高，有利于灾害发生后的灾情判断。广东省水利电力勘测设计研究院有限公司（2022 年）以某水利在建工程项目发生崩岸险情为例，采用无人机 LiDAR 技术快速获取、分析崩岸塌方灾害程度，证明此技术可为水利行业应急测绘保障提供很好的技术手段。相关应用还有：无人机 LiDAR 在洪涝灾害中可用于防洪减灾、险情排查以及人员搜救方面。无人机 LiDAR 与数字摄影测量技术有效结合可应用于地形地貌变化分析、地质灾害隐患早期识别。

目前国内公司已经开发出激光雷达数据处理软件中的相应功能，并得到了广泛应用。以成都奥伦达科技有限公司的 Alundar Platform 点云处理软件为例，解算后的激光雷达点云数据如图 9-9 所示（彩色效果见附录），利用地面自动提取功能获取危岩体结构面精准模型数据效果如 9-10 所示（彩色效果见附录）。

应用实践证明：无人机 LiDAR 技术的特点决定了在地质灾害应急测绘保障工作中具有明显的优势。随着无人机 LiDAR 技术向长航时、高性能、普适性等方面不断发展，将

图 9-9　危岩体激光雷达点云数据

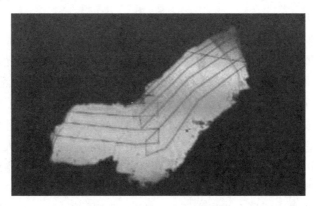

图 9-10　危岩体结构面精准模型

在地质灾害应急测绘保障中发挥巨大作用。

9.5.3　小范围大比例尺地形图测绘

随着社会的不断发展，对于大比例尺地形图测绘的要求也越来越高，采用传统技术实施大比例尺地形图测绘，不但在人力、物力方面有较大的消耗，成本居高不下，而且测绘工作的效率和精度也难以满足当前的需要。

长期以来，我国一直是使用传统仪器进行大比例尺地形图制作，主要是使用水准仪、全站仪、GNSS 接收机等测量仪器进行全野外采集地物特征点坐标数据，结合内业计算机编绘成地形图。该作业方式受野外环境因素影响大，具有过程繁琐、成图速度慢以及作业成本高等缺点。在使用 GNSS-RTK 技术进行野外测图时，除了全野外测量，还需要进行数据处理等工作，其中包括控制测量，区域坐标转换参数解算等工作，且在作业时易受到卫星信号的制约。基于卫星遥感摄影技术绘制地形图易受气象条件和地貌条件的影响，成图效果不好，且目前卫星图像的分辨率尚不能满足 1∶1000 和 1∶500 大比例尺测图要求。基于三维激光技术进行地形图生产虽然可以提高生产速度，但是由于测区较大，且地形波动小，地物特征复杂，难以保证测图效果好，且其成本较高。上述方法存在着明显的缺陷，例如工作效率较低、会耗费大量人力资源，工作成本过高等，而且存在难以避免的人为误差，使得采集到的数据准确度不理想。鉴于此，寻找能够快速进行大比例尺地形图生产工作的技术显得格外重要。近年来无人机技术不断成熟应用范围也越来越广，以无人机作为航测平台，不但能够有效提升航测的效率，还能够更加有效的面对各种复杂地形或遮挡盲区等的航测需求，具有更强的适应性，能够对测区数据实施更加全面有效的收集，这对于绘制大比例尺地形图来说无疑具有非常积极的意义。

近年来，开展应用研究成果主要有：江西省水利规划设计研究院（2020 年）采用大疆DJI 经纬 M600 Pro 多旋翼无人机搭载 HS-300 低空激光扫描测图系统，获取某库区和坝址区 2km² 区域的数据，经过数据处理后制作 1∶1000 地形图。无人机 LiDAR 技术对高山峡谷、植被茂密的山地测绘，表现出明显优势。陕西省水利电力勘测设计研究院测绘分院（2020 年）采用飞马 D200 无人机飞行平台搭配 LiDAR200 测量系统在植被茂密区域进行大比例尺（1∶1000）带状地形图测绘的作业流程。中交上海航道勘察设计研究院有限公司

（2021 年）采用中海达 ARS-200 低空多旋翼无人机机载 LiDAR 测量系统快速获取了民主沙沙尾地形点云，并结合野外检查点进行了精度评定，在平面和高程均能满足 1∶500 地形图的精度要求，此技术在小范围、人工走测困难区域的地形测量具有快速、高精度的优势。中国电建集团中南勘测设计研究院有限公司（2021 年）采用科卫泰六旋翼无人机搭载 Riegl mini VUX-1UAV 系统，获取河南省巩义、驻马店和林州的数据，利用征图三维公司的 Point Process 与 Pix4Dmapper 软件进行数据处理，使用 CASS10.1 软件编绘 1∶2000 比例尺地形图，并进行了平面和高程精度检测与植被穿透性检查。

相关应用还有：不动产测绘、房地一体测量、砂质海岸动态变化监测、露天煤矿测量验收、矿山修复治理（1∶500 地形图）、铁路勘测高精度 DEM 制作、地形图制作、横断面等。空地一体三维扫描技术应用于城市 1∶500 地籍图测绘，将数字正射影像与无人机 LiDAR 数据进行结合运用于山区 1∶2000 地形图测绘效果，利用无人机航摄和机载 LiDAR 技术进行沿海滩涂、河道带状地形测量。

目前国内公司已经开发出基于激光雷达数据绘制大比例尺地形图软件，并得到了广泛应用。广西桂禹工程咨询有限公司（2022 年）以飞马 D2000 无人机为飞行平台，利用 6100 万高像素 D-CAM3000 航测模块及 D-LiDAR2000 激光雷达模块获取了广西武宣濠江两段河道整治项目的数据。项目利用 Context Capture 软件进行空中三角测量和模型生产，飞马无人机管家专业版软件进行空中三角测量和正射影像生产，利用无人机管家智理图模块与 IE 软件解算出点云数据。选择北京山维科技股份有限公司的 EPS 软件，加载 TDOM 和 LAS 点云，绘制测图比例尺 1∶1000 的 DLG 图（图 9-11，彩色效果见附录）。

图 9-11　TDOM 与地形图

采用无人机 LiDAR 技术生产大比例尺地形图的优势在于可以穿透部分植被获取其在地面的真实高程，并且受天气影响较小，效率高。可直接获得等高线和高程点数据，相比传统航测作业方式，大大减少了工作时间。相信随着软件的进一步更新，基于无人机 LiDAR 系统的小范围、特殊环境下大比例尺地形图测绘会更加便捷、高效。

9.5.4　森林资源调查

森林是地球生物圈中最重要的生态环境之一，具有涵养水源、维护生态平衡等作用。在过去几十年内，森林资源的过度开垦和森林灾害的频繁发生破坏了森林原有的生态平衡，快速精确地获取森林空间信息，并及时提供森林资源的动态变化已成为林业相关部门的首要任务。森林资源监测要求通过对森林资源数量、质量、结构、分布、生长、消耗以及与森林资源有关的自然、社会、经济等变化情况进行连续调查，以期为林业的经营管理提供决策支持基础信息。

传统的森林资源调查一般采用围尺、测高仪等工具直接测量树木的胸径、树高、冠幅等参数，需要攀爬树木或者将立木伐倒测量相关特征参数，无法满足大面积森林资源精准调查的要求。传统森林资源调查内外业工作量大，完成周期长，需要耗费大量的人力、物力和财力。

遥感以其快速、范围大、无接触性等优势为森林资源调查提供了新的技术手段。传统的被动光学遥感多通过卫星传感器获取森林数据的二维水平空间影像，无法得到森林植被的三维结构信息。摄影测量技术只能获取二维空间的水平空间影像，在森林垂直结构方面有明显的不足，容易受天气条件的影响。遥感技术应用于森林资源调查能在一定程度上提高工作效率，实现对森林资源的快速观测与调查，获取最新的森林资源信息。高分影像分辨率虽然可以达到 1 米甚至亚米级，但时效性较差、成本高昂而且影像清晰度受云层影响较大。普通航空摄影测量成本高昂，操作复杂，调度困难，难以作为森林资源常规调查监测技术手段。目前针对小区域、精度要求高的调查需求正在上升，因而急需一种高效、快捷、安全、经济且精准的森林资源调查技术手段。近年来，随着军事解禁、低空空域开放，我国科技实力、工业产业链配套的成熟以及研发成本的不断下降，低空无人机的应用越来越普及，无人机遥感信息采集技术在森林资源调查与监测中的应用成为可能。

激光 LiDAR 是近 30 年来快速发展起来的一种先进的主动式遥感技术，能快速、精确获取森林植被空间三维坐标和林分信息等。机载激光 LiDAR 对森林植被有较强的穿透能力，能够直接、快速的获取大面积、高精度的植被三维信息，不仅能提供水平结构的地形信息，而且能生成垂直结构的森林冠层空间信息，实现森林调查自动化，满足精准森林资源调查的需求。无人机机载激光 LiDAR 装置是常见的激光 LiDAR 装置，对森林的垂直结构具有很强的获取能力，适用于森林资源调查工作。

早期机载激光雷达技术在森林资源调查中主要应用为建立林地特征，现阶段无人机激光 LiDAR 技术研究的重点为单木识别、树高估测、郁闭度以及生物量和蓄积量数等森林参数的反演。单木识别的精度直接影响后续单木参数提取的准确度。

近年来，开展应用研究成果主要有：河南理工大学与农业农村部农业遥感机理与定量遥感重点实验室联合（2020 年）利用无人机采集的苹果园 LiDAR 与影像数据，测量每棵果树的树冠面积和树冠直径，并评价空间分辨率对果树单木树冠检测与提取结果的影响。自然资源部第一海洋研究所(2022年)选择广西茅尾海红树林保护区为研究区,以无人机多光谱(可见光,蓝光、绿光、红光、红边和近红外)和激光雷达影像为数据源,利用支持向量机分类方法对红树林优势种类进行分类,准确提取了红树林的单木结构信息,估算了研究区红树林地上生物量。东北林业大学(2022年)应用无人机激光雷达和机载高光谱数据,通过设计多种分类方案探索不同数据源、不同分类器以及树冠形态特征对单木树种分类的影响。相关应用研究成果还有:提取落叶松单木树冠特征因子与树冠轮廓模拟、人工林单木分割方法进行比较和精度分析研究。

目前国内公司已经开发出激光雷达专业的林业分析工具软件,并得到了广泛应用。以北京数字绿土科技有限公司的激光雷达处理软件 LiDAR360 为例,通过软硬件的搭配组合可以获得信息有:数据读取和可视化、森林统计变量计算、数据管理、数字模型生成、回归分析(林分尺度的森林参数提取)、单木分割(单木尺度的森林参数提取)。软件可以将单木数据从整体点云中分割出来,以获得树高、树冠尺寸、树冠基部高、断面积、胸径、立木蓄积和生物量等参数,更加便于森林资源的调查工作。

解算后的激光雷达点云数据如图 9-12 所示(彩色效果见附录),处理后的单木分割效果如图 9-13 所示(彩色效果见附录)。

图 9-12 解算后的激光雷达点云

目前无人机 LiDAR 在森林资源调查与监测工作中的应用研究还处于初级阶段,在硬件、软件、技术体系、规程规范等方面还需要进一步研究。低空无人机遥感作为一项空间数据采集的重要手段,随着无人机遥感技术不断发展和无人机市场逐渐成熟,必将成为未来林业领域主要调查与监测手段之一。

图 9-13　单木分割效果

◎ 思考题

1. 无人机 LiDAR 技术应用主要特点有哪些？未来发展趋势有哪些？

2. 无人机 LiDAR 系统由哪些部分构成？工作原理是什么？

3. 国内外无人机 LiDAR 主流设备制造公司有哪些？选择国内某公司的最新款设备，简要介绍功能特点。

4. 无人机 LiDAR 外业数据采集的主要流程是什么？

5. 无人机 LiDAR 内业数据处理的主要流程是什么？

6. 无人机 LiDAR 技术主要应用范围有哪些？选择 1 个应用方向，简要介绍实现的功能与优势。

第10章 实景地图制作技术与应用

实景地图是当前数字城市的一个重要组成部分，同时也是新型基础地理信息数据产品的重要组成部分，实景三维中国建设已经开始启动。本章以中海达 iScan 移动激光测量系统为例，介绍实景(街景与河景)地图的制作流程与应用，阐述实景三维中国建设的相关内容。

10.1 实景地图概述

实景地图是通过地理参考将实景影像与地图要素进行关联的一种电子地图，目前的实景地图以全景影像来表达现实情况的实景影像为主，因此也称之为全景地图，通常实景地图与传统的二维平面地图导航相结合，给用户带来更真实的视觉效果。

早期的实景地图主要是沿着街道进行采集，因此也称为街景地图。目前，国内街景地图服务网站主要有：搜搜腾讯地图、城市吧街景、百度街景、高德街景、我秀中国街景、天地图街景。2007 年 5 月，Google 公司在其地图服务(Google Maps/Google Earth)上加入了街头实景(Google Maps Street View，街景)的功能，该功能一经推出便受到了不少用户的热烈追捧。截至 2013 年 4 月，Google 街景服务已经登录了 50 个国家，覆盖的总里程数超过了 500 万英里。Google 在 2011 年 2 月 1 日启动了 Google 艺术计划，与世界各地的博物馆达成合作，采用 Google 街景拍摄技术采集博物馆内部实景，截至 2014 年，已有 17 家博物馆被收录其中。

国内的实景三维地理信息服务始于 20 世纪末，与国外的实景三维地理信息服务处于同样的起步水平，经过数十年的研究与发展，其技术应用模式已趋于成熟。近年来，基于全景、三维激光点云的三维实景服务是目前互联网上的热点和在线地图服务的发展方向。原国家测绘地理信息局于 2009 年发布行业标准《可量测实景影像》(CH/Z 1002—2009)，将实景三维地理信息正式纳入国家基础地理信息数字产品范畴，成为国家空间数据基础设施的重要组成部分。交通运输部、住建部、公安部等国家有关部委均在智慧城市各行业的信息化建设规划中，对采用实景三维地理信息服务制定了行业指导意见。2017 年 12 月国家标准委发布了《实景地图数据产品》(GB/T 35628—2017)国家标准，标准规范了实景地图的数据生产和检查的相关规定。

谷歌街景地图服务已在全球多个国家与地区推出了街景地图。腾讯街景地图(原名SOSO 街景地图)是腾讯公司于 2012 年 12 月推出的街景地图服务，所有技术均为腾讯公司自主研发，具有国际领先水平，这一产品的问世直接拉平中国地图产业与国际同行的距离。用户可通过客户端及网页版产品观看该服务所覆盖的所有地区的高清全景图像，部分城市还可以观看夜景。为了保护用户隐私，所有的人脸、车牌及部分标志牌也都打上了马赛克。2013 年 1 月 17 日，腾讯发布了 SOSO 街景地图移动版，用户可以用平板电脑、安卓和苹果手机 SOSO 街景地图客户端使用这一产品。SOSO 街景地图的上线有利于推动国内在线地图产业的发展，触发行业的跟随效应，刺激各家在线地图平台推出自己的新一代街景服务。

2014 年，昆明高清激光街景在百度地图成功上线，总街景里程量超过了 5000km，由中海达公司旗下广州都市圈网络科技有限公司生产，以中海达自主研发的 iScan 一体化移动三维测量技术为依托完成。2017 年百度首次引入激光点云技术应用于街景采集，将各类城市地物三维信息进行处理、生产，然后进行互联网发布，用户便可以在 3D 化的场景中浏览地图，这便是数字城市的基础组成部分。在 3D 实景地图中浏览，沉浸式的体验让用户可以更加直观、高效地获取所需资料，也能更加真实地感受城市的轮廓。

近年来，随着倾斜摄影测量与激光雷达技术的快速发展，实景三维模型的应用越来越广泛。2015 年国务院批复同意的《全国基础测绘中长期规划纲要（2015—2030 年）》指出要加快推进新型基础测绘体系建设。2019 年 5 月，我国第一个新型基础测绘建设试点城市——武汉市试点项目启动仪式在湖北武汉举行，标志着国家新型基础测绘体系建设工作进入了探索建设阶段。2020 年全国国土测绘工作会议提出明确要求大力推动新型基础测绘体系建设，构建实景三维中国。

近年来，北京、上海、武汉、西安等城市开展了新型基础测绘试点，探索了实景三维城市的建设。截至 2022 年 7 月，全国已经有 3 个城市在实景三维建设方面取得了实质进展。

1. 实景三维深圳

2018 年 10 月深圳开展了全市域倾斜摄影实景三维的建设工作，2020 年 4 月实现城市级实景三维（Mesh）模型全市域覆盖，在试点区域开展全要素单体三维模型和部件级实景三维建设。

使用固定翼飞机、直升机、多旋翼无人机、移动车等平台，搭载多角度倾斜摄影航摄仪、机载激光扫描仪、全景相机等多套采集设备，采集了覆盖全市 2100km² 的高精度倾斜摄影测量影像和激光扫描数据以及重点片区的实景影像，实现城市级实景三维数据的快速生产。

在 2020 年 12 月，全市域时空信息平台（CIM 平台）上线试运行，已为 32 家单位提供了应用支撑。目前，深圳市正全面建设 CIM 平台，旨在打造深圳的"智慧城市操作系统"，为数字政府和智慧城市各类实景三维应用提供支撑。

实景三维技术成果已广泛应用于深圳市的疫情防控、自然资源管理、城市精细化管理等多个方面，未来深圳市将以实景三维为基础，打造虚实结合的数字孪生城市。

2. 实景三维西安

2020 年 11 月，西安成为我国新型基础测绘建设试点城市。西安市政府划定 150km² 的试验区，依照实施方案有条不紊地进行实景三维建设。实施过程中研究组综合利用了无人机空中倾斜摄影、空中激光扫描、地面移动激光三维扫描和街景摄影测量等技术采集多源数据，完成高精度 TDOM、DEM、DSM、地表融合点云等实景三维场景数据产品生产。

实景三维西安已形成 1+1+1+3+6 的成果体系。即一个新型基础测绘数据库(实景三维西安)、一个实景三维西安服务平台、一套政策标准体系、三个示范应用、六类知识服务研究。

此次新型基础测绘开展城市实景三维建设,是智慧西安建设的基础。它将为西安城市治理、环境保护、规划建设、交通运行、安全生产、文化旅游等各方面提供智慧化建设的"数字空间底座"。

3. 实景三维青岛

青岛市自然资源和规划局积极组织申报开展"实景三维青岛"建设工作。青岛市勘察测绘研究院于 2021 年 3 月 31 日顺利中标,2022 年 3 月 24 日青岛市自然资源和规划局组织专家以线上线下相结合的方式通过了国家验收,专家组一致认为:成果首次实现了青岛全市陆域和 7 个有居民海岛高精度、多类型、多尺度的陆海实景三维立体全覆盖,建立了陆海统筹、二三维一体化时空信息平台,为实景三维中国建设提供了"青岛示范",贡献了"青岛经验",成果整体达到国内领先水平。

项目建成了"二三维一体、多尺度融合、陆海全覆盖"独具山、海、城特色的四大底图和多维地理信息服务平台。整体建设规模、技术指标和成果种类居全国前列,项目成果作为新型基础测绘产品,将为青岛市重点任务和各部门工作提供更加有力的时空大数据支撑,助推城市发展和智慧管理。

实景三维青岛建设项目是边建设边应用。项目成果广泛应用于城市更新和城市建设三年攻坚行动、文明典范城市创建等领域,为青岛市 20 多个政府部门 40 多项重点工作提供了服务支撑,体现出应用面广、快捷高效、节省成本的优势。

近期围绕实景三维中国建设,国家相关政策陆续出台,到 2035 年的建设目标已经确定。各地方政府积极响应,实景三维中国建设进入了快车道,正由试点城市向全国覆盖。

10.2 街景地图制作与应用

街景地图的制作过程直接影响到成果的应用,制作技术环节复杂、时间长、成本高。本节简要介绍街景地图制作总体技术路线,主要技术流程及街景地图应用。

10.2.1 总体技术路线

街景地图制作过程主要包括街景外业采集、街景内业处理、切片发布等步骤。街景地图制作总体技术路线如图 10-1 所示。

街景外业采集主要是利用移动采集设备对测区进行街景采集,采集内容主要包括点云数据、实景影像数据、定位定姿数据等。街景内业处理主要是将街景外业采集的照片数据进行拼接,并对拼接后的实景照片进行人脸车牌模糊、面片提取等系列处理,结合点云数据进行面片提取,将处理过后的实景照片进行切片,并结合信息点(Point of Information, POI)数据、矢量二维地图等,对街景进行发布,从而可以在浏览器中对实景数据进行查看。下面以中海达 iScan 移动激光扫描系统为例简要说明街景地图的制作过程。

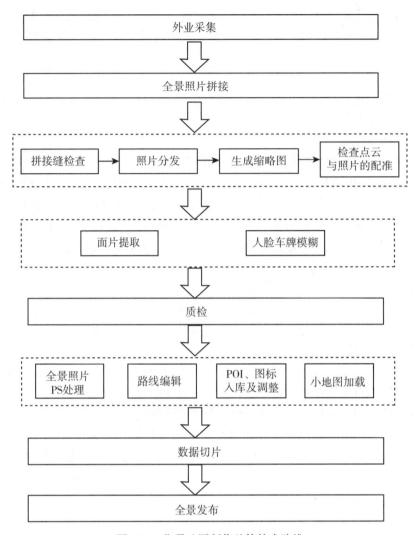

图 10-1　街景地图制作总体技术路线

10.2.2　主要技术流程

1. 实景影像拼接

1）拼接原理

实景影像是实景地图的基础，一般是由多个镜头获取的同一位置的影像拼接而成，每个镜头为了获取尽量多的信息采用镜头是短焦距的鱼眼镜头。拼接的基本原理是在已知各鱼眼相机参数关系的前提下，将多幅存在重叠区域的鱼眼影像，拼成一幅 360°实景图像，其具体流程可分解为以下步骤：

（1）鱼眼图像校正。鱼眼镜头的水平角和垂直视场角都非常广，其直接处理较为复杂，往往需要先根据已知的相机参数对鱼眼图像进行校正，将其从非线性转化为人眼和计算机可识别易处理的线性图像（图 10-2）。

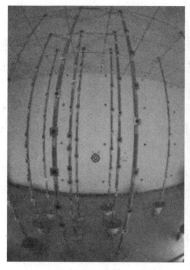 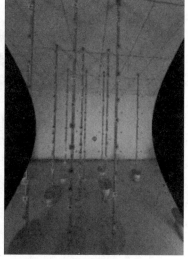

（a）原图像　　　　　　　（b）校正后图像

图 10-2　鱼眼图像校正

对原始图像上任意一点 $P(x, y)$，其与校正后坐标值 $P_c(u, v)$ 对应关系如下式：

$$u = x + (x - x_0)(k_1 r^2 + k_2 r^4 + \cdots) + p_1(r^2 + 2(x - x_0)^2) + 2p_2(x - x_0)(y - y_0)$$
$$v = y + (y - y_0)(k_1 r^2 + k_2 r^4 + \cdots) + p_1(r^2 + 2(x - x_0)^2) + 2p_2(x - x_0)(y - y_0)$$

（10-1）

式中：x_0、y_0 为主点位置；k_1，$k_2 \cdots$ 和 p_1，p_2 分别为径向和切向畸变系数；r 为半径。

（2）图像的球面投影。鱼眼图像校正完成后，即将各相机由原始的非线性影像转化至理想的平面坐标系中，但各相机坐标系仍相互独立，为了实现 360° 的实景视角，需要根据事先检校获得的各相机间的相对关系参数，将各个方向采集的影像投影至以图像采集系统中心为球心，焦距为半径的球面上，获得 360° 的实景图像。对单个相机平面上任意一点 $P_c(u, v)$，其在实景球面上的坐标 $P_0(\theta, \varphi)$ 计算如下式：

$$\begin{cases} \theta = \arcsin\left(\dfrac{c_1 x + c_2 y - c_3 f}{\sqrt{u^2 + v^2 + f^2}} \right) \\ \varphi = \arcsin\left(\dfrac{a_1 x + a_2 y - a_3 f}{b_1 x + b_2 y - b_3 f} \right) \end{cases}$$

（10-2）

式中：a_1，a_2，$\cdots$，c_3 为相机在实景球坐标系中的旋转矩阵向量。

（3）实景球面展开。由于实景球是一个三维球面，无法以图片的形式直接存储在计算机中，因此，需要对其进行降维处理，转化成符合人眼观察习惯的二维图片。对实景球上任意一点 $P_0(\theta, \varphi)$，其在实景影像上的对应点 $P(\mathrm{d}x, \mathrm{d}y)$ 的坐标值计算如下式：

$$\mathrm{d}x = (\varphi + \pi)W/2\pi$$
$$\mathrm{d}y = (\pi/2 - \theta)H/\pi$$

（10-3）

式中：W 和 H 分别表示实景影像宽度和高度。

2）实景拼接流程

实景拼接是街景地图制作的重要步骤，拼接质量直接影响到街景地图的呈现效果。本流程以中海达的实景产品为例进行概述。中海达全景相机为 HiScan-P 全景相机，由四个镜头组成。相机控制外界光线进入镜头时间的装置叫作快门。快门分成机械快门和电子快门两种，HiScan-P 移动测量系统中的全景相机采用的是机械快门。在约 1 s/张的高速拍照过程中，机械快门是利用弹簧、凸轮、齿轮来调节光线进入的时间，有很小概率因为机械问题可能快门没有正常释放，这种问题叫作影像数据丢帧。四个镜头 CAM1、CAM2、CAM3、CAM4 均为相同数量的照片，且与对应的 iScan 工程中影像同步文件 iScan-ImageTime-1.syn 中记录总和一致，说明数据完整。正常来说，每个相机数据目录图片个数应该相同，否则就存在丢帧，需要进行查漏，将与丢帧影像拍摄时间相同的 syn 记录删除，并剔除丢帧照片。

为了保证图像质量达到最佳状态，在进行实景拼接之前先打开经过数据检查处理后的完整数据，打开预览视图。

图中图像质量状态较好，影像整体清晰度、色彩等效果都能达到拼接要求。如果图像质量不好，可以通过 HDPanoFactory 自带的图像处理功能进行处理，提高实景影像的亮度、清晰度、色彩鲜艳度。全部影像处理完成后，需要对所有实景影像进行去雾处理。预览确认图像质量较好后进行实景拼接输出实景。自动生成的实景影像必须经过人工检查，全部合格之后才可以用来进行街景发布。人工检查是实景影像质量的必要保障环节，必须进行实景影像的逐张检查。如果出现拼接质量不达标，或者明显的拼接错误，必须人工对该影像进行处理。完成实景拼接之后。因为 HiScan 点云数据是按照工程采集的。但是实景影像数据是不区分工程的，所以必须进行影像分发。一般按照采集顺序对应分发至各 HiScan 工程。

2. 实景拼接质量检查与修正

如果实景影像拼接后输出质量不达标或者拼接错误，可人工对该部分影像进行处理，下面分别就不同情况简要介绍：

1）拼接线编辑

首先针对树木拼接明显出现错位的情况。在原来的红色拼接线上选取一个起点，再选择一个终点，起点和终点构成了新的拼接线，原来的拼接线删除。编辑完成之后效果显著，树木错位现象能够得到有效解决。这种处理方法同样适用于电线杆等杆状地物拼接错位。

2）同名点编辑

如果相机影像之间拼接错位严重，或者建筑物形变明显（路灯弯曲变形），则需要进行控制点编辑。如果自动输出的实景基本上全是淡蓝色等不正常现象，则需要用编辑控制点的方式进行修复，去掉错误的控制点，人工添加必要的点，可以选择建筑物的角点作为同名点进行编辑，一般能解决该问题。

3）参数纠正

参数纠正就是利用拼接较好的一张影像作为模板，对其他影像进行拼接。这种方法比较适合相似场景的两张影像，两张影像的建筑物密度、光线照度等场景元素都很相近。

4）图像修补

图像修补功能可以对实景影像进行局部处理，主要对光斑或污点进行修补和去除。这种方法对于小光斑效果明显。但是对于大光斑，基本上没有效果。

5）照片分发

照片分发主要是将拼接后的实景照片按道路分发至每条道路存储文件夹下，后续的内业处理工作都是对分发后的实景照片进行处理。利用实景分发软件，选择实景影像目录，即照片拼接后存储的文件夹，选择完成后，一般会显示该文件夹中实景照片的数量；其次选择工程轨迹目录，即与选择的实景影像相对应的点云存储位置，选择完成后，也会显示所选点云文件夹中包含的点云站点数，一般来说，实景影像的数量与工程轨迹的数量是一致的。若实景照片多余，则将多余照片删除再进行分发，若实景照片缺失，则将对应点云记录删除，实景照片分发时一定要确保实景照片数量与点云记录数量一致方可进行。

6）生成缩略图

缩略图的生成主要是由于实景照片拼接过后数据量较大，在进行面片提取、检查点云与照片配准等内业处理工作时，不需要高清的实景影像，只需要压缩后的实景照片即可，同时，这样处理实景影像能使打开、关闭等操作所需要的时间减少，有效提高工作效率。使用中海达配套软件缩略图生成工具进行缩略图生成处理，输入数据为完整的 iScan 工程和实景拼接软件生成的对应轨迹的实景影像。写入数据库之前应确保完成实景照片分发处理。

3. 检查点云与照片的配准

点云与影像配准的目的是确定扫描到的点云中的三维点在相机拍摄得到的影像中对应的像素点，这方面的主要研究方向有两种：

第一种是算法自动配准。基于配准单元匹配影像的 2D 数据到点云的 3D 数据，尝试根据点云强度以及影像深度进行信息探测匹配，求得最优解，再进行标定。这类方法的缺点是在散乱的点云数据中选择三维点的误差较大，而在点云数据中检测参照物特征区域也很困难。另外，直接线性变化的方法存在原理上的缺陷，使用直接线性变换建立的三维点到二维像素之间的关系并没有考虑到相机成像的非线性问题。

第二种是基于传感器的半自动匹配方法。即采用惯性导航姿态系统，将位置信息同时赋予点云和影像数据，进行移动激光点云以及实景影像的配准。此方法主要是通过设备的标定场实现。但是此种方法受限于传感器的质量，以及测量过程中 GNSS 信号质量以及 IMU 行进过程中的姿态数据质量，并不能彻底解决配准误差。先对相机进行配准标定，标定完之后再对相机和激光头进行联合标定。相机标定实际上是机器视觉领域的一个名词，相机自身拍摄的过程实际上就是完成图像处理和集合算法的过程，这个过程中就有一定的数学参数。通过自标定，影像和点云的配准精度较差，不适合精度要求较高的场合。而用参照物来标定，例如可用点云发射装置作为参照物，通过成像、数字处理以及空间运算来求得相机参数，则精度相对较高。

iScan 采集的数据经过融合解算处理后，点云与实景数据应该是完全匹配。但由于人为操作因素、外界因素等其他因素影响，实景影像有可能发生旋转、偏移等现象，造成实景影像不能很好地与点云匹配，需要在后续处理中调整实景照片六个参数使得实景影像与点云一一匹配重合，以方便后续作业。点云与照片的配准主要是通过对实景照片进行旋转、平移、扭曲等操作，使得实景照片与点云重合，配准后的效果如图 10-3 所示(彩色效果见附录)。

图 10-3　调整后点云与实景照片叠加效果

4. 人脸车牌模糊及对象标注

1)人脸车牌模糊

人脸车牌模糊工作主要是对实景影像中涉及的相关隐私数据做模糊化处理，避免街景上线后对个人隐私造成泄露。在街景项目中，需要进行模糊处理的主要为"人脸"和"车牌"。使用模糊工具对所需要模糊的区域进行马赛克模糊，需要注意的是：模糊的区域应尽量小，以免街景发布后大面积的模糊影响视觉效果。

2)添加标注

添加标注是基于前端展示需要而进行的生产动作。以校园街景为例，一般较为常用的标注就是建筑物名称(如教学楼)、道路名称(如勤学路)、市政设施(如垃圾桶)等。基于项目对象和工程需求，根据地形图图式添加一些特别的标注信息，例如树木品种(如桉树、樟树、大叶榕等)、建筑物结构(砖混结构、钢结构、钢筋混凝土结构)等。

5. 实景照片图片处理

由于天气原因，整体清晰度、色彩等效果如达不到要求，还需要对输出的实景影像进行进一步处理，提高实景影像的高亮、清晰度、色彩鲜艳度等，让实景影像达到较理想的效果，可通过 Photoshop 软件进行批量处理。实景照片 PS 处理过程主要有增强亮度、去雾和阴影处理三个方面，主要方法下面做简要介绍：

1)增强亮度

用 Photoshop 软件打开偏暗的影像。在动作栏新建动作组，以增加亮度为动作组名。

新建动作，并记录之后的动作。点击"图像"→"调整"→"亮度/对比度"，亮度值建议设置为10，根据实际预览效果酌情略微增大或减小。根据需要增加亮度，点击"确定"记录该动作。增加完亮度之后，关闭本张影像，选择保存所作修改，并将图像选项里的品质保存为最佳，同时质量设置为12，保存完之后停止动作记录。对所有偏暗的图像以上述动作记录为模板进行批量处理。选择"文件"→"自动"→"批处理"，源文件夹选择要批量增加亮度的影像文件夹，目标文件夹要新建一个文件夹，注意不要覆盖源文件，然后点击"确定"即开始批量增加亮度。

2）去雾处理

打开图像后，点击复制图层，对原始图像进行复制。点击菜单栏"滤镜"→"其他"→"高反差保留"，打开高反差保留对话框，半径设置一般为10。在高反差保留设置完成后，对该图层显示效果选择柔光效果。合并图层，保存为最佳。

3）阴影处理

打开影像，点击菜单栏"图像"→"调整"→"阴影/高光"，打开调整对话框，调整阴影数量至适应数量，一般建议设置为20，可以根据实际图像的预览效果进行酌情的调整，保存为最佳。脚本导出：点击Photoshop菜单栏"窗口"→"动作"，显示"动作"面板，选中动作组名，如"批量处理"，点击右上角的按钮。选择"存储动作⋯"，将所选中的动作组保存为".atn"文件。脚本导入：点击Photoshop菜单栏"窗口"→"动作"，显示"动作"面板，点击右上角的按钮，选择"载入动作⋯"，选中的之前保存过的".atn"文件，可导入制作的动作脚本。

6. 路线编辑

由于街景采集是分段进行的，路与路之间未建立联通关系，因此需要对相邻的道路之间通过道路节点编辑，建立联通关系，使得道路网络连通。

在采集的过程中，可能会存在由于采集重复或者其他原因需要对其中某个或某些节点进行无效化处理的情况。如需要将中间一段路线无效化，首先对需要无效化的线段两端进行节点的断开，使之成为独立的部分，再对该线段进行无效化处理，最后将无效化两侧的线段端点进行连接处理。

以十字路口连接方式为例，路线编辑的方法如下：

由于街景采集是沿着道路上行及道路下行进行双向采集，对于十字路口的连接处理，实际为四条采集路线之间的连接处理（图10-4），浅色线段即为将线段两端的采集站点进行相关连接，使得两者之间可以互相跳转，从而将四条路线连接成互相连通的区域。

7. POI入库及调整

在最终的街景发布之前，需要整理街景采集区域内的POI数据，在街景发布时将POI数据导入数据库中，从而在发布的街景中可以查看或者跳转POI数据，使得浏览更直观方便。

1）POI数据整理

POI数据整理是根据采集路线，对POI数据进行筛选。以采集路线矢量数据为源做缓冲区分析，将采集路线附近50m范围以内的POI数据筛选出来，再将显示比例放大至

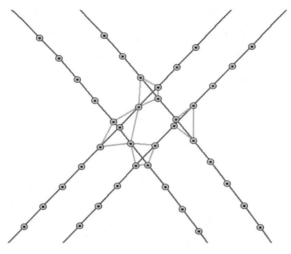

图 10-4　十字路口路线编辑

1∶2500，根据 POI 数据的重要程度，将有压盖或较为密集的 POI 数据进行人工筛选，直至 POI 数据显示无压盖为止。

POI 数据筛选完成后，需要对 POI 数据进行属性分类。由于需要对每一个类别分别制作图标，因此需要在 POI 数据的属性表中建立"符号名称"列(图 10-5)。根据不同分类信息，对符号名称列进行填写，为 POI 数据入库做准备。

中类名	备注	数据来源	批次	XZMEMO	配图辅助	图面高度	random	NAME	符号名称
中餐馆		导航数据	第一			12	2	川福新概念,火锅香长店	中餐
中餐馆		导航数据	第一			11	1	金谷庭酒家	中餐
星级饭店		导航数据	第一			11	1	绿色广场,大酒店	宾馆
咖啡店		导航数据	第一			11	1	伊诺咖啡,无锡店	咖啡店
银行		导航数据	第一			11	1	中国农业银行,香长支行	农业银行
中餐馆		导航数据	第一			12	2	苏式面馆,NO.3	中餐
医院		导航数据	第一			11	1	世医渚洞结,诊所	医院
中餐馆		导航数据	第一			12	2	小肥牛自助火锅,NO.28	中餐
公司、企业		导航数据	第一			13	3	苏顺集团	公司
中介		导航数据	第一			11	1	鼎盛置业,遥扬分公司	公司
银行		导航数据	第一			11	1	江苏银行,香长街支行	江苏银行
银行		导航数据	第一			12	2	中国建设银行,无锡新遥扬支行	建设银行
名胜古迹、旅游		导航数据	第一			16	6	运河古邑	风景名胜
加油站、加气站		导航数据	第一			11	1	运河西路,加油站	加油站
超市		导航数据	第一			13	3	天喜超,市场名店	商店
教育		导航数据	第一			11	1	无锡市,江南中学	学校
便利店		导航数据	第一			13	3	可的遥扬店	商店
政府机关		导航数据	第一			13	3	无锡市南,长区政府	政府机关
中餐馆		导航数据	第一			14	4	常兴记	中餐
书店		导航数据	第一			14	4	新华书店无,锡百读港店	书店
银行		导航数据	第一			15	5	交通银行,南门支行	交通银行
名胜古迹、旅游		导航数据	第一			11	1	抚震楼	风景名胜
中介		导航数据	第一			14	4	大众房,产遥扬店	公司
中介		导航数据	第一			15	5	壹家不动产	公司
小区		导航数据	第一			11	1	沁园新村338-340 432-463	小区
公司、企业		导航数据	第一			11	1	无锡市苏烟,电力印刷公司	公司
中介		导航数据	第一			12	2	立吾房产	公司

图 10-5　POI 数据分类

2) POI 入库

使用 POI 导入工具，对 POI 数据进行导入。导入 POI 数据后，需要连接街景所在的数据库。数据库连接成功后，对需要在街景中显示的属性信息进行属性表的创建设置。

3) 图标入库

在所提供的符号导入工具中，对图标进行入库，图标入库时需要对每一类型的符号标识进行填写，以保证 POI 类型与相应的符号对应。

4) POI 数据位置调整

在街景发布之后，还需要对已入库的 POI 数据进行一定的调整，主要是调整 POI 数据的高度数据，使得 POI 数据没有压盖。

5) POI 数据处理注意事项

在选择 POI 数据时，尽量保留政府机关、银行、大商场、移动电信等重要 POI 信息，可舍弃的有各类小商店、小公司等兴趣点；在选取 POI 的时候，尽量保留名称简短的兴趣点，删除名称过长的兴趣点；对 POI 数据进行符号名称属性的添加，方便在 POI 数据入库时与符号入库进行对应。

8. 实景切片与发布

球形实景图可以类比于用一个扇面垂直于地面且为半圆形的扇子旋转一圈所形成的图，由于扇面是一个半圆扇面，其在垂直方向上呈 180°，由于扇面旋转一圈，其在水平方向上呈 360°。将球形实景图的经度和纬度映射到扁平网络上，将球形实景图的南北两个极点拉伸为上部和下部边缘即可形成长宽比为 2∶1 的球形实景图。球形实景图一般是以扁平态(即长宽比为 2∶1 的状态)被保存在各种设备中。目前，通过购买一些专业的切片客户端才能实现对球形实景图进行切片以得到能反馈真实场景的实景切片图。

实景切片技术与影像金字塔原理具有相似之处，可以说是金字塔原理在实景三维中的应用。是根据用户需要，以不同分辨率进行存储与显示，形成分辨率由低到高、数据量由小到大的金字塔结构。实景切片是将实景影像进行六面体裁切，用于街景前端的发布。实景切片可用 HD PtCloud StreetView 软件自动化处理，街景数据(切片)生产完成后，可进行街景发布上线，该处理过程主要由 HD MapCloud RealVision 软件完成。该软件主要用于对实景前端及后台服务的统一管理，具备对组、服务的增删改查操作功能，每个组为一个服务容器，其下可添加多个服务。

街景成果部署发布主要完成街景数据的有效管理并对外提供相应的发布服务。发布系统用基于组件的架构和策略来进行系统的层次体系架构设计，采用面向对象的方法对组件与服务进行构建，系统有很强的扩展性和重用性。在数据层面上通过良好的数据模型设计来应对各种变化，在实现上通过各个层次上的复用提高系统的开发效率和系统的灵活性。街景成果部署发布应用流程如图 10-6 所示。

街景服务发布完成之后，通过街景发布后的服务地址，即可以对街景进行浏览查看如图 10-7 所示(彩色效果见附录)。

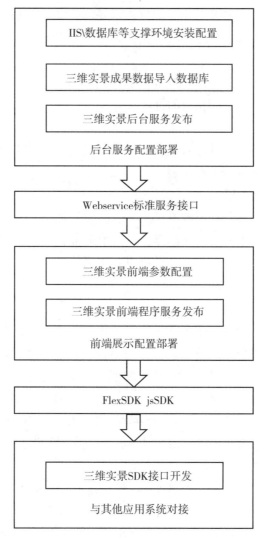

图 10-6　成果部署发布流程图

10. 2. 3　街景地图应用

街景地图作为新一代的地图产品，真正实现了"人视角"的地图浏览体验，能提供更加真实准确、更富画面细节的地图浏览服务。主要功能简要介绍如下：

（1）三维实景影像导航。连续实景实现任意放大、缩小、环视、俯瞰和仰视，达到清晰的沉浸式实景显示效果。

（2）道路和实景漫游。三维实景的漫游，采用球形实景的视角，水平 360°，垂直 360°。鼠标拖动画面，完成当前节点的漫游，令使用者融入虚拟环境之中。

（3）支持标注功能。可在场景中增加虚拟的模型、图片、文字等，也可进行属性挂接

图 10-7　街景发布浏览

(如城管部件三维模型、广告牌、横幅等)。

(4)测量。进行点云配准后的实景地图具有测量功能,可量测实景影像具有绝对方位元素,实际上是一种三维空间数据,直观可视,还可以直接在影像上进行高度、距离、面积等的测量。

(5)日景/夜景。提供该路段地区的日景和夜景,若该路段有提供夜景图片(覆盖街景视图的道路中显示黄线道路),界面左上角就会出现"时光机"按钮,点击即可查看夜景街景。当然也有一些地方只有夜景,没有日景。

(6)时光机。提供该路段地区的历史图片,若该路段有提供历史图片的话,界面左上角就会出现"时光机"按钮,点击即可查看之前拍摄的街景视图。

随着移动互联网的广泛普及,手机端导航电子地图功能不断丰富,街景地图的优势得到充分体现,具有很强的互动感、视角全面具体(高清图片)等。基于街景地图数据的延伸应用发展迅速,可应用于道路绿视率、行道树结构特征与健康状况、城市街道景观视觉评价、城市道路空间舒适度、城市骑行视觉环境等。

街景地图自 2007 年诞生以来,覆盖区域快速增加,信息量(历史数据、日景与夜景)不断增大,手机端功能不断丰富。相信未来,与 5G、AI 等技术的融合不断加速,会给街景地图的用户带来新的体验。例如,2022 年 5 月谷歌 I/O 大会上,谷歌地图披露了最新的黑科技功能。其中,沉浸式的实景 3D 地图由数十亿的街景和航拍图像打造而成,让用户在 3D 建模中体验全球各地的真实场景,实时视图(Live View)则通过 AR 技术,帮助用户在诸如机场、商场和火车站等室内区域导航。此外,谷歌地图还推出了"省油路线"功能。

10.3　河景地图制作与应用

实景地图的应用越来越广,其中水利部门使用的专有实景地图也称之为河景地图,是利用船只作为移动采集载体,利用实景采集设备对河道周围进行实景照片的采集,对采集数据进行内业处理后发布。本节简要介绍河景地图制作的技术路线,重点介绍应用特点。

10.3.1　概述

随着移动测量技术的不断发展,其应用范围也在不断的扩充中。在行业应用方面,现有的移动测量系统应用主要集中在交通、城管、旅游等领域,其在河景方面的应用也逐渐有所体现。如 Google 公司就对亚马孙河流域、英国运河等进行了河景采集。Google 巴西分公司与美国总公司 Google 街景的工作人员在非营利组织的邀请下,对南美洲的亚马孙河流域进行街景拍摄工作。在亚马孙河的采集过程中,主要以街景三轮车作为主要拍摄工具,另外也会配合船只进行移动拍摄。在英国运河的采集过程中,英国的 Canal & River Trust 组织运用 Google Trekker(谷歌用于收集街景的 360°拍摄装置)进行采集工作。Google Trekker 是一款装配了 15 个镜头可用于 360°拍摄照片的设备,该设备为背包式移动采集设备,需要人员背着进行采集,并非安装在车辆或船只等移动载体上,整个拍摄过程基本是全自动的,并且会将所见上传至谷歌地图。但 Google 公司的采集成果只局限于影像浏览,无法做到可量测。对于使用船只作为移动载体,利用 LiDAR 技术对河景进行采集的研究尚处于初级阶段。

利用船载 LiDAR 技术,可以获得全方位的河道地形和环境信息,为水利工程数字化管理、开发规划、应急指挥、灾害监测、水利工程治理提供高精度、高现势性的地理空间信息数据支撑。

10.3.2　制作总体技术路线

河景地图制作以南京市秦淮河河景为例,选择秦淮河"东山——三汉河河口闸"段约24.1km 的河道进行采集。所用采集仪器为中海达的 iScan 移动测量系统,使用软件为中海达配套软件。河景地图制作是以船只为载体,搭载移动测量系统对测区范围内的河道进行点云与实景照片的采集,对采集到的真实反映河道及河道两侧情况的影像数据和点云数据进行一系列内业数据处理之后,通过网络服务发布出来,用户可通过实景浏览、模拟行驶等方式查看河道景观。

河景地图制作过程主要包括河景外业数据采集、河景数据内业处理、切片发布、功能开发等步骤。河景数据外业采集主要是利用船只作为载体,搭载移动测量设备,对测区进行河景采集,采集内容主要包括点云数据、实景影像数据、定位定姿数据等。河景数据内业处理主要是将河景外业采集的照片数据进行拼接,并对拼接后的实景照片进行处理,将处理过后的实景照片进行切片,并结合 POI 数据、矢量二维地图等,对河景进行发布。在此基础上,开发河景应用相关功能,从而在浏览器中对河景数据进行查看。河景地图制作技术路线如图 10-8 所示,内业数据处理详细过程参见 10.2.2 节的内容。

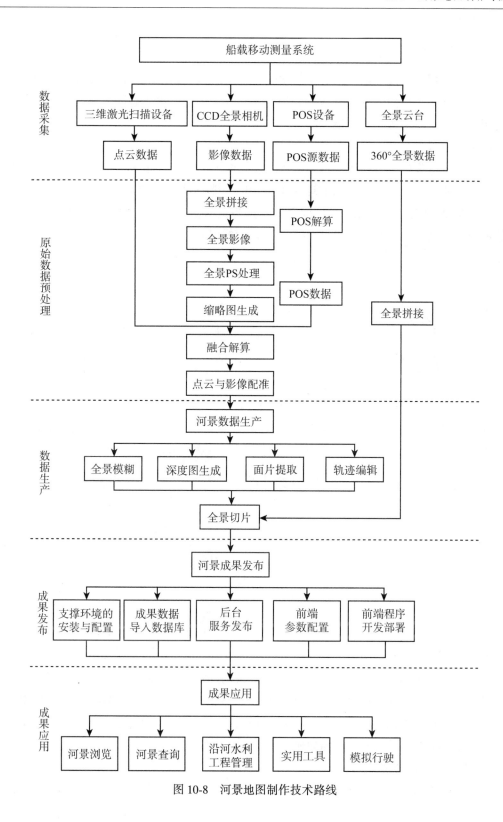

图 10-8 河景地图制作技术路线

10.3.3　河景地图应用

用户可以根据实际应用，结合 BS、SDK 二次开发包等，对河景地图成果进行二次开发，真正实现人视角的地图浏览体验，提供更加真实准确、更富画面细节的地图服务。河景地图制作后，应用的主要功能简要介绍如下：

1. 河景浏览

打开河景影像的平台应用，河景路线上包含泵站、涵闸、地表水取水口、水利事业单位等水利设施及部门。附带影像的球形预览功能，能够使用户快速定位跳转到所需场景，进行 360°实景浏览。利用鼠标拖动画面，完成当前节点的漫游。用户能够按照不同方向浏览河道以及河道两侧的真实照片场景，浏览时可以逐节点导航，也可以连续导航（图 10-9、图 10-10）。

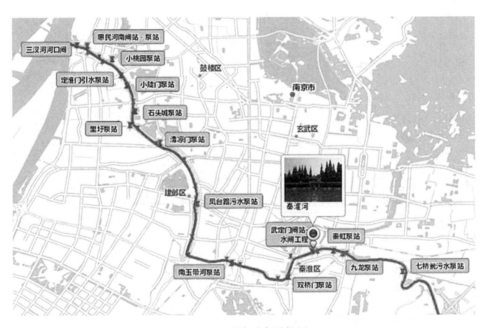

图 10-9　系统平台导航图

2. 河景查询

根据河道查询河景影像，河道主要包含三汊河-草场门河道、草场门-汉中门河道、汉中门-集庆门河道、集庆门-武定门河道、武定门-秦淮河大桥河道、秦淮河大桥-东山桥河道，选择或者搜索所需河道，打开后即可选择泵站、桥梁、闸口等水利设施进行河景影像查看，如图 10-11 所示是三汊河河口闸的河景查询影像。

3. 沿河水利工程管理

显示沿河的水利工程设施及其相关属性信息，沿河水利工程管理如图 10-12 所示。

图 10-10 武定门闸站四个不同方向浏览图

图 10-11 河景查询

4. 实用工具

用户可以在河景地图中选择任意具有点云数据的两点，系统会自动计算并显示地物间的距离，可以对河道宽度、堤防高度等进行量测。河景地图发布后，还包含全屏显示、标注显示、鹰眼图显示、场景跳转、面片跳转等功能，可以进行距离量测(图 10-13)及面积量测。

图 10-12　沿河水利工程管理

图 10-13　距离测量

5. 模拟行驶

根据用户指定的路线,选定起始站点和结束站点,并设置站间行驶的时间间隔,点击"开始"即可模拟行驶(图 10-14,彩色效果见附录)。

图 10-14　模拟行驶设置

基于船载 LiDAR 技术的河景地图制作，为公众提供基于人视角的全新地图阅读方式，创新性地将单点实景与河景相结合，更为详细和直观地展示了沿河风景及各水利设施。同时引入模拟行驶，将导航与三维河景相结合，制定更适用于水利等专业部门使用的三维河道导航系统。利用船载 LiDAR 技术进行河景地图制作，有效地弥补传统作业方式中所欠缺的实景河流浏览模式，制定和完善利用船载 LiDAR 技术进行河景地图制作的过程及规范，所得的河景地图成果可以为水利、交通、国土等多个部门服务。

10.4 实景三维中国建设

实景三维中国建设是对传统基础测绘业务的转型升级，是测绘地理信息服务的发展方向和基本模式，已经取得了建设成果并得到了应用。本节简要介绍实景三维中国建设的背景、定义与构成、建设目标与内容、建设任务、技术路线与组织分工等内容。

10.4.1 建设背景

我国经济持续快速发展，各行各业日新月异，原来的地图精度、分辨率，原有的数据获取方法，产品的生产、组织、管理等已无法满足需求。不同层次的国土空间规划、经济发展和生态文明，以及各项建设、运营、管理对空间信息的表述和精度提出了新的、更高的要求，如室内与室外、地上与地下、陆地与海洋等，迫切需要通过实景三维表达实体空间，将地理信息系统与建筑信息模型以及相关技术融合，以更好地满足高速发展的社会需求。

近年来，我国提出了数字中国、数字政府、数字经济等国家战略，经济社会快速发展，生态文明建设更加深入，对空间地理信息产品提出了更高的要求，这些新要求体现在独立实体化、真三维表达、语义融合、全空间描述、融合新技术等方面。

在智慧城市层面，需要将城市进行数字化表达（数字孪生城市），在这个数字环境中需要精细化、结构化、对象化的地理环境表达，需要地上下、室内外一体化的全空间连续尺度地理实体刻画，还需要对地理环境进行高逼真、沉浸式渲染，这些都是 4D 数据无法满足的。

党的十九大报告明确提出建设数字中国，以更好服务我国经济社会发展和人民生活改善。实景三维中国建设是落实数字中国、平安中国、数字经济战略的重要举措，是落实国家新型基础设施建设的具体部署，是服务生态文明建设和经济社会发展的基础支撑。

2015 年国务院批复同意的《全国基础测绘中长期规划纲要（2015—2030 年）》指出要加快推进新型基础测绘体系建设，不断提升基础测绘保障服务能力和水平。2019 年印发的《自然资源部信息化建设总体方案》提出"推进三维实景数据库建设"。2020 年全国国土测绘工作会议提出新时期测绘工作"两服务、两支撑"的根本定位，明确要求大力推动新型基础测绘体系建设，构建实景三维中国。

2021 年全国自然资源工作电视电话会议要求"加快建设实景三维中国、自然资源一张底图"。自然资源部 2021 年 8 月发布《实景三维中国建设技术大纲（2021 版）》。自然资源部国土测绘司于 2021 年年底印发了新型基础测绘与实景三维中国建设技术文件《名词解释》《基础地理实体分类、粒度及精度基本要求》《基础地理实体空间身份编码规则》《基础地理实体数据元数据》。

2022 年 2 月 24 日，自然资源部办公厅印发了《关于全面推进实景三维中国建设的通知》，明确了实景三维中国建设的目标、任务、分工与要求。2022 年 4 月 18 日，自然资源部办公厅印发了新型基础测绘与实景三维中国建设技术文件《基于 1：500 1：1000 1：2000 基础地理信息要素数据转换生产基础地理实体数据技术规程》、《基础地理实体数据采集生产技术规程》、《基础地理实体语义化基本规定》。2022 年 5 月 6 日，国家成立实景三维中国建设专家组，中国工程院院士陈军担任组长，成员由来国内各大测绘科研机构、高校、企业的 30 位专家组成。2022 年 6 月 2 日，自然资源部官网公布了自然资源标准体系文本。其中，测绘地理信息标准为自然资源标准体系子体系，代号 CH2-00，分为通用 120 项、获取与处理 235 项、成果与应用服务 227 项、管理 140 项、自然资源卫星应用 128 项，共计五个门类 850 项。

10.4.2　定义与构成

1. 定义

近年来，出现了实景三维、全景三维等概念，依据生产技术的不同，学者的解释也不尽相同。

2021 年 12 月，自然资源部国土测绘司公布的新型基础测绘与实景三维中国技术文件《名词解释》给出定义如下：实景三维（3D Real Scene）是对人类生产、生活和生态空间进行真实、立体、时序化反映和表达的数字虚拟空间，是新型基础测绘标准化产品，是国家新型基础设施建设的重要组成部分，为经济社会发展和各部门信息化提供统一的空间基底。

相较于现有测绘地理信息产品有如下提升：

(1)从"抽象"到"真实"。从对现实世界进行抽象描述，转变为真实描述。

(2)从"平面"到"立体"。从对现实世界进行"0-1-2"维表达，转变为三维表达。

(3)从"静态"到"时序"。实景三维不仅能反映现实世界某一时点当前状态，还可反映多个连续时点状态，时序、动态展示现实世界发展与变化。

(4)从"按要素、分尺度"到"按实体、分精度"。从对现实世界分尺度表达，转变为按"实体粒度和空间精度"表达。

(5)从"人理解"到"人机兼容理解"。从"机器难懂"转变为"机器易懂"。

(6)从"陆地表层"到"全空间"。现有地理信息产品更侧重陆地表层空间的描述，实景三维实现"地上下、室内外、水上下"全空间的一体化描述。

针对 4D 数据与实景三维的关系，中国工程院院士郭仁忠认为：4D 数据是测绘技术与行业数字化转型的历史性产品，与模拟成果相比，4D 数据在生产、应用和更新方面提供了更多的选择，也展示了更多的优势，它代表了测绘科学与技术过去半个世纪的历史性进步。现在，随着技术的持续进步，测绘的成果在 4D 数据的基础上走向了实景三维。

实景三维的优势在于高度逼真的场景重构和虚实相济的空间拓展，可以使依托环境的应用得到更抽象的分析和更具象的呈现，从终端用户的角度讲，它更容易被接受，从专业用户的角度讲，它将降低地理信息应用的技术门槛，有利于测绘技术应用领域的拓展、应用模式的创新和跨学科融合发展。

2. 构成

实景三维中国由空间数据体、物联感知数据和支撑环境三部分构成，简要介绍如下：

(1)空间数据体包括地理场景和地理实体。地理场景包括 DEM、DSM、DOM、TDOM、倾斜摄影三维模型、激光点云等。地理实体包括基础地理实体、部件三维模型以及其他实体等。基础地理实体包括地物实体和地理单元，可通过二维、三维形式进行表达。部件三维模型包括建(构)筑物结构部件、建筑室内部件、道路设施部件、地下空间部件等。其他实体包括其他行业部门生产的专业类实体。

(2)物联感知数据包括自然资源实时感知数据、城市物联网感知数据、互联网在线抓取数据等。自然资源实时感知数据包括通过自然资源管理业务获得的实时视频、图形图像，以及自动化监测设备实时信息等。城市物联网感知数据包括城市监控视频，车载导航、移动基站、手机信令等实时视频及图像等。互联网在线抓取数据包括在线获取的地理位置、文本表格等。

(3)支撑环境包括数据获取处理、建库管理和应用服务系统，以及支撑上述系统运行的软硬件基础设施等。获取处理系统指对空间数据体和物联感知数据进行获取、处理、融合的各系统。建库管理系统指对数据集成建库和数据库管理的各系统。应用服务系统是面向应用的服务系统。软硬件基础设施指自主可控的网络、安全、存储、计算显示设备，以及支撑软件等。

10.4.3　建设目标与内容

1. 建设目标

2022 年 2 月 24 日，自然资源部办公厅印发了《关于全面推进实景三维中国建设的通知》，针对建设目标描述如下：

到 2025 年，5m 格网的地形级实景三维实现对全国陆地及主要岛屿覆盖，5cm 分辨率的城市级实景三维初步实现对地级以上城市覆盖，国家和省市县多级实景三维在线与离线相结合的服务系统初步建成，地级以上城市初步形成数字空间与现实空间实时关联互通能力，为数字中国、数字政府和数字经济提供三维空间定位框架和分析基础，50%以上的政府决策、生产调度和生活规划可通过线上实景三维空间完成。

到 2035 年，优于 2m 格网的地形级实景三维实现对全国陆地及主要岛屿的必要覆盖，优于 5cm 分辨率的城市级实景三维实现对地级以上城市和有条件的县级城市覆盖，国家和省市县多级实景三维在线系统实现泛在服务，地级以上城市和有条件的县级城市实现数字空间与现实空间实时关联互通，服务数字中国、数字政府和数字经济的能力进一步增强，80%以上的政府决策、生产调度和生活规划可通过线上实景三维空间完成。

2. 建设内容

实景三维中国的建设原则是：需求牵引、创新驱动、统一设计、多元投入、协同实施、边建边用。依据建设原则，主要建设内容如下：

(1)地形级实景三维建设。构建地形级地理场景、基础地理实体，获取其他实体、物联感知数据，组装生成地形级实景三维产品，用于三维可视化与空间量算，服务宏观规划。

(2)城市级实景三维建设。构建城市级地理场景、基础地理实体，获取其他实体、物联感知数据，组装生成城市级实景三维产品，用于精细化表达与空间统计分析，服务精细化管理。

(3)部件级实景三维建设。构建部件三维模型，获取其他实体、物联感知数据，组装生成部件级实景三维产品，用于精准表达和按需定制，服务个性化应用。

10.4.4　建设任务

在《关于全面推进实景三维中国建设的通知》中，描述建设任务如下：

(1)地形级实景三维建设。国家层面完成：10m 和 5m 格网 DEM、DSM 制作，覆盖全国陆地及主要岛屿，并以 3 年为周期进行时序化采集与表达；2m 和优于 1m 分辨率 DOM 制作，覆盖全国陆地及主要岛屿，并以季度和年度为周期进行时序化采集与表达；基于上述工作及已有成果完成基础地理实体数据制作，覆盖全国陆地及主要岛屿。地方层面完成：优于 2m 格网 DEM、DSM 制作，覆盖省级行政区域，并以 3 年为周期进行时序化采集与表达；优于 0.5m 分辨率 DOM 制作，覆盖重点区域，按需进行时序化采集与表达；基于上述工作及已有成果完成基础地理实体数据制作，覆盖省级行政区域；近岸海域 10m 以内 DEM 制作，覆盖沿海省份。

(2)城市级实景三维建设。国家层面完成：整合省级行政区域基础地理实体数据，形成全国基础地理实体数据，覆盖全国陆地及主要岛屿。地方层面完成：获取优于 5cm 分辨率的倾斜摄影影像、激光点云等数据；基于上述工作及已有成果完成基础地理实体数据制作，覆盖省级行政区域，根据地方实际确定周期进行时序化采集与表达。

(3)部件级实景三维建设。鼓励社会力量积极参与，通过需求牵引、多元投入、市场化运作的方式，开展部件级实景三维建设。

(4)物联感知数据接入与融合。国家和地方层面完成：物联感知数据接入与融合能力建设，支撑物联感知数据实时接入及空间化，采用空间身份编码等方式实现其与基础地理实体数据的语义信息关联。

(5)在线系统与支撑环境建设。全国构建统一的基于云架构、兼顾结构化和非结构化数据特征、分版运行的国家和省市县实景三维数据库，实现"分布存储、逻辑集中、互联互通"。

国家和省市县分级、分节点构建适用本级需求的管理系统，并依托不同网络环境(互联网、政务网和涉密网等)，为智慧城市时空大数据平台、地理信息公共服务平台及国土空间基础信息平台等提供适用版本的实景三维数据支撑，并为数字孪生、城市信息模型(CIM)等应用提供统一的数字空间底座，实现实景三维中国泛在服务。

10.4.5 建设技术路线与组织分工

1. 技术路线

实景三维中国建设按照统一的时空基准进行数据获取与处理、建库与服务。主要建设步骤如下：

(1)时空基准。坐标系统采用 CGCS2000 国家大地坐标系，高程基准采用 1985 国家高程基准，时间基准采用公元纪年和北京时间。按照统一的时间节点开展实景三维中国建设，如实反映当前时点下，以及前序各时点下人类生产、生活和生态空间的真实状况。

(2)数据获取与处理。数据获取与处理是实景三维中国建设的主要技术内容，包括多源数据获取与预处理、数据生产和数据融合。其中，大多数内容都是按相关标准及现行方式生产的，而基础地理实体的数据生产属于实景三维建设技术路线中重要且特有的部分。

(3)建库与服务。实景三维中国数据库分为国家层面、省区层面和城市层面实景三维数据库，分别存储全国、省区、城市范围内的实景三维数据以及元数据。开发数据库管理系统，用于实景三维数据的统一存储管理、数据编辑和查询统计等。以智慧城市时空大数据平台或地理信息公共服务平台为依托构建应用服务系统。

技术路线中涉及的若干关键点如下：

(1)实体化：即对于包含传统 4D 产品和倾斜模型等的空间数据体进行实体化；

(2)融合与轻量化：即实体数据与物联感知数据提取出的语义化信息进行融合与轻量化处理，用于机器可读与高效展示；

(3)数据入库：即地理场景、地理实体等数据建立时空索引构建、与空间身份编码(实体编码)挂接与数据入库；

(4)共享发布：即面向自然资源及其他行业的应用与共享发布。

2. 组织分工

坚持系统观念，强化顶层设计，构建技术体系、创新管理机制，形成统一设计和分级建设相结合、国家和省市县协同实施的"全国一盘棋"格局。坚持"只测一次，多级复用"的原则，在高精度实景三维数据覆盖区域，只基于已有成果整合、不重复生产，在非覆盖区域进行新测生产。组织分工如下：

(1) 自然资源部国土测绘司负责总体规划、制度办法制定等，指导开展实景三维中国建设。中国测绘科学研究院负责顶层设计，关键技术攻关、以及标准体系构建等。国家基础地理信息中心负责编制国家层面的实景三维建设方案并组织实施，构建国家层面的实景三维数据库、数据库管理系统以及应用服务系统，按需组织汇集省区、城市实景三维数据及元数据。国家测绘产品质量检验测试中心负责编制实景三维中国建设质量检验方案。自然资源部国土卫星遥感应用中心负责编制遥感影像保障方案，做好国家层面的遥感影像保障。

(2) 省级自然资源主管部门负责编制省区层面的实景三维建设方案并组织实施，根据应用需求做好省市协同建设，构建实景三维数据建库、数据库管理系统和应用服务系统等，按照统一要求汇交国家需集中建库的实景三维数据及元数据。陕西、黑龙江、四川和海南 4 省分别由陕西、黑龙江、四川和海南测绘地理信息局负责组织开展本省的实景三维建设。

(3) 市级自然资源主管部门负责编制城市层面的实景三维建设方案并组织实施，构建城市层面的实景三维数据库、数据库管理系统以及应用服务系统，按照统一要求汇交国家、省区需集中建库的实景三维数据及元数据。技术支持单位负责协助开展实景三维建设方案编制、建设实施、技术支撑等。

10.4.6　成果应用方向

《关于全面推进实景三维中国建设的通知》中指出：要深刻理解和准确把握总体国家安全观，在严格维护测绘地理信息安全的前提下，积极面向专题应用、社会公众的多元化需求开发适用的数据版本和服务模式。秉持"需求牵引、边建边用"理念，在加快建设同时开展应用创新、服务创新、模式创新，建立典型应用示范，引导和带动三维时空信息产品应用，形成社会化服务新格局，推动实景三维中国持续发挥积极作用。

近几年，一些城市(西安、青岛、深圳、上海等)已初步获得实景三维成果，逐步投入使用，地方政府加快开展实景三维建设。综合目前的成果应用与学者的预测研究，实景三维建设的成果应用方向总结如下：

(1) 服务国家治理体系与政府职能转变。实景三维中国建设有利于数字治理新格局的形成，助推国家治理体系现代化和综合治理能力不断提升。因此，建设实景三维中国对加快政府职能转变，建设服务型政府具有重要意义。此外，在国土空间规划、各项工程施工建设、生态环保、城市精细化管理与服务、智慧城市建设、灾害预警等方面发挥重要作用。

(2) 更好地满足人们的日常需求。实景三维成果对现实世界的模拟，强现势性的刻画与体现，可以满足人们足不出户到各地去旅游的愿望，可以实现在线浏览，游历世界。日常生活方面，实景三维成果可以给人们的衣、食、住、行带来更大的便利。另外也可以在学习工作、环境保护、医疗卫生、日常娱乐等方面提供应用。

（3）助推各行各业发展。实景三维中国建设，将对各行各业的发展起到助推、促进、支持的作用。如交通运输，包括公路、铁路、水路等；建筑业，如城乡规划、施工建设、监督管理等；农业包括各类种植、农田改造、全域土地综合整治、高标准农田建设等，还包括工业制造、水利建设、地质找矿、服务业品质提高；作为城市数字空间的底座（基础地理信息底层），实景三维成果将全面支撑新型智慧城市的建设，等等。

（4）促进测绘地理信息行业走向更新更高。建设实景三维中国，将会给传统的测绘生产体系带来全面的变革，如对应软件、硬件的功能、性能必须满足新需求。对产品技术路线、技术方法、测绘地理信息装备都提出了攻关和创新的要求。依托大数据技术、AI技术、基础地理信息数据、动态时空数据等融合生产的实景三维，将进一步促进测绘地理信息行业不断开拓新思路，创造新方法，适应新要求，进而实现行业的高质量发展。实景三维中国建设是产业发展新的经济增长点，是今后测绘地理信息服务的基本模式和发展方向之一。

中国工程院院士郭仁忠针对实景三维中国建设成果的应用指出："实景三维满足了当下应用场景，一些潜在的应用场景我们目前还不是很清楚，随着实景三维技术的发展，我们会发现新应用场景，而城市发展反过来也会对实景三维提出新需求，就是说新型基础测绘会带着我们走进实景三维中国，实景三维中国支撑一些新的城市应用，在应用的过程中催生新需求，反过来促进测绘技术进步，这是一个双向的过程，是一个充满想象的'不归路'，我们不妨边做、边看、边想。有了实景三维的数字化城市模型，很多城市管理可以实现远程控制，甚至自动控制、自动预警，在城市中的使用场景非常多。"

10.4.7　主要问题与展望

实景三维中国建设与应用是长期、艰巨、复杂的系统工程，未来将面临机遇与挑战，目前存在的主要问题如下：

（1）建设的成本高、周期长、更新难。目前实景三维中国建设所需要的技术、设备、人员都已经具备，但是建设的成本很高、周期很长，更新更困难。通过倾斜摄影测量、三维激光点云等技术可以将一个建筑的模型建立起来，但是需要大量的人工来实现人机交互，才能实现结构化建模以满足智慧化应用。

（2）缺少类似工程建设经验。实景三维中国是一个宏大工程，是一项前所未有的新基建，需要动员大量的人力物力，以及将计划长期执行的坚强毅力。中国是首个提出这一计划的大国，世界上还没有哪个地理信息产品、项目能够从规模、技术层面对标实景三维中国。大规模的实景三维中国建设，世界上没有成功的经验可以借鉴，只能自己摸着石头过河，在建设中摸索前行。

（3）难以打通信息孤岛。新型基础测绘、实景三维不是刚刚诞生的新事物，部件级的个性化实景三维建设和应用已经有了不少的行业案例。2019年起，国家安排了10个省市作为新型基础测绘试点。在建设过程中，市属不同的部门不能各自为政，要打通不同部门之间的信息孤岛，建设一个能够满足各方需要的最大公约数的实景三维平台，避免重复建设造成资源浪费。

(4)城市的需求复杂。智慧城市治理需求复杂,不同群体有不同的需求,而且随着城市的发展,这些需求还在不断发生变化,这是一个错综复杂的问题。共建共享、信息共享的前提就是信息要满足各方面需求,因此在实景三维建设之前需要一个顶层设计,需要一个从全局出发的系统解决方案,将不同部门的需求调研清楚。实景三维模型应用需求要面向经济社会发展领域与自然资源综合管理领域。

其他存在的问题还有:技术、安全与应用的体系仍未完善,应用远未深入;缺乏统一完善的国家和行业建设标准;缺乏统一的建设规划和对应用场景的统一研究;缺乏稳定和多源的投入渠道;缺乏对单体化建模技术的应用和完善。

按照国家的发展规划,结合学者的相关研究成果,实景三维中国建设与应用未来的发展趋势是:实景三维中国建设不仅在实践中要摸着石头过河,政策指导也要随着实景三维中国的深入推进,不断迭代完善。实景三维中国建设将在探索和实践中越来越好,应用场景越来越多,实景三维数据将面向自然资源管理和社会经济发展等方面,积极拓展应用领域,推进实景三维业务化应用。实景三维中国建设过程中涉及面广、覆盖面全、任务量大、新探索多,因此,自主可控、自动化、智能化技术体系是必然的技术方向。

实景三维中国建设是测绘面向世界科技前沿、面向经济主战场、面向国家重大需求、面向人民生命健康的重要路径,是测绘发展的新方向。

◎ 思考题

1. 什么是实景地图?国内街景地图服务网站主要有哪些?

2. 实景三维建设有哪些城市已经取得建设成果?以一个城市为例,简要介绍建设成果与应用。

3. 街景地图制作的主要技术流程有哪些?主要功能有哪些?未来的发展趋势是什么?

4. 河景地图制作过程包括哪些内容?主要功能有哪些?

5. 实景三维的定义是什么?相较于现有测绘地理信息产品有哪些提升?

6. 实景三维中国由几部分构成?建设原则与内容是什么?

7. 实景三维中国建设的技术路线是什么?关键点有哪些?

8. 实景三维建设的成果应用方向有哪些?未来的发展趋势是什么?

参 考 文 献

[1] 蔡文兰. 无人船水下测量技术的应用研究[D]. 南昌：南昌工程学院，2019.

[2] 陈岳涛，谢宏全，赵芳，等. 利用背负式移动激光扫描系统测绘地下空间地形图[J]. 淮海工学院学报（自然科学版），2018，27(4)：74-77.

[3] 陈飞，崔健，王郑. 垂起固定翼无人机激光雷达的电力巡检应用[J]. 测绘科学，2020，45(12)：77-80.

[4] 陈日强，李长春，杨贵军，等. 无人机机载激光雷达提取果树单木树冠信息[J]. 农业工程学报，2020，36(22)：50-59.

[5] 陈俊任，周晓华. 无人船测量系统在水下地形测量中的应用[J]. 测绘技术装备，2020，22(4)：65-68.

[6] 邓汝艳，董蕾. 航测与 SLAM 测量技术融合在房地一体中的应用[J]. 地矿测绘，2021，37(1)：17-22.

[7] 冯志，姜东方，陈宏强，等. 车载移动测量系统在大比例尺地形图测绘中的应用研究[J]. 测绘技术装备，2017，19(2)：39-41.

[8] 郭明，王国利，陈才，等. 移动测量系统设计原理与实现方法[M]. 北京：科学出版社，2018.

[9] 高航. 轻便型移动测量系统在城市部件采集中的应用[J]. 北京测绘，2017(4)：65-68.

[10] 耿雨馨，钟若飞，彭宝江. 基于车载激光点云的街景立面自动提取[J]. 地球信息科学学报，2018，20(4)：480-488.

[11] 国家测绘地理信息局. 车载移动测量数据规范：CH/T 6003—2016[S]. 北京：测绘出版社，2016.

[12] 国家测绘地理信息局. 车载移动测量技术规程：CH/T 6004—2016[S]. 北京：测绘出版社，2016.

[13] 韩友美，杨伯钢. 车载移动测量系统检校理论与方法[M]. 北京：测绘出版社，2014.

[14] 韩友美，许梦兵，户忠祥，等. 空地一体化快速实景建模技术探究[J]. 测绘通报，2020(10)：85-88.

[15] 黄鹤，佟国峰，夏亮，等. SLAM 技术及其在测绘领域中的应用[J]. 测绘通报，2018(3)：18-24.

[16] 胡博，危双丰，严强，等. 推车 SLAM 室内实景三维测图及应用[J]. 测绘通报，

2019(1)：39-43.

[17]韩光，陈龙庆，许义，等．基于激光雷达与倾斜摄影融合技术的电力巡检系统设计[J]．机械与电子，2020，38(10)：27-31.

[18]胡小青，程朋根，聂运菊，等．无人机 LiDAR 在山洪灾害调查中的关键技术及应用[J]．江西科学，2016，34(4)：470-474.

[19]何燕兰，于婷婷，王胜利．无人船与无人机测量在河塘整治项目中应用研究[J]．城市勘测，2022(2)：152-155.

[20]姜丙波，柳忠伟，彭云，等．无人机机载激光雷达在抽水蓄能电站大比例尺地形图测绘中的应用[J]．测绘通报，2021(S)：248-251.

[21]卢秀山，谢欣鹏，刘如飞．轻便型移动测量系统在乡村地形测量中的应用[J]．测绘科学，2016，41(10)：149-152.

[22]刘如飞，卢秀山，岳国伟，等．一种车载激光点云数据中道路自动提取方法[J]．武汉大学学报(信息科学版)，2017，42(2)：250-256.

[23]刘强，翟国君，卢秀山．船载多传感器一体化测量技术与应用[J]．测绘通报，2019(10)：127-132.

[24]李效超，王智，孙晓丽，等．手持式移动三维激光扫描仪在地下空间普查中的应用研究[J]．城市勘测，2020(2)：62-65.

[25]吕志慧，张凯．移动测绘系统在河景三维中的应用[J]．地理空间信息，2016，14(12)：27-29.

[26]李煜东．无人机 LiDAR 技术在水利崩岸应急测绘保障中的应用[J]．水利技术监督，2022(5)：49-52.

[27]李佳柠，李明泽，全迎，等．无人机激光雷达与高光谱数据协同的帽儿山地区树种分类[J]．东北林业大学学报，2022，50(6)：63-69.

[28]李凯锋，徐卫明，陆秀平，等．船载三维激光扫描海岸岛礁地形测量技术体系构建[J]．海洋测绘，2020，40(3)：35-39.

[29]雷添杰，张鹏鹏，胡连兴，等．无人船遥感系统及其应用[J]．测绘通报，2021(2)：82-86.

[30]李鹏鹏，李永强，蔡来良，等．车载 LiDAR 点云中道路绿化带提取与动态分析[J]．地球信息科学学报，2020，22(2)：268-278.

[31]马赶，郭恒林，谢坤，等．手持三维激光扫描仪在平立面测量中的应用[J]．测绘通报，2020(S1)：247-250.

[32]彭祥国，杨智翔，王学剑，等．无人机 LiDAR 技术在水利水电工程中的应用 [J]．测绘标准化，2020，36(4)：38-41.

[33]彭涛，黄会宝，高志良，等．无人船搭载声呐设备在大岗山水下检测中的试验应用[J]．四川水力发电，2021，40(4)：13-17.

[34]石硕崇，周兴华，李杰，等．船载水陆一体化综合测量系统研究进展[J]．测绘通报，

2019(9)：7-12.

[35]汪连贺．三维激光移动测量系统在海岛礁测量中的应用[J]．海洋测绘，2015，35
（5）：79-82.

[36]危双丰，刘振彬，赵江洪，等．SLAM 室内三维重建技术综述[J]．测绘科学，2018，
43(7)：15-26.

[37]王培峰．背包式移动三维激光扫描系统在铁路勘测中的应用[J]．铁道建筑技术，
2021(10)：77-81.

[38]王锦凯，贾旭．视觉与激光融合 SLAM 研究综述[J]．辽宁工业大学学报(自然科学
版)，2020，40(6)：356-361.

[39]吴培强，任广波，张程飞，等．无人机多光谱和 LiDAR 的红树林精细识别与生物量
估算[J]．遥感学报，2022，26(6)：1169-1181.

[40]韦程文，杨啸宇．无人船在海洋水下地形测量中的应用和数据处理[J]．北京测绘，
2019，33(12)：1571-1573.

[41]薛雁明，刘辉．移动测量技术[M]．郑州：黄河水利出版社，2019.

[42]谢宏全，李明巨，吕志慧，等．车载激光雷达技术与工程应用实践[M]．武汉：武汉
大学出版社，2016.

[43]谢宏全，韩友美，陆波，等．激光雷达测绘技术与应用[M]．武汉：武汉大学出版
社，2018.

[44]徐加荣，郭威．车载三维激光雷达技术在高速公路改扩建中的应用[J]．地矿测绘，
2020，36(3)：26-29.

[45]徐寿志．车载移动测量系统检校技术及其精度评定方法[D]．武汉：武汉大
学，2016.

[46]杨昆仑，赵军平．无人机 LiDAR 系统在大比例尺地形图测绘中的应用[J]．测绘技术
装备，2020，22(2)：69-72.

[47]杨猛，刘杰，杨锋，等．车载激光雷达技术在城市 1：500 地形图测绘工作中的应
用[J]．测绘与空间地理信息，2020，43(8)：57-61.

[48]杨必胜，梁福逊，黄荣刚．三维激光扫描点云数据处理研究进展、挑战与趋势[J]．
测绘学报，2017，46(10)：1509-1516.

[49]杨铭．背包式移动三维激光扫描系统的应用[J]．测绘通报，2018(9)：91-95.

[50]阮峻，陶雄俊，韦新科，等．基于固定翼无人机激光雷达点云数据的输电线路三维
建模与树障分析[J]．南方能源建设，2019，6(1)：115-118.

[51]杨俊凯，颜惠庆．无人机机载 LiDAR 在长江下游洲滩地形测量中的应用[J]．中国港
湾建设，2021，41(9)：42-45.

[52]张春泉，侯勇涛，杜雁欣．机载 LiDAR 在地质灾害应急测绘中的应用研究[J]．现代
测绘，2020，43(5)：1-3.

[53]张建芳．基于船载激光扫描技术的海岸地形测绘方法[J]．舰船科学技术，2020，42

（16）：46-48.

［54］张倩，梅赛，石波，等．船载水上水下一体化测量技术及应用——以舟山册子岛为例［J］．海洋地质前沿，2019，35（9）：69-75.

［55］朱召锋．车载激光扫描技术在公路扩改建测绘中的应用［J］．北京测绘，2019，33（11）：1348-1351.

［56］周佳雯，张良，马海池，等．机载 LiDAR 点云数据处理软件对比及评测［J］．测绘与空间地理信息，2019，42（11）：101-104.

［57］周茂伦．车载移动测量系统检校技术研究［D］．青岛：山东科技大学，2017.

附　　录

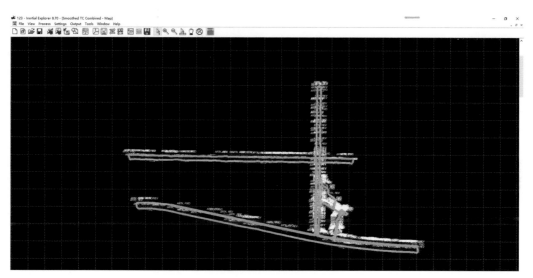

图 5-7　POS 解算结果(在 IE 软件中显示)

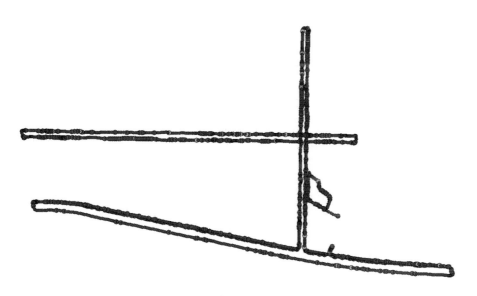

图 5-9　轨迹质量评价图

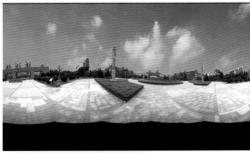

（a）原始点云　　　　　　　　　　　　　　　　　　　（b）全景相片

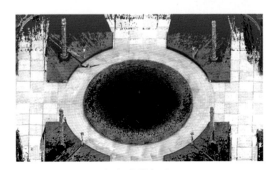

（c）真彩点云

图 5-11　点云与图像融合成果

图 6-4　真彩点云数据

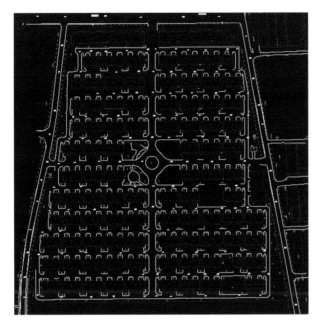

图 6-6　地形图成果图

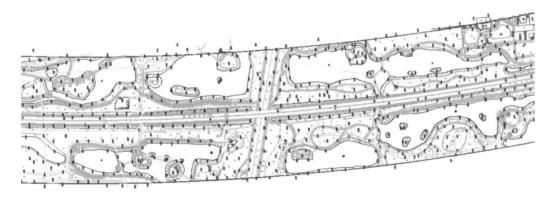

图 6-14　道路带状地形图

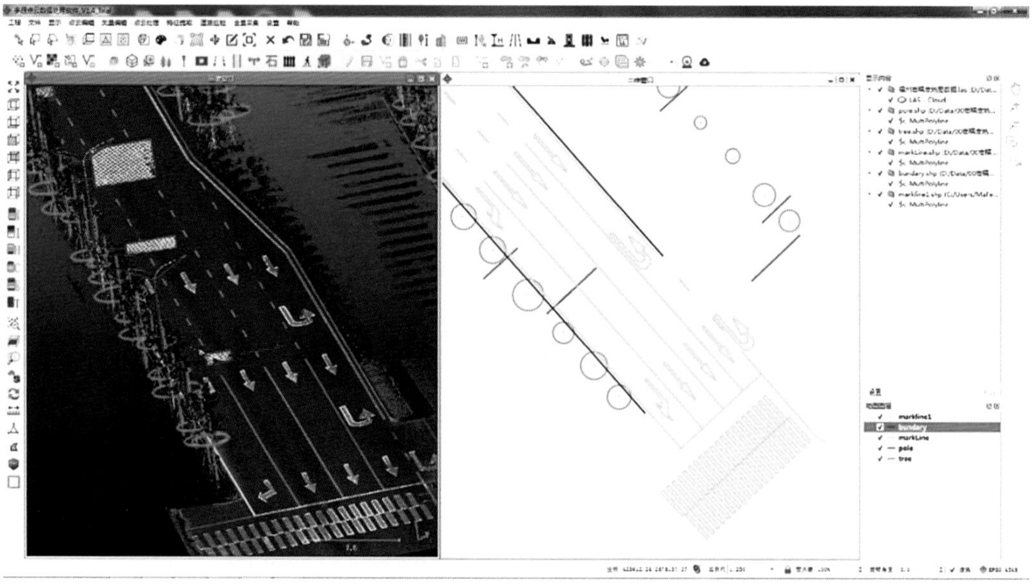

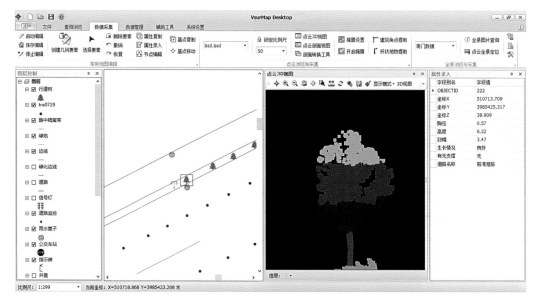

图 6-17　道路全要素三维特征数据

图 6-21　三维数据库储存植被

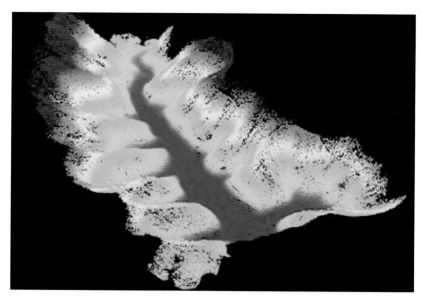

图 7-11　锯齿状区域水下水上点云数据

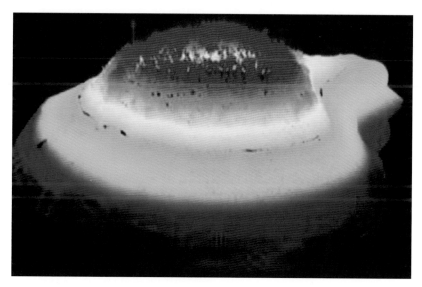

图 7-12　小型岛屿水下水上点云数据

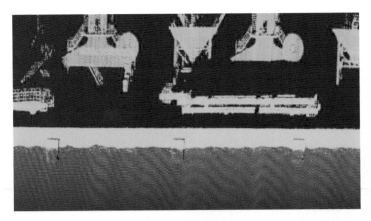

图 7-16　码头部分水上水下点云数据

图 7-17　码头灯塔部分水上水下点云数据

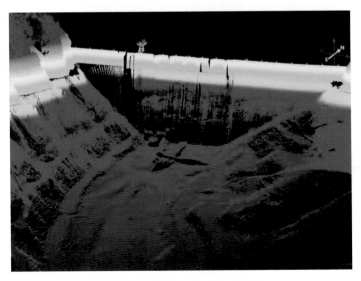

图 7-24　大坝水上水下点云数据

图 8-10　原始点云数据

（a）外业3D扫描成果

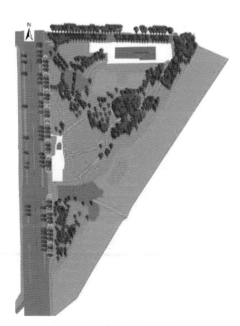

（b）内业矢量化部分成果

图 8-11　沙墩河公园扫描成果图

（a）3D 扫描成果

（b）乔木提取成果

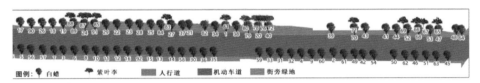

（c）内业矢量化成果

图 8-12　五莲路扫描成果图

图 8-15　地铁站圆盘整体点云

图 8-16　地铁 1 号线站台全景

图 8-17　地铁 2 号线进站口线划图

图 8-18　地铁 1 号线进站口精细模型

图 9-7　多种点云显示模式

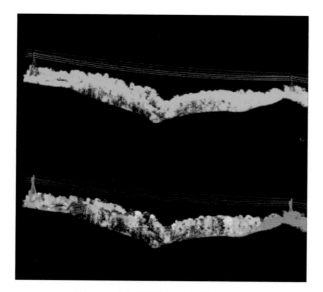

图 9-8　弧垂量测与隐患树木显示

图 9-9　危岩体激光雷达点云数据

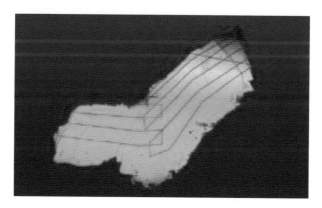

图 9-10　危岩体结构面精准模型

图 9-11　TDOM 与地形图

图 9-12　解算后的激光雷达点云

图 9-13　单木分割效果

图 10-3　调整后点云与实景照片叠加效果

图 10-7　街景发布浏览

图 10-14　模拟行驶设置